普通高等教育"十四五"规划教材

十四五

冶金工业出版社

计算机软件
在材料科学研究中的应用

主　编　周焕福　李　优

副主编　文志勤　卢锋奇　王吉林

扫码输入刮刮卡密码
查看数字资源

北　京

冶金工业出版社

2025

内 容 提 要

本书详细探讨了计算机软件在材料科学研究中的应用,系统介绍了数据处理软件、模拟仿真软件、图像处理软件和文献管理软件等在材料科学研究中的重要性。全书共分 6 章,主要内容包括绪论、软件 Origin 的科研应用、利用 PowerPoint 科研绘图、利用 Materials Studio 实现第一性原理计算、利用 Highscore 实现物相结构分析、利用 EndNote 实现文献管理等。

本书可作为高等院校材料科学与工程、新能源材料与器件、化学工程及相关专业的教材或教学参考书,也可供有关工程技术人员和科研人员学习和参考。

图书在版编目(CIP)数据

计算机软件在材料科学研究中的应用／周焕福,李优主编. -- 北京:冶金工业出版社,2025. 5. --(普通高等教育"十四五"规划教材). -- ISBN 978-7-5240-0244-4

Ⅰ. TB3-39

中国国家版本馆 CIP 数据核字第 2025VG0335 号

计算机软件在材料科学研究中的应用

出版发行	冶金工业出版社	电　话	(010)64027926
地　址	北京市东城区嵩祝院北巷 39 号	邮　编	100009
网　址	www.mip1953.com	电子信箱	service@ mip1953.com

策划编辑　杜婷婷　责任编辑　马媛馨　美术编辑　吕欣童　版式设计　郑小利
责任校对　郑　娟　责任印制　范天娇
北京印刷集团有限责任公司印刷
2025 年 5 月第 1 版,2025 年 5 月第 1 次印刷
787mm×1092mm　1/16;13 印张;310 千字;197 页
定价 49.00 元

投稿电话　(010)64027932　投稿信箱　tougao@cnmip.com.cn
营销中心电话　(010)64044283
冶金工业出版社天猫旗舰店　yjgycbs.tmall.com
(本书如有印装质量问题,本社营销中心负责退换)

前　言

近年来，随着科技的迅猛发展和国家对基础研究的日益重视，材料科学作为一门跨专业的重要学科，已经渗透到机械、冶金、化工、能源、电子、航空航天等诸多工业领域。计算机技术的快速进步，尤其是高性能计算和软件工具的广泛应用，使得材料科学研究的效率和精度得到了极大提升。在国家"十四五"规划和"制造强国"等政策的引导下，科研人员不仅需要掌握传统的实验方法，还需要借助先进的计算手段，进行理论模拟与数据分析，以推动材料领域的创新和突破。

本书围绕计算机软件在材料科学中的广泛应用进行了系统性介绍，紧密结合我国材料领域的发展实际和政策需求，聚焦于数据处理、模拟仿真、图像处理及文献管理等方面，详细阐述了如何通过这些软件工具，提升研究效率，优化实验结果。编写本书，一是为了响应国家对科技创新与自主研发能力的迫切需求，二是为科研人员、工程师、学生等相关人士提供实用的参考指南，以便其更好地应用先进的计算手段开展材料科学研究。

随着全球材料科学研究进入数据密集型研究时代，如何高效地进行数据分析、如何通过仿真优化材料设计、如何借助软件工具解决复杂问题，已成为每一位材料科学研究者不可回避的重要研究方向。本书通过结合实际案例，详细介绍了 Origin、PowerPoint、Materials Studio、Highscore 和 EndNote 等常用软件在材料科学中的应用。第 1 章介绍了材料科学与计算机软件的紧密联系，概述了几种常用的软件工具及其在材料科学研究中的关键作用；第 2 章详细介绍了 Origin 软件的安装与基本操作，数据管理与处理，科技图形绘制；第 3 章详细介绍了如何利用 PowerPoint 软件绘制球形、片状、块体、分子式等三维结构，以及电镜图片后处理等；第 4 章详细介绍了 Materials Studio 软件的使用，特别是通过第一性原理计算模拟材料的电子结构、光学性质和弹性常数；第 5 章详细介绍了 Highscore 软件在物相结构分析中的应用，涵盖了物相分析及 Rietveld 精修方法；第 6 章详细介绍了如何使用 EndNote 进行文献管理，通过具体实例展示了在不同材料体系中的文献管理实践。

与此同时，本书还强调了材料科学研究与国家科技政策的紧密结合。当前，我国正处于新一轮科技革命与产业变革的交汇点，推动材料科学研究的高质量发展不仅是学术需求，也是产业升级的迫切要求。国家对于高新材料的需求愈加突出，而计算机技术的应用则成为突破材料研发瓶颈、提高科研成果转化率的关键。本书的编写正是基于这种时代背景，力求为读者提供兼具理论性与实践性的指导，帮助其在科研道路上行稳致远。

本书由桂林理工大学教材建设基金和材料科学与工程一流学科建设基金资助出版。本书在编写过程中，得到了有色金属及材料加工新技术教育部重点实验室和广西光电材料与器件自治区重点实验室的大力支持，同时参考了国内外有关专家学者的研究经验和成果，在此一并表示最诚挚的谢意。

本书由桂林理工大学材料科学与工程学院周焕福、李优担任主编，文志勤、卢锋奇、王吉林担任副主编。具体编写分工为第 1 章由周焕福编写，第 2 章、第 3 章由李优编写，第 4 章由文志勤编写，第 5 章由卢锋奇编写，第 6 章由王吉林编写。全书由周焕福、李优统编定稿。

由于编者水平所限，书中不妥之处，敬请广大读者批评指正。

编　者

2025 年 1 月

目　　录

1 绪　　论

1.1　用于材料科研的计算机软件概述

材料科学是一门涉及多个学科领域的综合性学科，研究内容包括材料的组成、结构、性质、制备工艺以及应用性能等。随着材料科学与工程学科的发展，新材料的工艺、性能等方面具有非常高的要求。同时，计算机及其相关软件的快速开发和更新，让材料科学研究和计算机软件建立了密不可分的联系。现在材料学科的科研工作者也更多地将计算机软件应用在科学研究中。

计算机软件能够帮助研究人员更快速、更准确地进行数据处理和分析。可以利用计算机软件对大量数据进行快速筛选和分析，从而快速确定最优的材料组成和结构；能够帮助研究人员对实验数据进行可视化展示，使研究结果更加直观易懂，提高科研人员的研究效率。

计算机软件可以帮助科研人员观察材料的微观世界。利用计算机模拟技术，可以在计算机中模拟材料的各种性质和变形行为，从而更好地理解材料的内在机理。不仅能够大大缩短研究周期，降低研发成本，还能够为研究人员提供更多、更精确的数据支持。

计算机软件还能够帮助研究人员对材料加工工艺进行优化。在材料液态成型、连接成型和塑性成型的过程中，借助计算机软件可以对材料成型工艺进行升级和优化，运用定量预测的方式代替传统模式中的动向描述，不仅能够提高材料加工的精度和质量，还能够大大提高生产效率。

计算机软件在材料科学与研究中发挥着重要作用。在材料科学研究中，主要涉及的计算机软件有数据处理软件、仿真模拟软件、图形图像绘制软件、科研文献管理软件及材料数据库软件等。这些软件既能够帮助研究人员更快、更准确地进行数据处理和分析，又能够为材料设计和加工提供有力支持。计算机软件的开发将对材料科学研究领域的发展具有很大的促进作用。

未来计算机软件在材料科学研究中的应用将朝着智能化、集成化、云端化、可视化、交互性、定制性和大数据方向发展：未来的材料数据处理软件将更加智能化，能够自动识别和处理实验数据，提高数据处理效率，还可以用于预测材料的性能和行为，提高研究效率和质量，有助于科研人员更好地理解数据和发现规律；未来的材料数据处理软件将更加集成化，能够将多个功能模块进行整合，方便用户在一个平台上完成多个任务，还可以用于实现不同软件之间的数据交换和共享，提高数据处理流程的效率和一致性；未来的材料数据处理软件将更加云端化，用户可以通过云端随时随地访问和管理数据资源，可以实现多人协同工作和资源共享，还可以降低数据丢失的风险，提高数据安全性；未来的材料数据处理软件将数据可视化（以图形或图像的形式）呈现出来，帮助用户更好地理解数据和发现规律；未来的材料数据处理软件将交互性提供更加直观和易用的界面和工具，使用户能够更加方便地进行数据处理和分析；未来的材料数据处理软件应具备定制化功能，以满足不同用户的需求和使用习惯，提高软件的适应性和用户体验；未来的材料数据处理软件将更加注重大数据处理能力，能够快速有效地处理呈爆炸性增长的材料实验数据，且还应具备良好的可扩展性，以满足不断增长的数据处理需求。

1.2　材料数据处理软件概述

在材料科学研究中，数据处理是至关重要的环节。随着实验技术的不断发展，材料数据量呈爆炸性增长，传统的数据处理方法已经难以满足需求。计算机软件在材料数据处理中发挥着越来越重要的作用。

对数据进行有效的处理和分析，有助于材料学家深入理解材料的内在规律和性能，进而为新材料的研发和应用提供指导。材料数据处理软件的应用，使数据处理更加高效、准确和便捷，其重要性主要体现在以下四个方面。

（1）提高数据处理效率：材料数据处理软件能够快速、准确地处理大量实验数据，节省科研人员的时间和精力。

（2）确保数据准确性：材料数据处理软件通常具有严谨的数据处理流程和算法，可以降低人为误差，确保数据的准确性。

（3）发现数据规律：通过材料数据处理软件的分析和挖掘功能，科研人员可以从大量数据中发现隐藏的规律和趋势，为后续研究提供指导。

（4）促进团队协作：材料数据处理软件支持多人协作，有助于不同团队成员共享数据、交流分析结果，提高研究效率。

现在利用较多的材料数据处理软件为用于实验数据统计分析，如求平均值、标准差、相关性分析的 Origin、Excel、SPSS 等软件；可以将数据以图表、图像等形式展示出来，便于用户直观地了解数据的变化趋势和特征的数据可视化软件，如 MATLAB、Python 的 matplotlib 库等；可以存储和管理大量的材料数据，支持数据的查询、编辑、分析和导出等功能的数据库管理软件，如 Materials Project Database、OQMD 等；通过算法对大量材料数据进行挖掘，提取有用的信息，发现数据之间的潜在联系和规律的数据挖掘软件，如 KNIME、RapidMiner 等。

这些数据处理软件在新材料研发、材料生产工艺优化、材料的失效分析等领域有非常重要的应用。在新材料的研发过程中，需要进行大量的实验和测试，产生大量的数据，通过材料数据处理软件，材料学家可以快速分析数据，确定材料的性能参数和潜在应用场景。在生产过程中，工艺参数的选择和优化对产品的质量和效率具有重要影响，通过材料数据处理软件，可以对生产过程中的数据进行实时监控和分析，优化工艺参数，提高生产效率。在材料失效分析中，需要通过对材料的各种性能进行测试和分析，找出失效的原因和解决方案。材料数据处理软件可以快速准确地处理和分析这些数据，为失效分析提供有力支持。

1.3　材料仿真模拟软件概述

材料仿真模拟软件是一种基于计算机的数学模型和算法，对材料的结构和性能进行模拟和分析的工具。通过材料仿真模拟，研究者可以在实验前预测材料的性能，理解材料的内在机制，为新材料的研发和应用提供理论支持。此外，仿真模拟还可以帮助研究者优化实验设计，减少不必要的实验，降低成本，提高研究效率。

现在常用的材料仿真模拟软件为：用于计算材料的电子结构和性质，通过求解薛定谔方程来描述材料微观行为的密度泛函理论软件，如 VASP、Quantum ESPRESSO 等；通过采用随机抽样方法模拟材料的性质和行为，适用于处理概率统计相关问题的蒙特卡罗模拟软件，如 Materials Studio 的 Discover 模块等；用于模拟原子和分子的运动行为，通过计算原子间的相互作用力和运动轨迹，预测材料的性质和行为的分子动力学模拟软件，如 LAMMPS、GROMACS 等；用于分析材料的力学行为，通过将连续的物理场离散化为有限个单元，建立数学模型并求解的有限元分析软件，如 ANSYS、ABAQUS 等；通过建立元胞模型来模拟材料的生长和演化过程，适用于处理复杂系统的动态行为的元胞自动机模拟软件，如 Atomistic Visualization and Simulation Environment 等。

这些仿真模拟软件在新材料设计、复合材料组分构成设计、材料的加工工艺优化等领域有非常重要的应用。通过材料仿真模拟，可以预测新材料的性能表现，为新材料的设计提供理论支持，有助于缩短新材料研发周期，降低实验成本。通过仿真模拟，可以模拟复合材料的组成、结构和性能之间的关系，有助于优化复合材料的组分和结构设计。通过仿真模拟，可以对材料的加工工艺进行优化，如热处理、塑性加工等，有助于提高生产效率和产品质量。

随着科技的不断发展，材料仿真模拟软件将朝着高性能计算、多尺度建模、数据科学和机器学习的方向发展。未来的材料仿真模拟软件将更加依赖高性能计算技术，以提高计算效率和精度，如采用 GPU 加速技术、分布式计算等技术来提高计算性能。未来的材料仿真模拟软件将更加注重不同尺度上建立数学模型和算法，从微观到宏观全面描述材料的性质和行为，以更好地描述材料的复杂性和异质性。未来的材料仿真模拟软件将更加注重与数据科学和机器学习的结合，通过机器学习算法对大量材料数据进行挖掘和分析，预测材料的性能和行为，并提高预测精度和效率。

1.4　材料图形图像绘制软件概述

材料图形图像绘制软件是一种基于计算机的绘图工具，用于材料科学研究数据的编辑、分析和可视化的工具。在材料科学领域，图形图像绘制软件可以实现数据可视化、理论模拟结果直观展示、提高论文撰写质量。

通过图形图像绘制软件，可以将大量的实验数据、仿真结果等以直观的方式呈现出来，帮助研究者更好地理解数据和发现规律。在材料科学研究中，理论模拟是重要的研究手段之一，图形图像绘制软件可以将模拟结果以直观的方式展示出来，帮助研究者更好地理解模拟结果的物理意义和机制。在撰写论文时，高质量的图形图像绘制还可以帮助科研人员创建符合要求的图形图像，提高论文和报告的质量。

现在使用的材料图形图像软件主要为用于绘制折线图、柱状图、散点图的平面图形、三维模型和场图的立体图形的图形图像绘制软件，如 Origin、PowerPoint、MATLAB 等；用于编辑和美化图形图像的图形图像编辑软件，如 ImageJ、Photoshop 等；可以与用户进行交互，允许用户通过简单的操作快速绘制出高质量的图形图像的交互式绘图软件，如 Tableau、Power BI 等。

图形图像绘制软件在材料科学研究中的应用，可以让科研人员更加直观地观察实验和仿真过程中产生大量的数据，并更好地理解数据和发现规律。图形图像绘制软件可以帮助科研人员创建符合要求的高分辨率和高精度的图形图像，提高论文和报告的质量，更好地与同行进行交流和合作。

1.5　科研文献管理软件概述

科研文献管理是科研工作中不可或缺的一部分，它涉及文献的检索、整理、阅读和分析等多个方面。随着科研工作日益复杂化和文献数量的爆炸性增长，使用计算机软件进行科研文献管理已经成为一种必要。

科研文献管理软件是一种专门用于科研领域的文献管理工具，它能够帮助科研人员有效地管理、检索和分析文献资料，提高科研工作的效率和质量。其重要性主要体现在提高文献检索效率、方便文献整理和分类、规范文献引用标准、提高研究质量、促进团队协作交流等方面。科研文献管理软件可以帮助科研人员快速查找、筛选和获取所需的文献资料，对文献进行分类、标记和注释，有序地整理、分类和存储文献资料，方便随时查找和使用，提高文献检索的准确性和效率。科研文献管理软件提供的文献引用功能有助于用户规范地引用文献，避免引用错误或遗漏，提高学术研究的严谨性。通过对文献进行深入分析，挖掘研究问题和发展趋势，有助于提高研究的质量和水平。科研文献管理软件支持多人团队协作和交流，方便团队成员共享文献资源，共同开展研究。

现在使用的科研文献管理软件主要为：用于在学术数据库、图书馆等资源中检索和获取文献的文献检索软件，如 Python、Scholar、PubMed 等；用于对文献进行整理、分类和标记的文献管理软件，如 EndNote、Zotero 等；用于对文献进行统计分析、引文分析和可视化展示的文献分析软件，如 Citespace、Ucinet 等；用于对知识进行捕获、组织和共享的知识管理软件，如 OneNote、Evernote 等。

随着科技的不断发展，科研文献管理软件也在不断发展和完善。未来的科研文献管理软件将朝着个性化需求满足、智能化技术应用、多平台融合发展的方向发展。

未来的科研文献管理软件将更加注重个性化需求，提供更加丰富的定制选项，满足不同领域和用户的需求。例如，引入机器学习技术为用户提供个性化的文献推荐服务。这种个性化服务可以帮助用户更好地组织和利用文献资源，提高研究效率和质量。同时，定制化的界面和功能也可以更好地满足用户的实际需求和使用习惯。

随着人工智能技术的发展，未来的科研文献管理软件将更加智能化，能够自动抓取、分类和整理文献，提高工作效率。例如，利用自然语言处理技术对文献进行自动摘要和关键词提取；利用机器学习技术对文献进行分类和聚类；利用智能推荐技术为用户提供相关领域的最新研究成果和热点话题等。这些智能化技术的应用将使科研文献管理更加高效和便捷。

　　未来的科研文献管理软件将更加注重多平台的融合发展，支持在桌面端、移动端和平板设备上使用。同时，随着云计算技术的发展，未来的科研文献管理软件将更加云端化，用户可以通过云端随时随地访问和管理文献资源。这种多平台融合发展将使用户更加灵活地管理和利用文献资源，提高工作效率。

2 软件 Origin 的科研应用

Origin 是由 OriginLab 公司开发的一个科学绘图、数据分析软件，支持在 Microsoft Windows 下运行。Origin 支持各种各样的 2D/3D 图形，是一款非常专业且功能强大的科学绘图和数据处理软件。

Origin 的两大功能为数据分析和作图。数据分析包括：标准偏差（Standard Deviation，SD）、标准误差（Standard Error，SE）、总和（Sum）、给出选定数据的各项统计参数平均值（Mean）以及数据组数 N；数据的排序、调整、计算、统计、频谱变换；线性、多项式和多重拟合；快速 FFT 变换、相关性分析、FFT 过滤、峰找寻和拟合；可利用约 200 个内建的以及自定义的函数模型进行曲线拟合，并可对拟合过程进行控制；可进行统计、数学以及微积分计算。

Origin 为作图提供了数十种二维和三维模板，需要绘图时，只需选定绘图数据，单击相应模板即可进行自动绘图。Origin 处理数据的功能十分强大，经过多版迭代，各方面功能已经成熟，使用简单。本章将以 OriginPro 2021 软件做介绍。

2.1 Origin 基础

图片是科研中非常重要的说明论据，Origin 可帮助作出精准的科研图片，所以熟练掌握 Origin 对科研有着不可估量的帮助。

2.1.1 Origin 安装

Origin 的安装主要有以下几个步骤：

（1）下载好安装包（压缩包形式）至指定盘符；

（2）用鼠标右键单击下载成功的安装包，选择"解压到"，指定解压路径，解压；

（3）双击解压成功后的文件夹，用鼠标右键单击"setup. exe"，选择以管理员身份运行；

（4）弹出 Origin 安装界面，单击"下一步"；

（5）选择"我接受许可协议中的条款"，单击"下一步"；

（6）选择"安装 OriginPro 试用版"，单击"下一步"，单击"确定"；

（7）输入"用户名、公司名称"（可随意填写），单击"下一步"；

（8）弹出注册确认界面，单击"是"；

（9）弹出安装目录界面，可修改安装盘符，推荐选择除 C 盘外的盘符，单击"下一步"，确认注册信息，选择"是"；

（10）弹出选择安装功能，选择"嵌入 python、中文帮助文档"，单击"下一步"；

（11）弹出用户选择，选择"所有用户"；

（12）弹出选择程序文件夹，按照默认即可，单击"下一步"；

（13）准备安装，选择"下一步"；

（14）安装完成，取消勾选"打开 Readme.txt"，单击"完成"。

2.1.2 Origin 工作环境

2.1.2.1 工作界面

OriginPro 2021 工作环境，如图 2-1 所示。

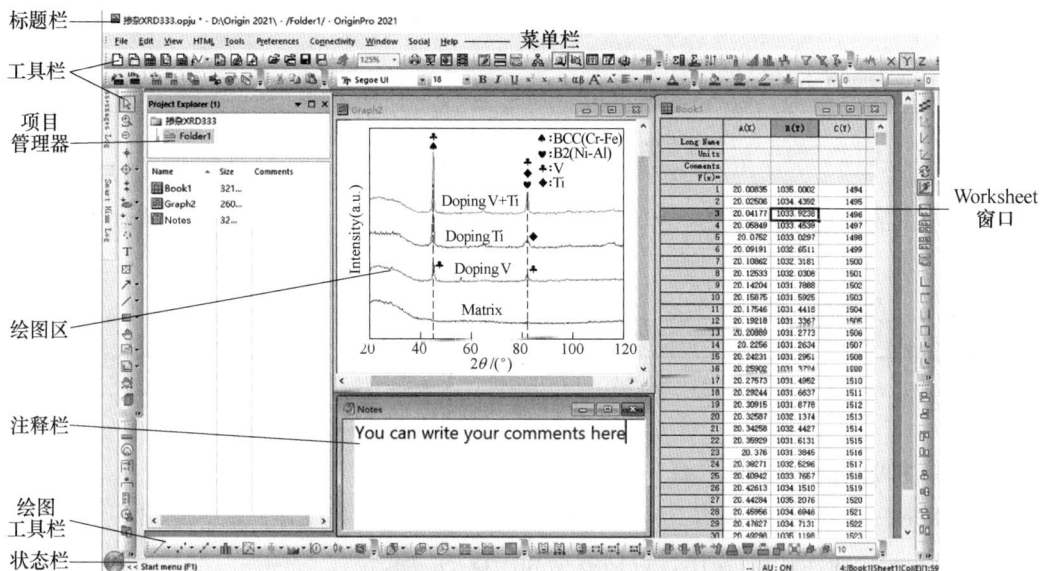

图 2-1 OriginPro 2021 的工作环境

（1）菜单栏。菜单栏位于窗口顶部，并且每个子菜单栏还包括许多扩展项，可用来实现 Origin 的大部分功能，并且 Origin 所有设置都是通过此栏实现的，所以掌握菜单栏的运用十分重要。

（2）工具栏。工具栏集成了 Origin 绝大部分快捷功能入口，顶部工具栏包括新建项目、新建文件、新建工作表和图等，左侧工具栏包括文字输入、放大缩小、线条绘制等。这些功能是 Origin 最常用、最方便的快捷功能。

（3）绘图区。绘图区位于 Origin 界面中部位置，是界面的主要显示区域，包括了所有工作表和绘图窗口等，是主要的交互区域。

（4）项目管理器。此处提供项目文件的切换及其组成部分的设置、调整等功能。

（5）状态栏。主要显示出当前操作界面的状态或者某些功能的解释。

（6）Worksheet 窗口。可在此处输入或导入数据以便绘图。

（7）绘图工具栏 。可在此处快捷选择绘图模板。

（8）注释栏。可针对某一窗口输入注释，方便调取使用。

2.1.2.2 菜单栏概述

各式窗口拥有各样的菜单栏，不同窗口的菜单栏的内容皆有所变化，并且主菜单与各级子菜单内容不尽相同，而是显示与当前窗口相适应的功能菜单。

工作窗口的主菜单如图 2-2 所示，该窗口主要使用绘图（Plot）、数列（Column）和分析（Analysis）等功能。

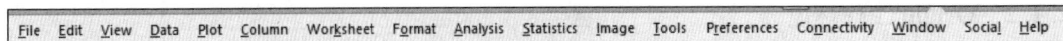

| File | Edit | View | Data | Plot | Column | Worksheet | Format | Analysis | Statistics | Image | Tools | Preferences | Connectivity | Window | Social | Help |

图 2-2　工作窗口的主菜单

矩阵窗口的主菜单如图 2-3 所示，该窗口主要对矩阵的属性和行列值进行设置、调整。

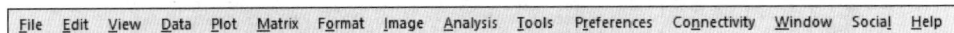

| File | Edit | View | Data | Plot | Matrix | Format | Image | Analysis | Tools | Preferences | Connectivity | Window | Social | Help |

图 2-3　矩阵窗口的主菜单

绘图窗口的主菜单如图 2-4 所示，此处提供了绘制图形常用的工具，诸如缩放、拟合、变换。

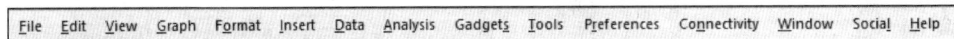

| File | Edit | View | Graph | Format | Insert | Data | Analysis | Gadgets | Tools | Preferences | Connectivity | Window | Social | Help |

图 2-4　绘图窗口的主菜单

各菜单主要功能介绍如下。

（1）File——文件功能操作，包括新建项目、Workbook 和保存，输入输出等。

（2）Edit——编辑功能操作，包括数据和图像的编辑等。

（3）View——视图功能操作，控制窗口显示、消失和显示样式等。

（4）Data——数据功能操作，包括数据的编辑、导入等。

（5）Plot——绘图功能操作，主要提供 5 类功能：

1）几种样式的二维绘图功能，包括直线、描点、直线加符号、特殊线/符号、条形图、柱形图、特殊条形图/柱形图和饼图；

2）三维绘图；

3）气泡/彩色映射图、统计图和图形版面布局；

4）特种绘图，包括面积图、极坐标图和向量；

5）模板：把选中的工作表数据复制到如绘图模板。

（6）Column——列功能操作，比如设置列的属性（$x/y/z$），增加删除列等。

（7）Format——格式功能操作：

1）对工作表窗口，主要包括菜单格式控制、工作表显示控制，栅格捕捉、调色板等；

2）对绘图窗口，主要包括菜单格式控制，图形页面、图层和线条样式控制，栅格捕捉，坐标轴样式控制和调色板等。

（8）Analysis——分析功能操作：

1）对工作表窗口，主要包括提取工作表数据、行列统计、排序、数字信号处理（快速傅里叶变换 FFT、相关 Corelate、卷积 Convolute、解卷 Deconvolute）、统计功能（T 检验）、方差分析（ANOAV）、多元回归（Multiple Regression）、非线性曲线拟合等；

2）对绘图窗口，主要包括数学运算，平滑滤波，图形变换，FFT，线性多项式、非线性曲线等各种拟合方法；

3）Plot3D 三维绘图功能操作，主要包括根据矩阵绘制各种三维条状图、表面图、等高线等。

（9）Matrix——矩阵功能操作，包括矩阵属性、维数和数值设置，矩阵转置和取反，矩阵扩展和收缩，矩阵平滑和积分。

（10）Tools——工具功能操作：

1）对工作表窗口，主要包括选项控制，工作表脚本，线性、多项式和 S 曲线拟合；

2）对绘图窗口：选项控制，层控制，提取峰值，基线和平滑，线性、多项式和 S 曲线拟合。

（11）Graph——图形功能操作，包括增加误差栏、函数图、缩放坐标轴、交换 X、Y 轴等。

（12）Window——窗口功能操作，控制窗口显示。

（13）Help——帮助。

2.1.3 Origin 的基本操作

2.1.3.1 菜单栏

（1）File 功能。File 在 Workbook 窗口和绘图窗口的激活样式如图 2-5 所示。此菜单栏主要包括新建文件、储存文件、输入和输出文件等功能，并且最近打开的文件也包含其中。

（2）Edit 功能。Edit 在 Workbook 窗口和绘图窗口的激活样式，如图 2-6 所示。此菜单主要包括剪切、复制、粘贴和清除等功能，在 Workbook 窗口中还有查找、替换、直达等功能。

（3）View 功能。View 在 Workbook 窗口和绘图窗口的激活样式如图 2-7 所示。此菜单主要包括窗口的显示控制，包括工具栏、状态栏以及窗口细节的显示/隐藏等控制。

（4）Data 功能。Data 在 Workbook 窗口和绘图窗口的激活样式如图 2-8 所示，此菜单主要负责数据的处理功能，主要包括数据的链接、导入、移动等操作。

（5）Plot 功能。Plot 的激活窗口如图 2-9 所示，此菜单栏仅在对象为 Workbook 时显示，是 Origin 的核心功能，内置上百种模板供绘图选择，主要包括以下功能：

1）二维绘图主要包括直线图、描点图、点线图、柱状图、多 Y 轴图等；

2）三维绘图主要包括 XYY 图、XYZ 图、3D 饼图、3D 柱状图、瀑布图等；

3）特殊绘图主要包括等高线图、极坐标图、向量图等；

4）模板绘图主要包括根据需要可定制特定数据的绘图模板。

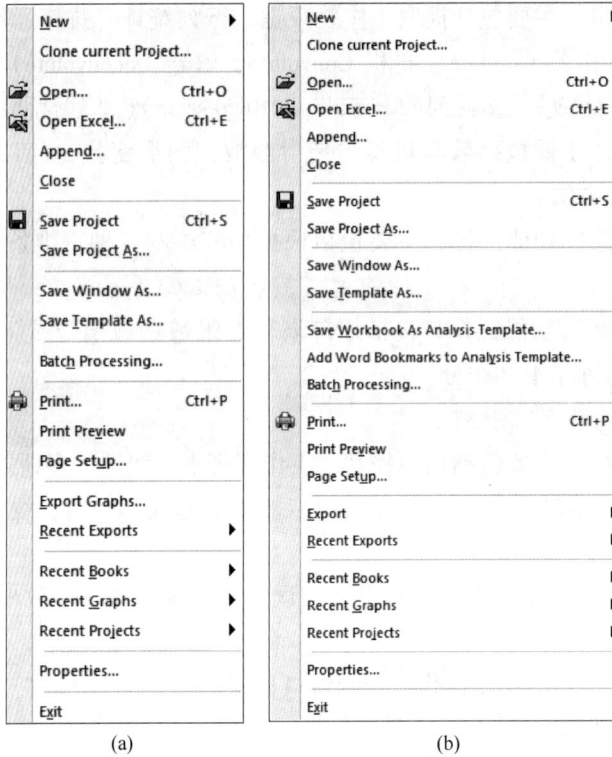

图 2-5　File 菜单栏

（a）Workbook 窗口；（b）绘图窗口

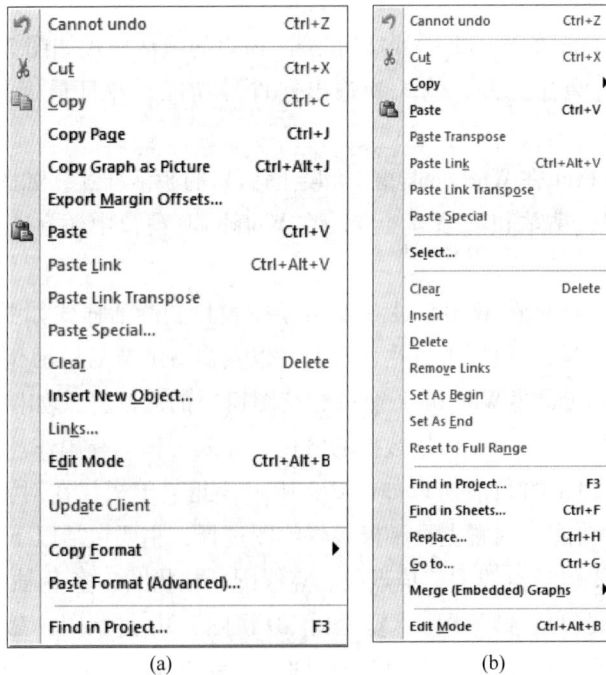

图 2-6　Edit 菜单栏

（a）Workbook 窗口；（b）绘图窗口

	Toolbars...	Ctrl+T	
✓	Status Bar		
✓	Mini Toolbars	Ctrl+Shift+T	
📝	Command Window	Alt+3	
⚙	Code Builder	Alt+4	
✓	Apps	Alt+9	
🔍	Project Explorer	Alt+1	
🔍	Object Manager	Alt+8	
	View Windows	▶	
🔲	Results Log	Alt+2	
	View Mode	▶	
	Messages Log	Alt+6	
	Smart Hint Log	Alt+7	
🔍	Zoom In	Ctrl+I	
🔍	Zoom Out	Ctrl+M	
🔲	Whole Page	Ctrl+W	
	Zoom All		
	Show	▶	
✓	Show Plot Selection on Worksheet		
✓	Show Data Info		
✓	Data Tooltips	Ctrl+D	
	Full Screen	Ctrl+Shift+J	

(a)

	Toolbars...	Ctrl+T	
✓	Status Bar		
✓	Mini Toolbars	Ctrl+Shift+T	
	Formula Bar	Ctrl+Alt+F	
📝	Command Window	Alt+3	
⚙	Code Builder	Alt+4	
✓	Apps	Alt+9	
🔍	Project Explorer	Alt+1	
🔍	Object Manager	Alt+8	
	View Windows	▶	
🔲	Results Log	Alt+2	
	View Mode	▶	
	Messages Log	Alt+6	
	Smart Hint Log	Alt+7	
✓	Actively Update Plots		
	Arrange Graphs		
	Page Break Preview Lines		
	Column List View	Ctrl+W	

(b)

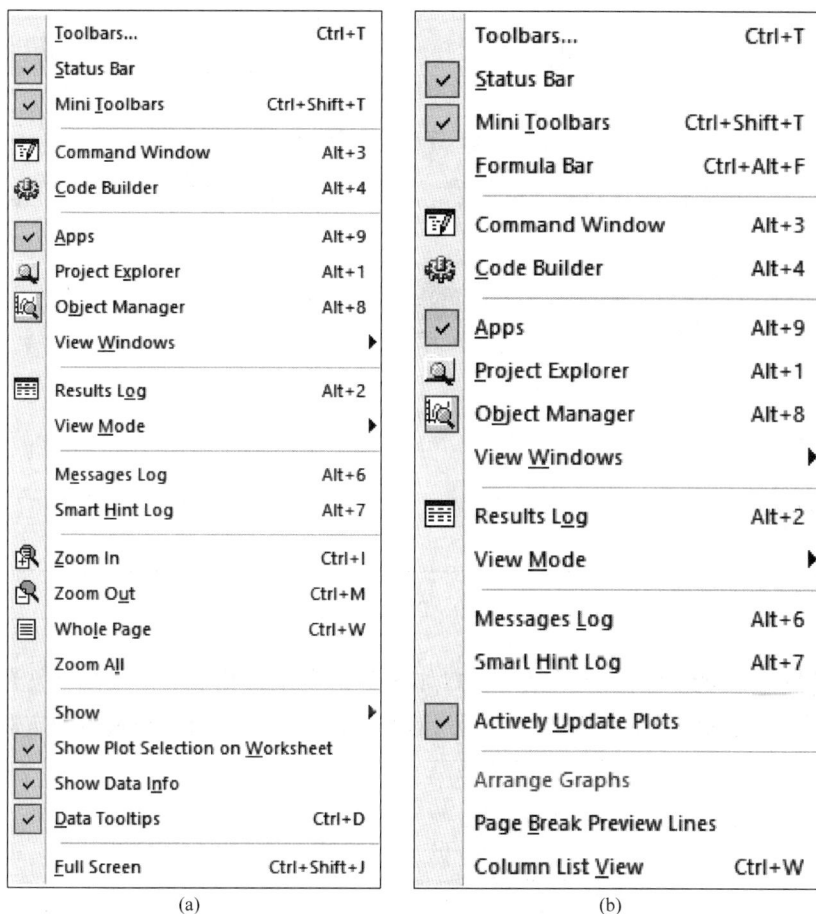

图 2-7　View 菜单栏

（a）Workbook 窗口；（b）绘图窗口

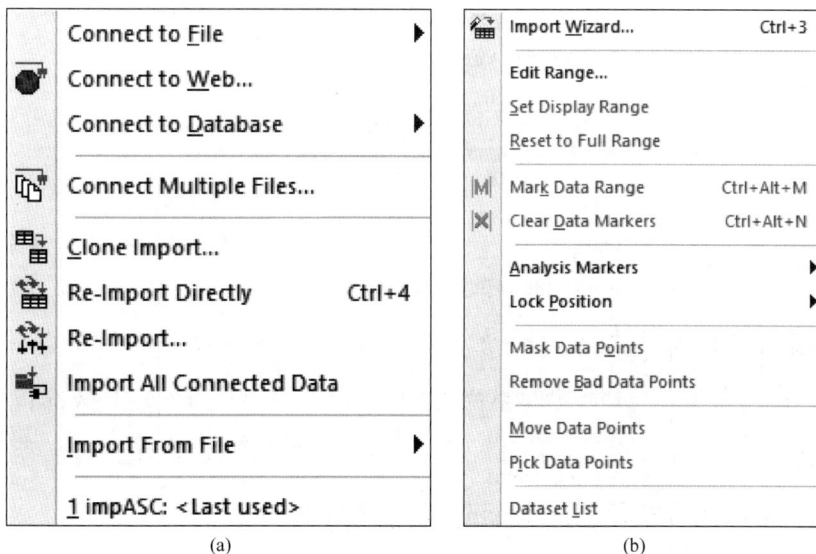

	Connect to File	▶	
⬤	Connect to Web...		
	Connect to Database	▶	
🗂	Connect Multiple Files...		
🖥	Clone Import...		
🖥	Re-Import Directly	Ctrl+4	
🖥	Re-Import...		
🖥	Import All Connected Data		
	Import From File	▶	
	1 impASC: <Last used>		

(a)

🖥	Import Wizard...	Ctrl+3	
	Edit Range...		
	Set Display Range		
	Reset to Full Range		
M	Mark Data Range	Ctrl+Alt+M	
X	Clear Data Markers	Ctrl+Alt+N	
	Analysis Markers	▶	
	Lock Position	▶	
	Mask Data Points		
	Remove Bad Data Points		
	Move Data Points		
	Pick Data Points		
	Dataset List		

(b)

图 2-8　Data 菜单栏

（a）Workbook 窗口；（b）绘图窗口

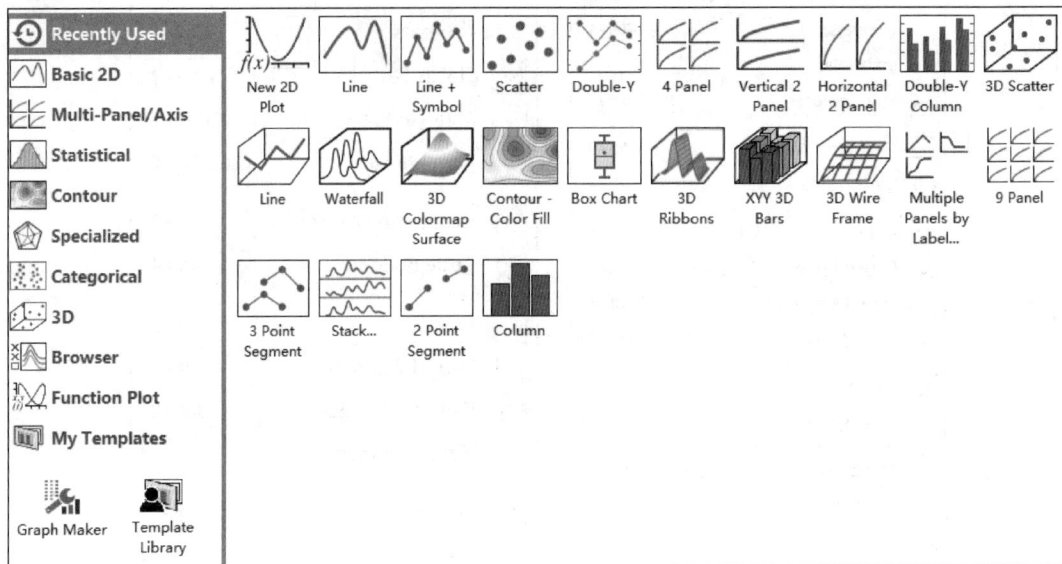

图 2-9　Plot 菜单栏

（6）Column 功能。Column 的激活窗口如图 2-10 所示，此菜单栏仅在对象为 Workbook 时显示，主要负责列的设置和修改，包括列的增加、删除、移动、隐藏、设定以及过滤器

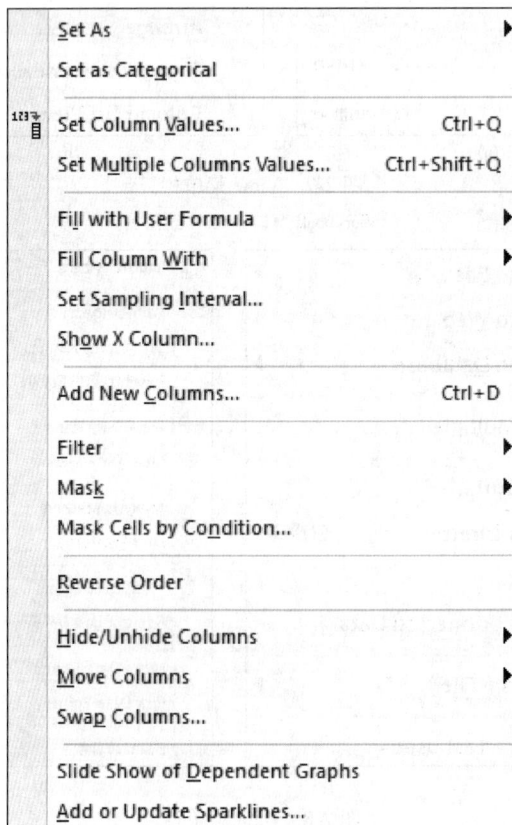

图 2-10　Column 菜单栏

的设定等。

（7）Graph 功能。Graph 的激活窗口如图 2-11 所示，此菜单栏仅在对象为绘图窗口时显示，主要包括图层的设置、增加、删减和坐标轴的交换等功能。

（8）Insert 功能。Insert 的激活窗口如图 2-12 所示，此菜单栏仅在对象为绘图窗口时显示主要负责图层、图片的插入功能，是构建多层次图形常用的工具。

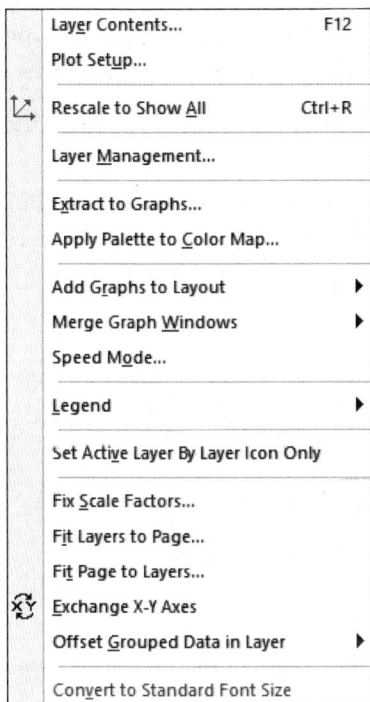

图 2-11 Graph 菜单栏

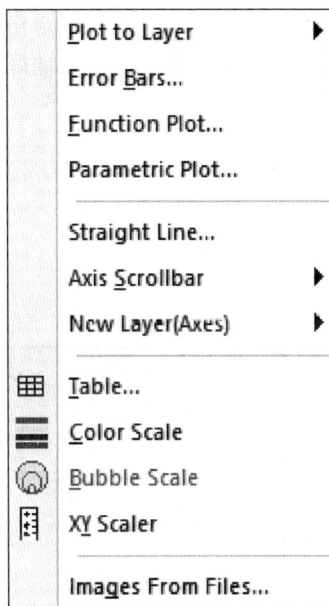

图 2-12 Insert 菜单栏

（9）Analysis 功能。Analysis 在 Workbook 窗口和绘图窗口的激活样式如图 2-13 所示，此菜单主要提供了各类数学分析工具。

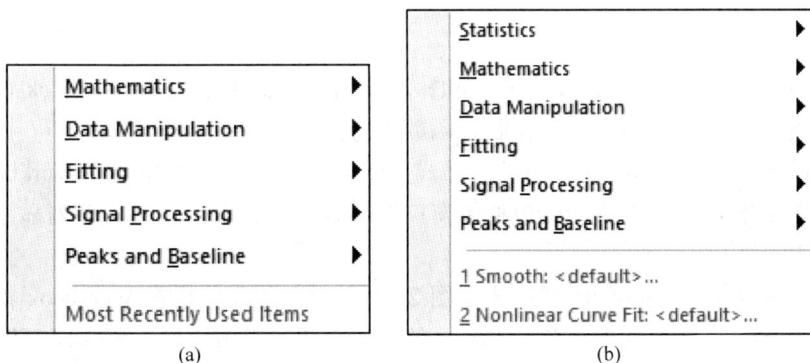

(a)

(b)

图 2-13 Analysis 菜单栏

（a）Workbook 窗口；（b）绘图窗口

对 Workbook 窗口而言，包括了数学分析（Mathematics）、数据操作（Data Manipulation）、拟合（Fitting）、信号处理（Signal Processing）、峰值和基线（Peaks and baseline）等功能，其中快速傅里叶变换（FFT），快速傅里叶逆变换（IFFT）、相关（Correlate）、卷积（Convolute）等是处理数据常用的功能，可提供广泛的帮助。

对绘图窗口而言，功能与工作簿类似，在此处，数学运算、平滑滤波、图形变换是常用的功能。

（10）Format 功能。Format 在 Workbook 窗口和绘图窗口的激活样式如图 2-14 所示，此菜单主要负责激活窗口的格式修改和设定。对 Workbook 窗口而言，其功能主要为菜单格式控制、工作表显示控制、栅格捕捉等。对绘图窗口而言，其功能主要包括图层页面的设定、图形线条的调整、坐标轴样式的控制等。

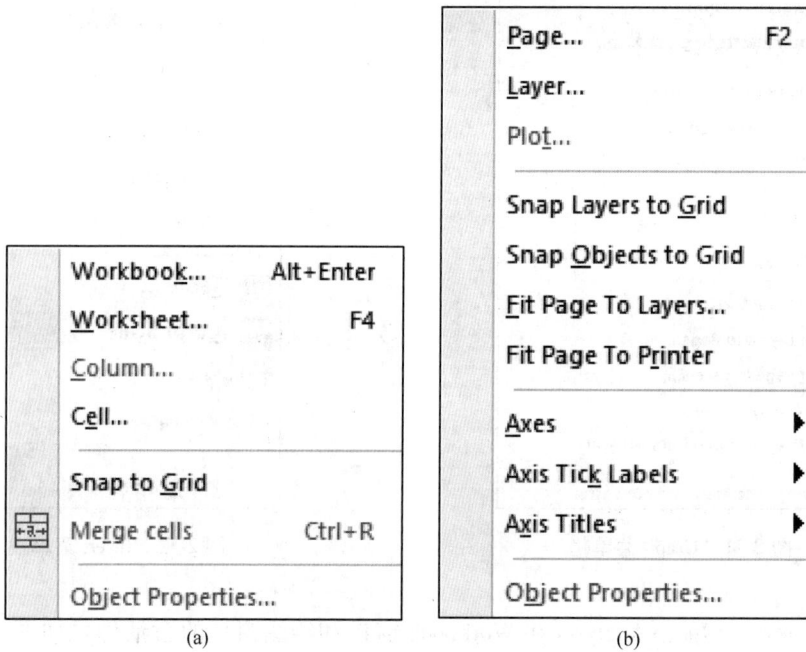

(a)	
Workbook...	Alt+Enter
Worksheet...	F4
Column...	
Cell...	
Snap to Grid	
Merge cells	Ctrl+R
Object Properties...	

(b)	
Page...	F2
Layer...	
Plot...	
Snap Layers to Grid	
Snap Objects to Grid	
Fit Page To Layers...	
Fit Page To Printer	
Axes	▶
Axis Tick Labels	▶
Axis Titles	▶
Object Properties...	

图 2-14　Format 菜单栏
（a）Workbook 窗口；（b）绘图窗口

（11）Tools 功能。Tools 的激活样式如图 2-15 所示，此菜单栏在 Workbook 窗口和绘图窗口的样式相同，其功能包括选项控制、函数拟合控制、虚拟矩阵管理等。

（12）Window 功能。Window 的激活样式如图 2-16 所示，此菜单栏在 Workbook 窗口和绘图窗口的样式相同，其主要功能包括子窗口的层叠显示，水平、垂直并列显示，图标排列，隐藏窗口等。

（13）Help 功能。Help 的激活样式如图 2-17 所示，此菜单栏在 Workbook 窗口和绘图窗口的样式相同，其主要功能包括了 Origin 的使用介绍、学习中心、更新检查等。

2.1.3.2　工具栏

Origin 内置了大量的实用性工具栏，并且可以根据习惯和喜好随意放置在界面的任何位置。

App Center...	F10
Fitting Function Builder...	F8
Fitting Function Organizer...	F9
Protection	▶
Package Manager...	
Virtual Matrix Manager...	
X-Function Builder...	
X-Function Script Samples...	
Copy Origin Sub-VI to LabVIEW vi.lib\addons...	
Color Manager...	
Digitizer...	
Video Builder...	

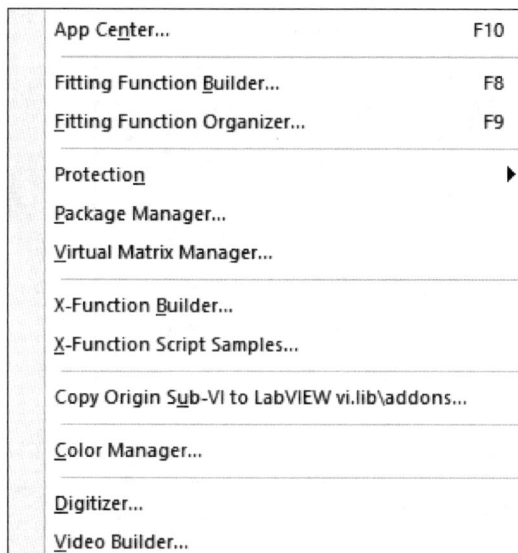

图 2-15　Tools 菜单栏

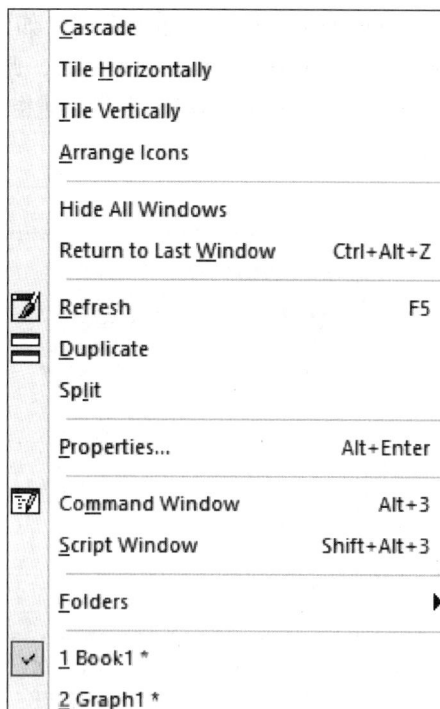

Cascade	
Tile Horizontally	
Tile Vertically	
Arrange Icons	
Hide All Windows	
Return to Last Window	Ctrl+Alt+Z
Refresh	F5
Duplicate	
Split	
Properties...	Alt+Enter
Command Window	Alt+3
Script Window	Shift+Alt+3
Folders	▶
✓ 1 Book1 *	
2 Graph1 *	

图 2-16　Window 菜单栏

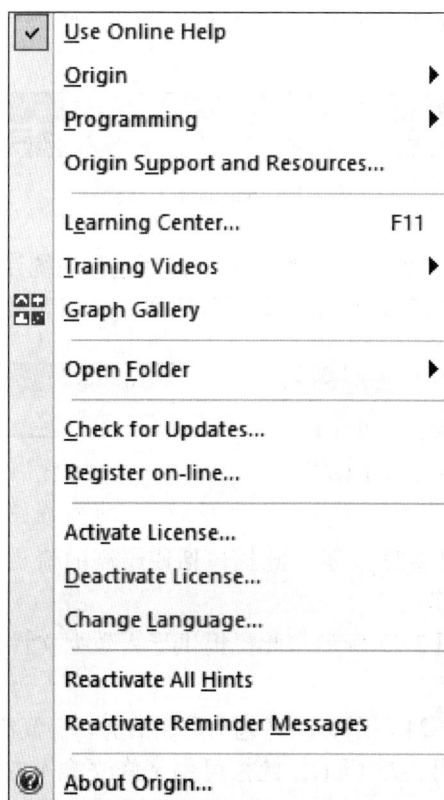

✓ Use Online Help	
Origin	▶
Programming	▶
Origin Support and Resources...	
Learning Center...	F11
Training Videos	▶
Graph Gallery	
Open Folder	▶
Check for Updates...	
Register on-line...	
Activate License...	
Deactivate License...	
Change Language...	
Reactivate All Hints	
Reactivate Reminder Messages	
About Origin...	

图 2-17　Help 菜单栏

Origin 的工具栏可以随意定制，如图 2-18 所示，用户可根据需要定制工具栏，通过
View→Toolbars 进入工具栏调制界面，此处可勾选需要的工具快捷指令，不需要则取消勾
选。在 Button Groups 界面可定制快捷指令的入口图标，并且底部的文本框会显示该命令的
功能介绍。

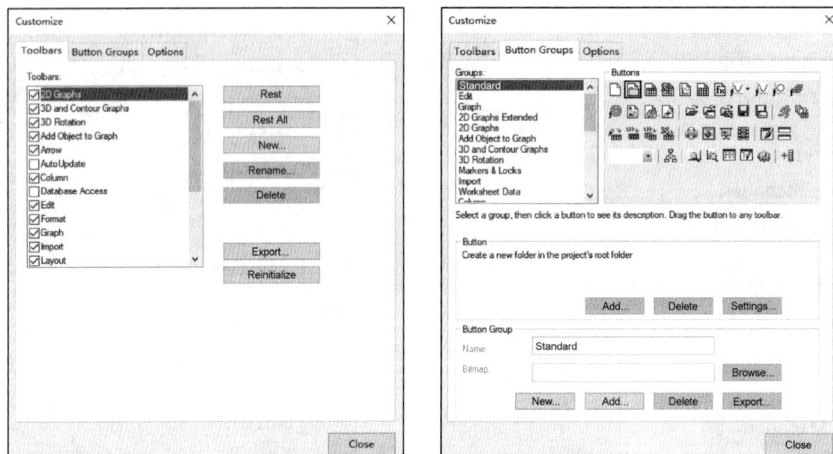

图 2-18　Origin 工具栏定制界面

（1）Standard 工具栏如图 2-19 所示，此栏包括新建项目、文件、工作表、图表、图
层、注释、模板等，打开项目、文件、图表、保存文件、模板、导入数据、打印、更新等
基本工具。

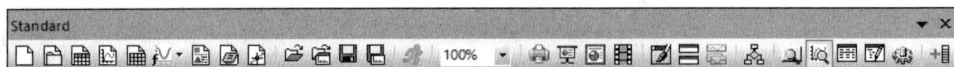

图 2-19　Standard 工具栏

（2）Worksheet Data 工具栏如图 2-20 所示，此栏包括列统计、排序等工具。

（3）Column 工具栏如图 2-21 所示，此栏包括列的 XYZ 属性设置、列的移动等工具。

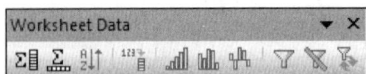

图 2-20　Worksheet Data 工具栏　　　　图 2-21　Column 工具栏

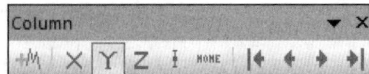

（4）Arrow 工具栏如图 2-22 所示，此栏包括使绘制的箭头水平、垂直放置、放大缩
小、调整尺寸等功能。

（5）Import 工具栏如图 2-23 所示，此栏提供导入数据文件的快捷方式，也可用于连
接各类数据。

（6）Edit 工具栏如图 2-24 所示，此栏包括数据的剪切、复制、粘贴等编辑工具。

（7）Format 工具栏如图 2-25 所示，此栏可用于修改输入内容的字体类型、大小、粗
细等。

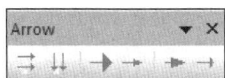

图 2-22 Arrow 工具栏

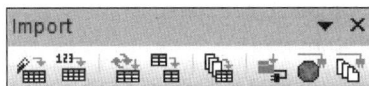

图 2-23 Import 工具栏

图 2-24 Edit 工具栏

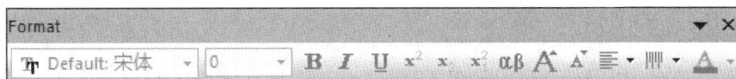

图 2-25 Format 工具栏

（8）Style 工具栏如图 2-26 所示，此栏可用于修改线条的颜色、粗细、大小、格式等。

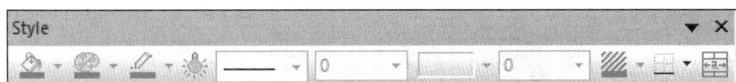

图 2-26 Style 工具栏

（9）Layout 工具栏如图 2-27 所示，此栏包括添加图形和添加工作表的工具。

（10）Tools 工具栏如图 2-28 所示，此栏是 Origin 绘图中最常用的工具，提供了指针选择、放大缩小、文本输入、绘制箭头、线条等功能。

图 2-27 Layout 工具栏

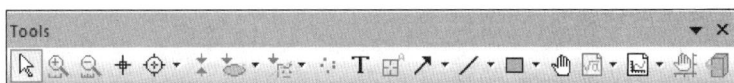

图 2-28 Tools 工具栏

（11）Graph 工具栏如图 2-29 所示，此栏提供了缩放、曲线和多图层操作、图例等工具。

图 2-29 Graph 工具栏

（12）Object Edit 工具栏如图 2-30 所示，此栏提供了操作对象的编辑功能，包括水平，垂直对齐、组合、提前提后图层顺序等工具。

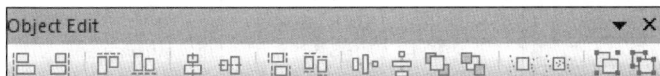

图 2-30 Object Edit 工具栏

（13）2D Graphs 工具栏如图 2-31 所示，此栏提供了各种绘制二维图像的快捷入口。

图 2-31 2D Graphs 工具栏

（14）3D and Contour Graph 工具栏如图 2-32 所示，此栏提供了各种 3D 绘图模板的快捷入口。

（15）Mask 工具栏如图 2-33 所示，此栏提供了包括屏蔽数据点、数据范围、解除屏蔽等工具。

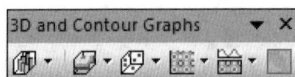

图 2-32　3D and Contour Graphs 工具栏　　图 2-33　Mask 工具栏

（16）3D Rotation 工具栏如图 2-34 所示，此栏提供了三维旋转常用工具，包括顺、逆时针旋转、上下左右倾斜等工具。

图 2-34　3D Rotation 工具栏

2.2　数据管理和处理

2.2.1　数据窗口基础

2.2.1.1　Workbook 窗口

新建的 Workbook 窗口分为 A（X）和 B（Y）两列，输入数据时可根据需要自定 X/Y 轴（多 X 轴或多 Y 轴），在空白处单击右键可呼出扩展选项，用于提供额外的常用功能，如图 2-35 所示。

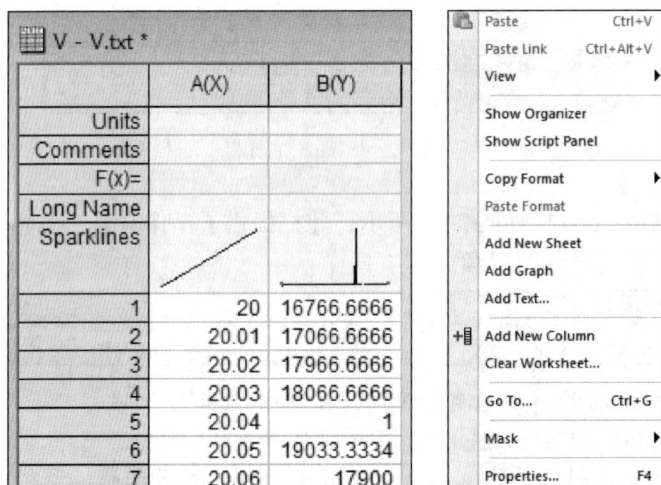

图 2-35　窗口和备选项

"View"可在表头显示数据的"名称""单位""注释"等显示选项；并且包含添加

"表""图""注释"和"新列"等功能,如图 2-36 所示。

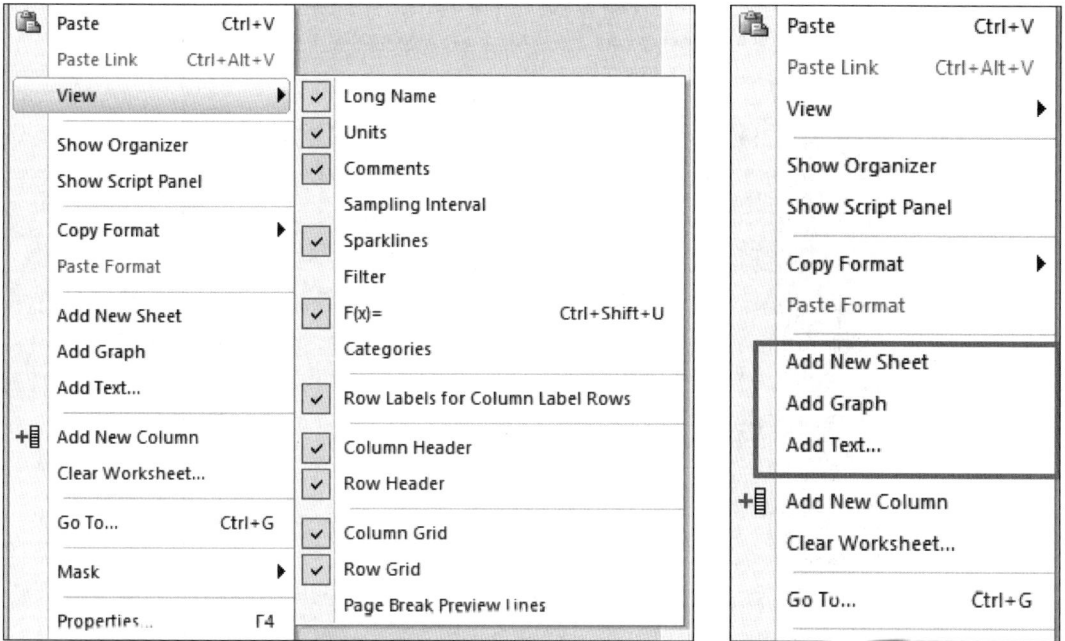

图 2-36 备选项扩展

2.2.1.2 Graph 窗口

利用 Origin 绘图时,初始图像往往不尽如人意,故 Origin 对图像的修改和修饰功能也是非常完善的,这里利用一组数据绘制图像,如图 2-37 所示。

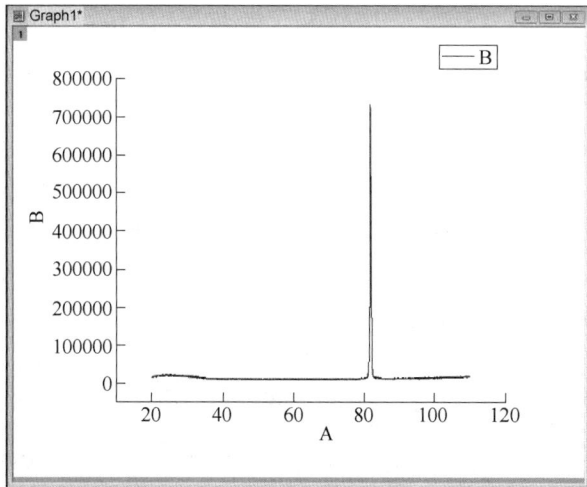

图 2-37 原始图像

此处双击坐标轴可进入"X/Y Axis"修改坐标轴样式,设置功能包括坐标轴范围、坐标间隔、刻度样式、颜色等,如图 2-38 所示。

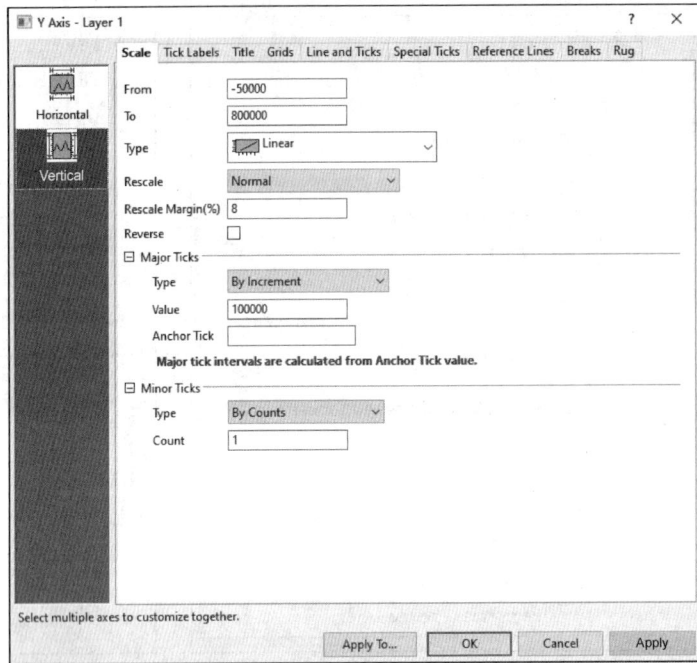

图 2-38　X/Y Axis

而双击曲线可进入"Plot Details"修改曲线样式，若有多条曲线可同步修改或者单一修改，此处提供了曲线样式、曲线粗细、曲线颜色等功能，如图 2-39 所示。

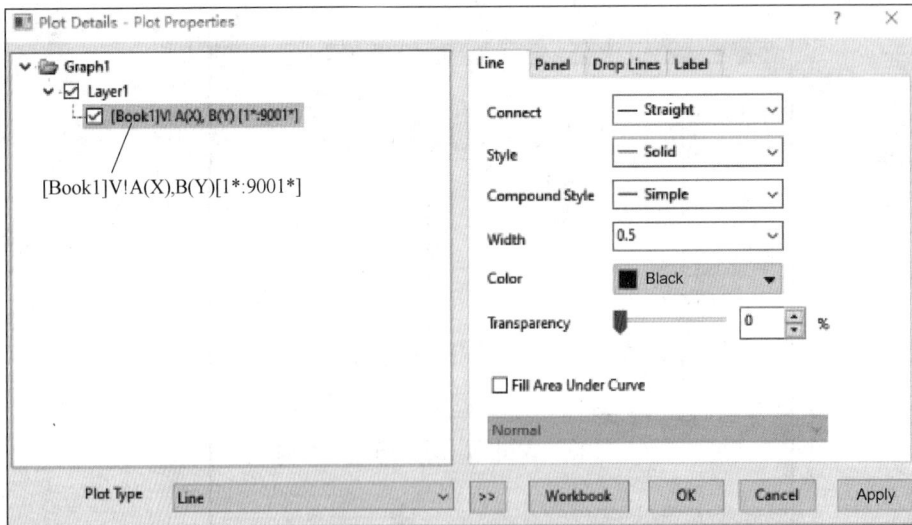

图 2-39　Plot Details

进入曲线样式修改时，可单击 Workbook 转到数据表格，这在作图数据需要修正时十分常用。

2.2.2　数据的输入和输出

2.2.2.1　输入数据

Origin 支持多种格式类型的数据输入，其强大的兼容性使得科研绘图成为易事。

A　通过键盘输入

顾名思义，通过手打键盘的方式将数据输入 Origin 的工作表，可通过 Tab 键和 Enter 键跳转到下一行，也可单击下一行进行输入，但是此类方法耗时较多，效率较低，常用于数据精修。

B　从剪贴板输入

从其他软件（Word、Excel 等）复制数据粘贴至工作表，若数据为多列数据，Origin 会自动识别并填充。

不仅如此，通过标准工具栏的 Add New Columns 也可根据需要添加相应的列以填充数据，如图 2-40 所示。

若想把不同的数据画在同一个坐标系中，如将 X1、Y1；X2、Y2；X3、Y3 对应的数据都画到同一个坐标系中，可以在现有的两列数据列后添加 4 个数据列，分别将第三列、第五列设为 X 列，如图 2-41 所示，随后将数据列全部选中，单击相应的曲线类型产生相应的曲线。

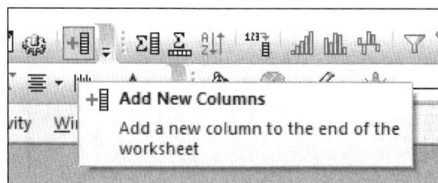

图 2-40　Add New Columns

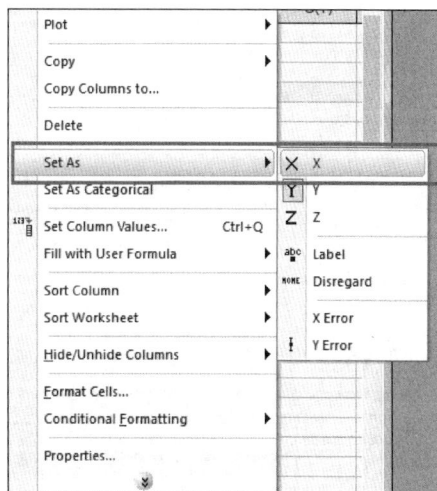

图 2-41　定义列

C　从文件输入

a　过滤器生成

准备好 txt 格式的数据文件路径，选择 "File→Import→Import Wizard" 命令，或者单击工具栏的 "Import Wizard" 图标，快捷键 "Ctrl+3"，弹出导入向导对话框，选择 ASCⅡ 模式，再选择导入的文件，如图 2-42 所示。

首次导入选择无过滤器，导入模式选择新建或者覆盖，如图 2-43 所示。

此处要将主体数据（数值部分）与标题行（非数值部分，包括标题、测试参数信息

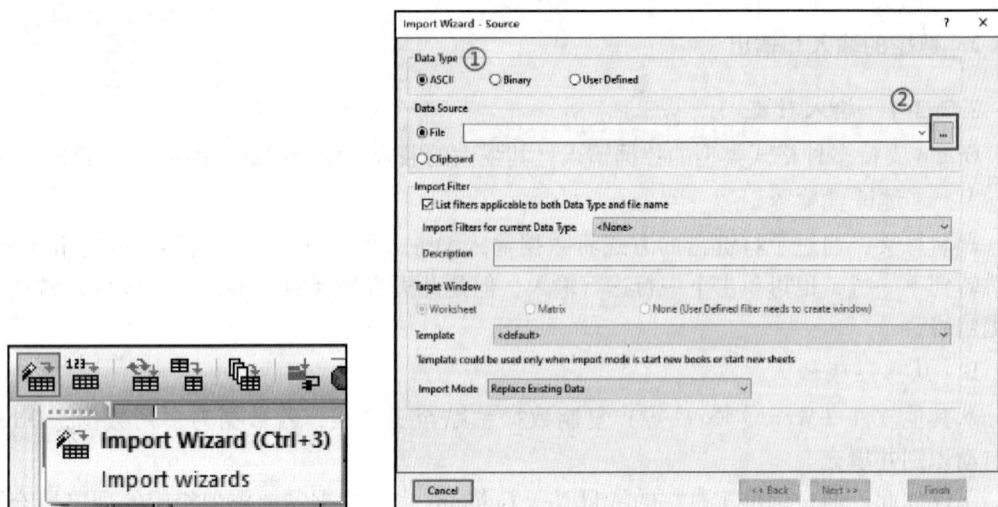

图 2-42 Import Wizard 界面 1

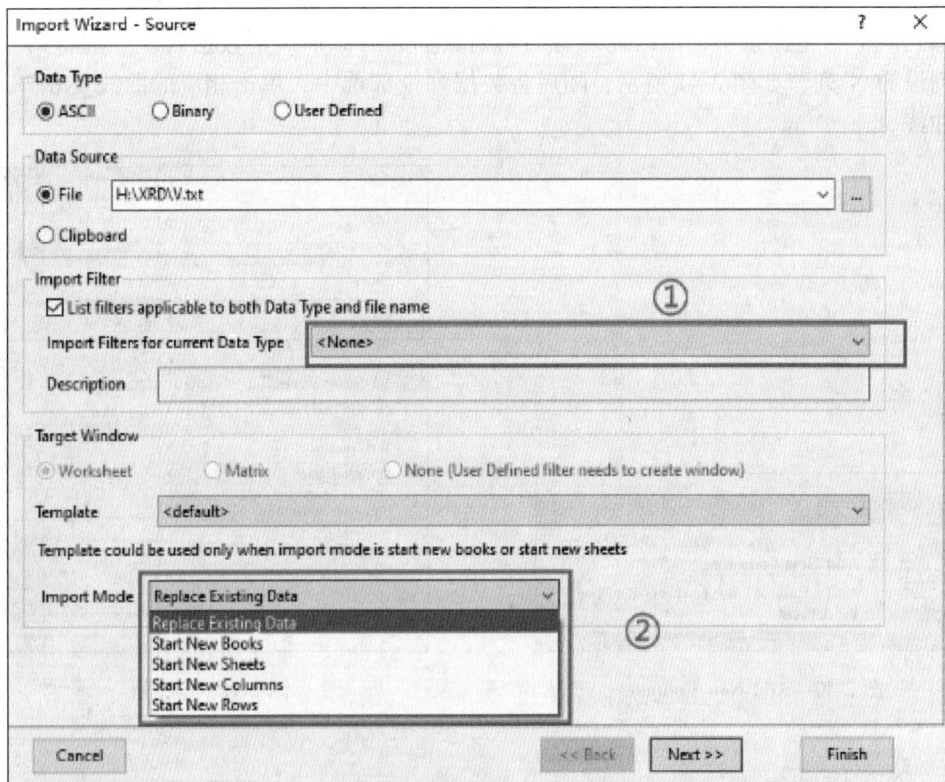

图 2-43 Import Wizard 界面 2

等）进行区分。对话框分为上下两部分，上部分是参数设定部分，可以对标题行各行的内容以不同颜色进行标示，可以在预览区预览。第一、第二个选项分别为指定主标题和副标题的行数。在本例中，查看原始文件并无长短标题，故选择"0"，单击"Next"即可，如图 2-44 所示。

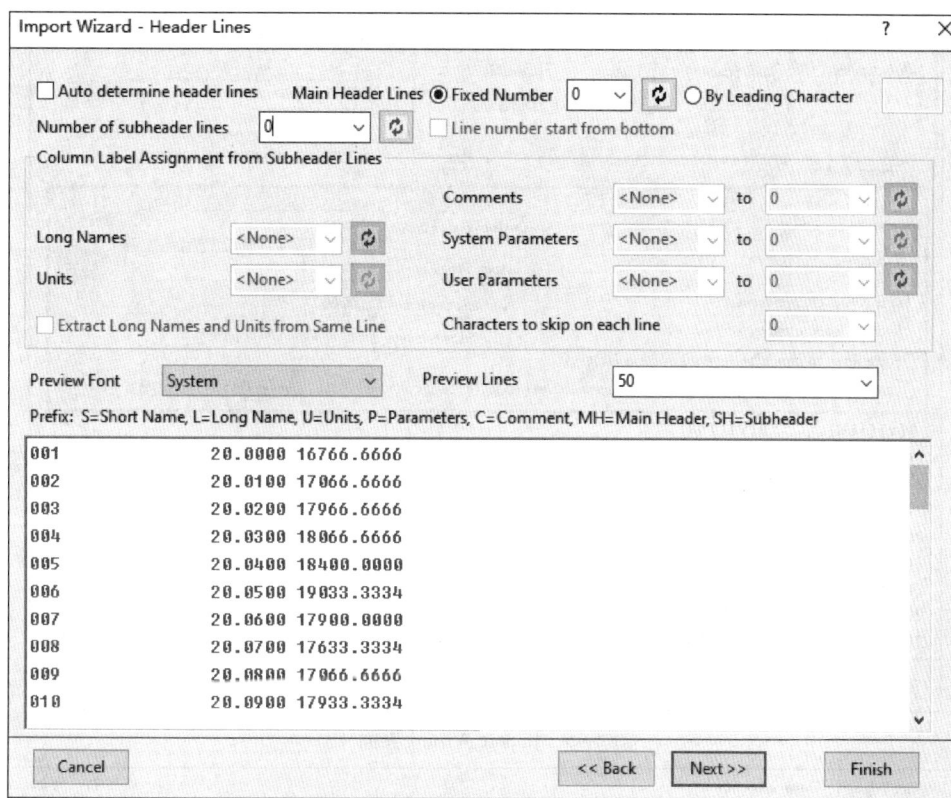

图 2-44 Import Wizard 界面 3

接下来弹出的两个对话框分别是抽取变量和重命名的一些选项，一般默认即可。

图 2-45 所示分隔符的确定，在 txt 文件当中，数据的分隔一般会用到制表位（Tab）、空格（Space）、逗号（,）等。因此，明确文件中的分隔符类型才能将数据以正确的格式导入。第一栏中可以选择以分隔符或固定宽度的方式对数据进行分列，如果不指定分隔符的种类，则由软件自动判断。结果可以在下方的预览框中看到。此外，还可以设置数据中文本、日期、时间等的格式以及千位分隔符等，如图 2-45 所示。设置好后单击"Next"。

此处为部分导入，如无特殊要求则选择"None"，需要部分导入则选择"All Files"，再从部分输入框中按要求编辑。四个框中的参数表示，从 X 列（行）到 X 列（行），依次跳过 X 列（行）读 X 列（行）。例如，从第 1 列到第 7 列，跳 1 列读 2 列，那么结果为读取第 1、3、4、6、7 列，单击"Apply"可以看到结果。如果"Skip"为 0，则连续读取不跳过，如图 2-46 所示，本例仅有 X、Y 列，故不跳过，选择"None"。

完成上述步骤即可生成过滤器，保存过滤器后，下一次导入相同类型数据则可调用过滤器，无需重复上述步骤，如图 2-47 所示。

b 过滤器使用

导入数据时可载入保存好的过滤器，选择需要的数据，单击"Finish"即可直接导入，如图 2-48 所示。

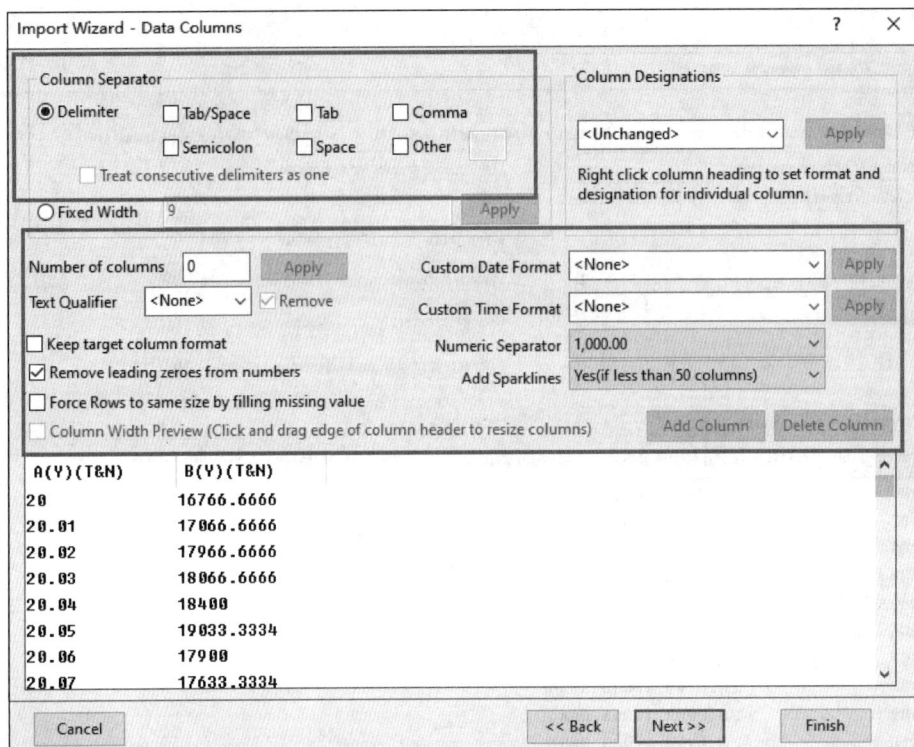

图 2-45　Import Wizard 界面 4

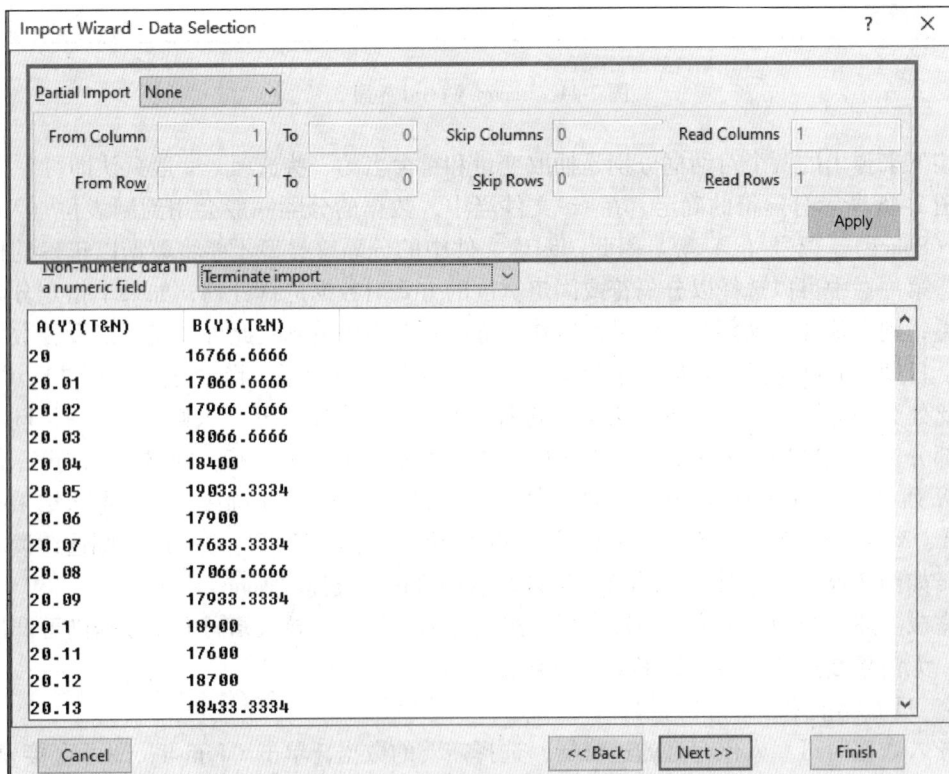

图 2-46　Import Wizard 界面 5

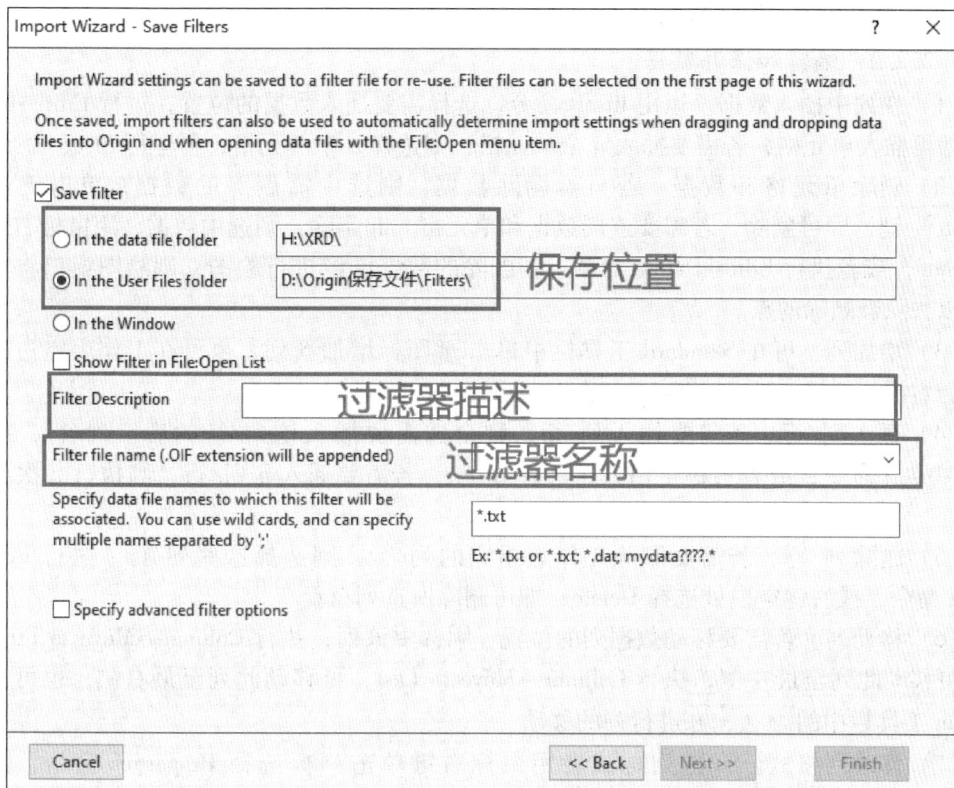

图 2-47 Import Wizard 界面 6

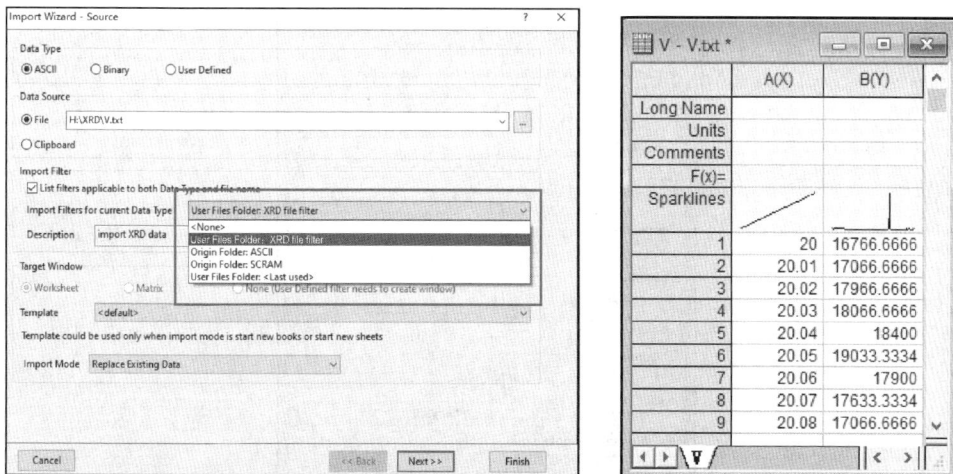

图 2-48 过滤器导入的数据

D 随机填充数据

进行随机数列实验时，可进行随机数据的填充，选定需要填充数据的单元格，单击 Worksheet Data 工具栏的 ▦ 快捷指令（将列填充为行号），或 ▦（将列填充为随机正数），

或 （将列填充为一般随机数）。

2.2.2.2　编辑和保存数据

（1）在列中插入数据。运用 Insert 命令，选择需要插入数据的位置，运行 Edit→Insert 命令即可插入单元格，若需要插入 n 个单元格，则选择 n 个单元格，再运行 Insert 命令。

（2）删除单元格和数据。若只需删除数据，则选中需删除的数据，单击键盘的〈Delete〉键，即可删除，若需要连同数据和单元格一起删除，则选中数据，用鼠标右键单击 Delete，或者执行 Edit→Delete 命令，若删除的数据已经进行绘图，则绘图窗口将重新绘图以去除被删除的点。

（3）增加列。可在 Standard 工具栏中单击 图标增加新列，也可在工作表空白处单击鼠标右键，选择 Add New Column 命令，即可增加新列。

（4）插入列/行。若需要插入列/行，则全选需要插入该列/行的后一列/行，执行 Edit→Insert 命令，或者右键空白处，选择 Insert，若需要插入 n 列/行，则执行 n 次上述操作。

（5）删除列/行。若需要删除工作表指定的列/行，则选择这些列/行，执行 Edit→Delete 命令，或右键空白处选择 Delete，即可删除所选列/行。

（6）移动列。若需要移动数据列的位置，则选中该列，执行 Column→Move to First 命令，可移动此列至最左侧，执行 Column→Move to Last，可移动此列至最右侧，也可使用 Column 工具栏中的 进行列的移动。

（7）修改列格式。双击列标或者用鼠标右键单击列标选择 Properties 命令，打开 Column Properties 对话框，如图 2-49 所示。此对话框可对列命名，加列表，将列指定为 X、Y、Z 等。

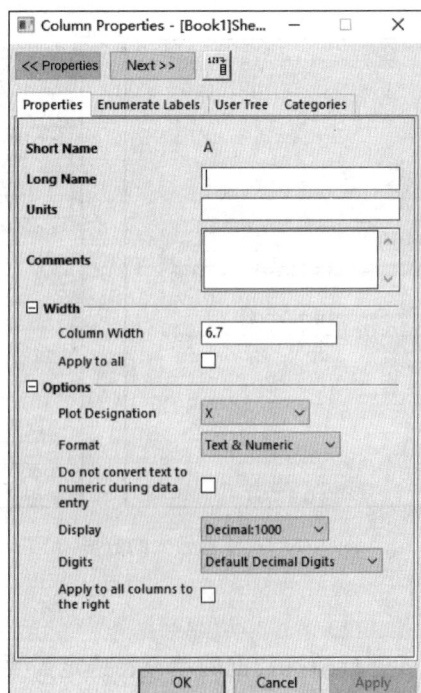

图 2-49　Column Properties 对话框

（8）修改工作表格式。双击工作表空白处即可打开 Worksheet Properties 对话框，如图 2-50 所示，通过此处的复选栏可对工作表的列/行进行格式的修改，包括字体样式、颜色、大小等。

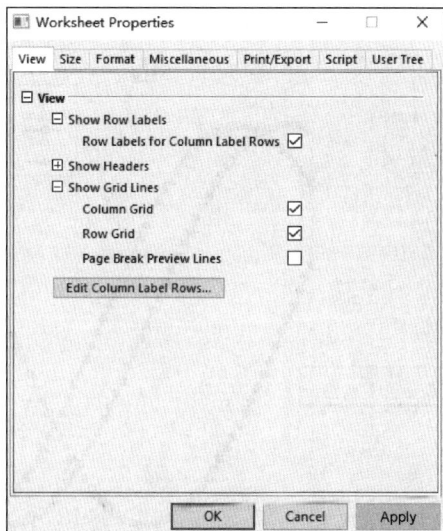

图 2-50　Worksheet Properties 对话框

（9）保存数据。若勾选自动保存，则间隔 x 时间（默认 12min）会自动保存至指定路径；Origin2021 版本可在 Preferences→Options→Open/Close 设置（2018 及以下版本可在 Tools→Option 查看），保存路径可在 System Path 查看，如图 2-51 所示。

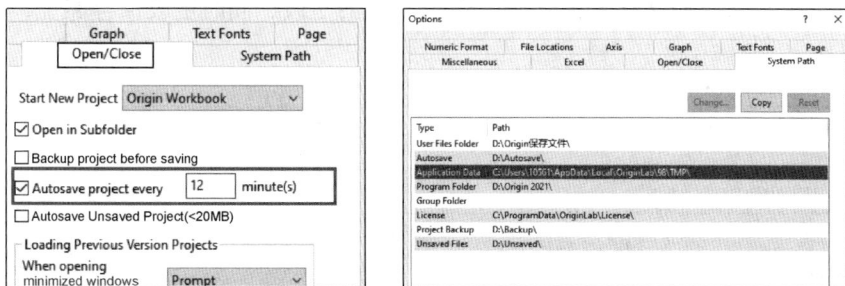

图 2-51　自动保存设置

一般情况下，可在 File→Save project 中手动保存，也可快捷键 Ctrl+S 保存，需要注意的是，尽量设置常用的保存路径，保存为 opju 格式的工作文件，设定文件名称即可成功保存。

2.2.2.3　数据输出

A　输出为图片

利用 Origin 将数据图已经处理完成的情况下，需要进行数据图的保存。单击主菜单栏里的"File→Export Graph"，如图 2-52 所示。

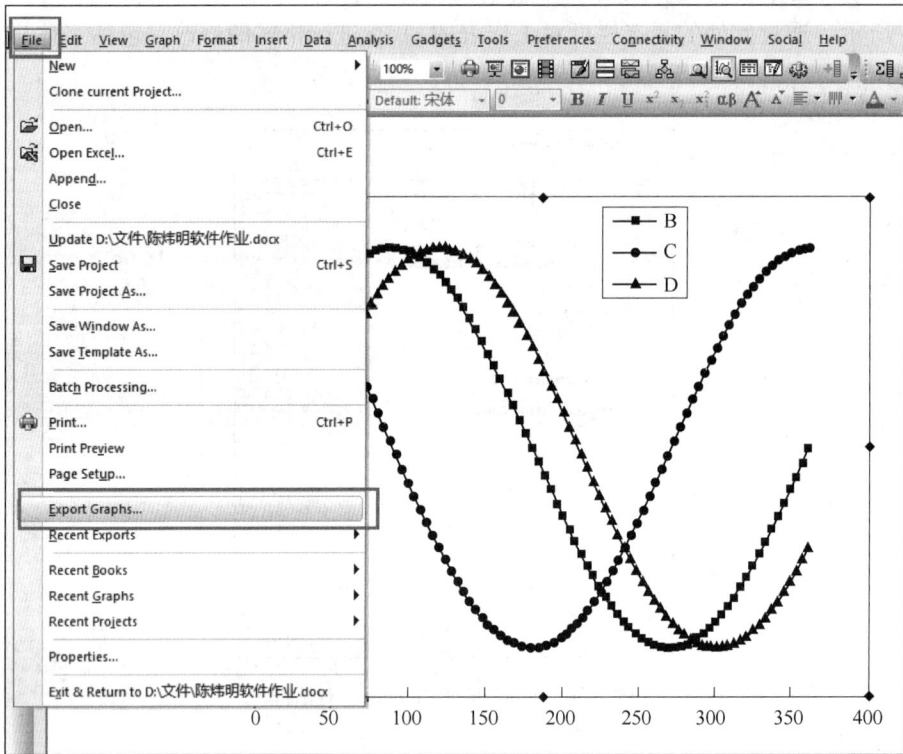

图 2-52　输出图片

在弹出对话框进行参数选择，Image Type 默认为 eps 格式，需要改成 tiff（高保真）或者 jpg 格式，然后选择对文件名称"File Name"进行更改，同时更改保存路径，如图 2-53 所示。

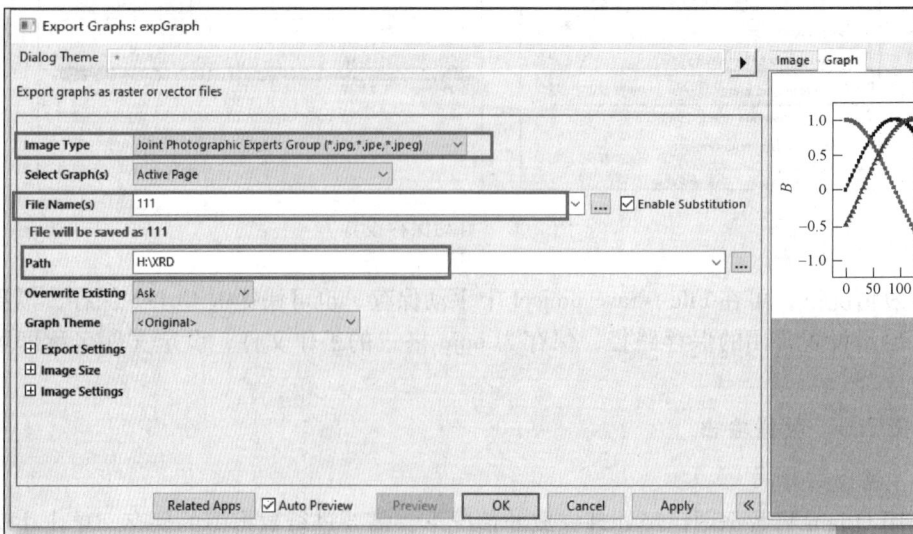

图 2-53　输出图片设置

若需要提高图片质量，可在下列设置中修改参数，例如：将 Image Size 里的 Specify Size in 从"inch"改成"cm"，将 Image Settings 里的 DPI resolution 改至 1200；单击 OK 即可输出图片至指定路径。

B 输出为链接

另一种输出图片的方法是将图片直接拷贝至 Word、PPT 等工具，这种方法可以让图片在两种软件中生成专有链接，双击即可进入 Origin 编辑图片，是常用的一种方法，在 Graph 中空白处右键选择"Copy→Copy Page"（快捷键 Ctrl+J）即可复制图片，在 Word 中即可右键→粘贴成原格式即可，如图 2-54 所示。

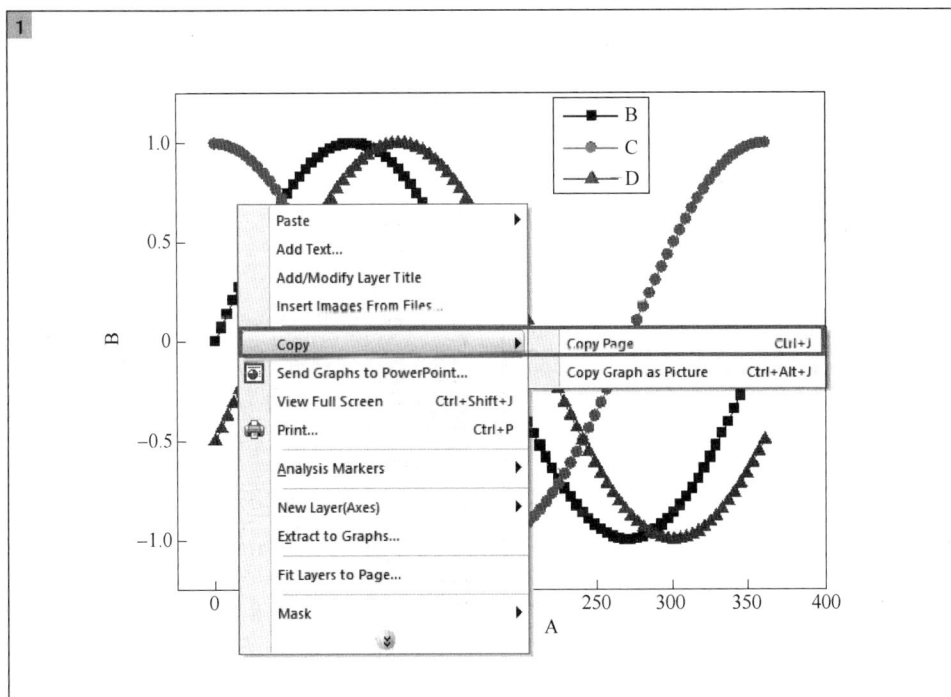

图 2-54 拷贝链接

2.2.3 数据运算

2.2.3.1 简单数学运算

顾名思义，简单数学运算包括"加减乘除"，这些运算在 Origin 里也可以实现，通过"Analysis→Mathematics→simple curve Math"命令打开对话框，如图 2-55 所示。

具体步骤如下：

（1）选择第一个数据对象；

（2）选择运算程序（加减乘除等）；

（3）选择第二个数据对象；

（4）选择输出路径。

示例：D＝B+C。示意图如图 2-56 所示。

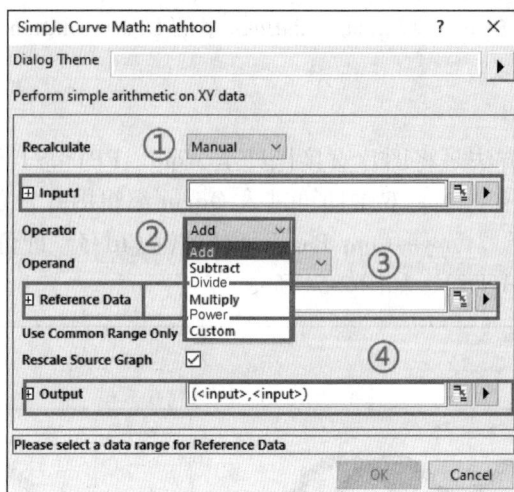

图 2-55　运算对话框

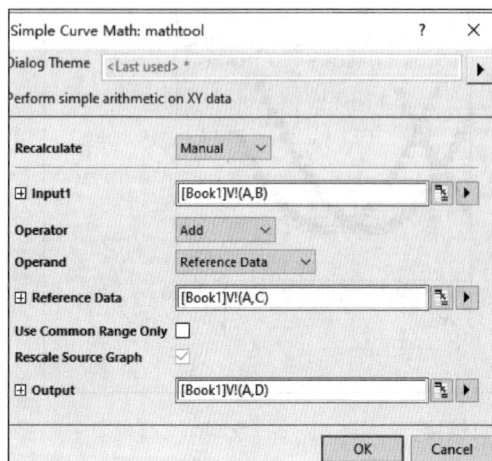

图 2-56　加法示意图

2.2.3.2　函数运算

Origin 集成了强大的数据处理功能，内置了上百种函数供选择，包括对数、指数、三角函数等数学处理常用的函数。

选中需要输入处理数据的列，执行 Column→Set Column Values 命令，打开对话框，如图 2-57 所示，单击 [图标]，即可在弹出的对话框中描述函数，系统会自动进行筛选，如图 2-58 所示。

双击所选函数，设定基本数据列，单击 Apply 可查看所做修改，单击 OK 可确定修改，如图 2-59 所示，值得注意的是，若函数输入错误，则输入的字体呈现为黑色，当输入正确时，字体颜色便会发生变化。

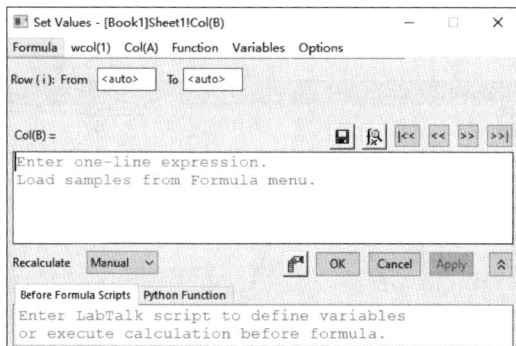

图 2-57　Set Values 对话框

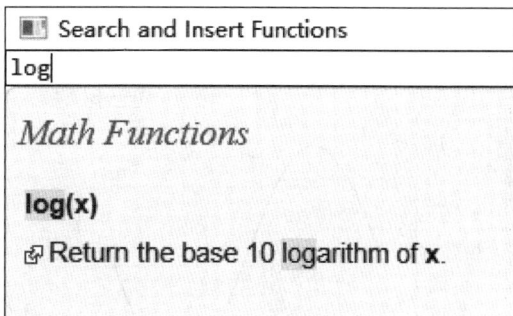

图 2-58　函数搜索

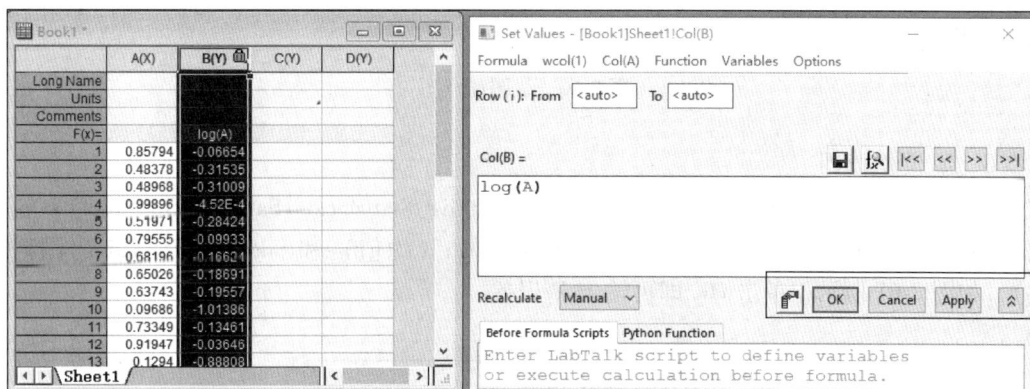

图 2-59　函数应用

类似地，Origin 还可以执行更多的函数公式，此处不一一展示。

2.3　科技图形绘制

本节主要介绍了科技图形的绘制方法及技巧，科技图形在科技论文中所占比重非常之大，好的科技图形可以极大提高科技论文水平，因此掌握科技图形的绘制非常重要。

2.3.1　二维图形绘制

Origin 内置了上百种二维图形绘图模板，包括了简单二维图形模板和特殊二维图形模板，其强大的绘图能力方便了各种科技图形的绘制。

2.3.1.1　简单二维图形绘制

简单二维图形包括线图、点线图、Y 误差图、XY 误差图、垂线图、气泡图、彩点图、柱状图、条形图、堆垒柱形图、堆垒条形图、饼图等十几种图片绘制，由于操作简单并且类似，此处只绘制几种典型图作为例子。

A　线图和点图

选中绘图数据，执行 Plot→Basic 2D→Line/Scatter 命令，或者在 2D Graph 工具栏中单

击,即可绘出线/点图,如图 2-60 所示。

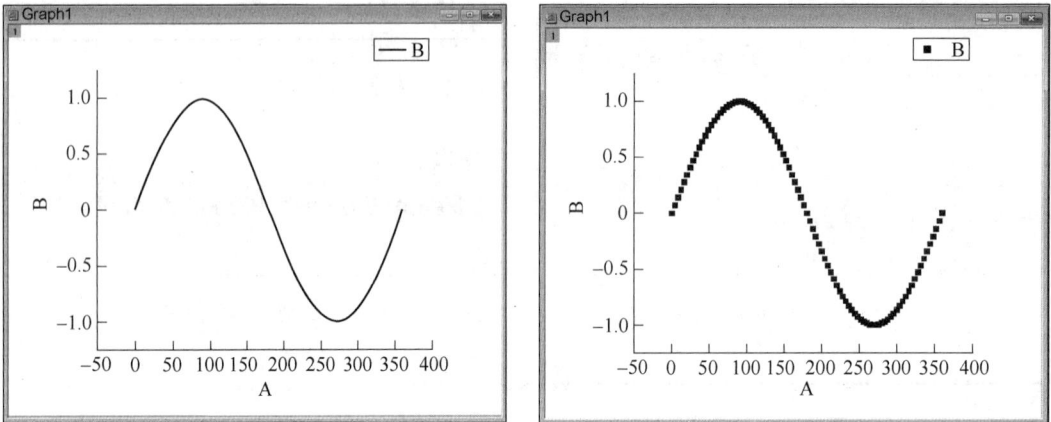

图 2-60　线图和点图

B　Y 误差棒图

选中需计算的 Y 列,执行 Statistics→Descriptive Statistocs→Satistics On Rows→Open Dialog 打开对话框,在 Quantities 复选框勾选 Mean(均值)和 Standard Deviation(标准差),如图 2-61 所示,单击 OK 即可输出 Y 误差。

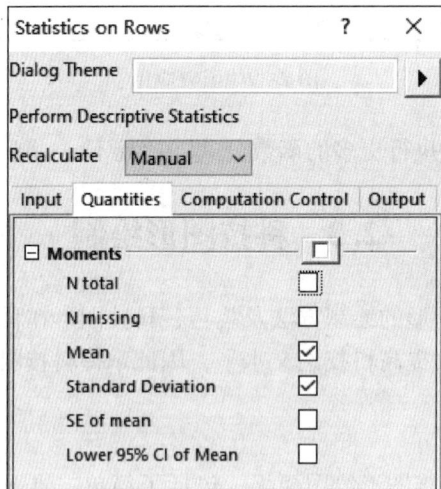

图 2-61　Satistics On Rows

选中 X 轴和输出的均值和标准差,执行 Plot→Basic 2D→Line+Symbol 命令,或者在 2D Graph 工具栏中单击即可进行绘图,如图 2-62 所示。

C　柱状图和堆垒图

选中绘图数据,执行 Plot→Basic 2D→Column/Column Stacked 命令,或者在 2D Graph 工具栏中单击/,即可绘出柱状图和堆垒图,如图 2-63 所示。

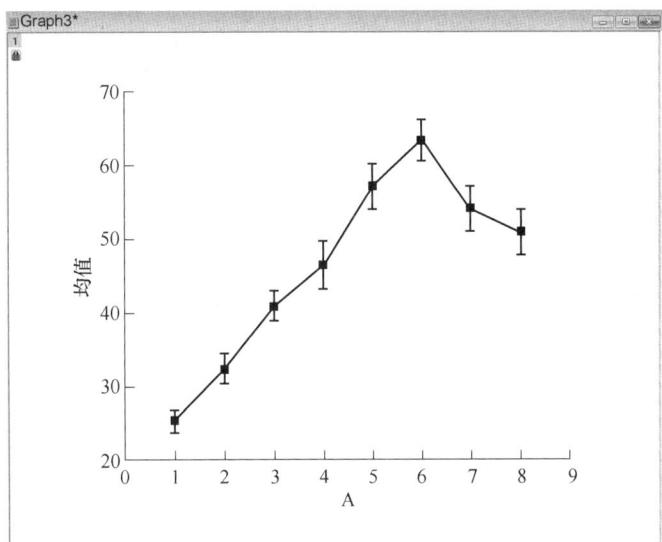

图 2-62 Y 误差棒

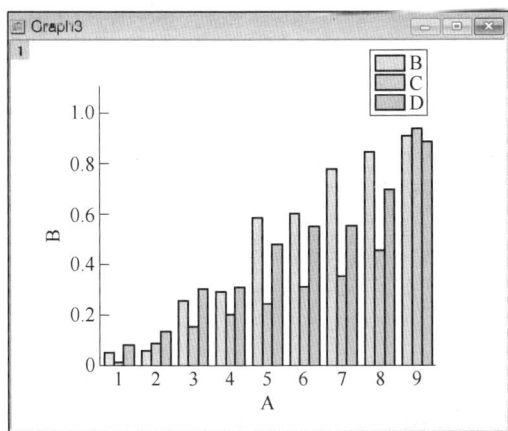

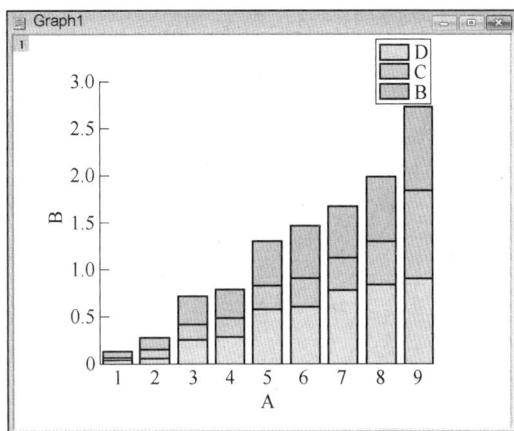

图 2-63 柱状图和堆垒图

图 2-63 彩图

D 饼图和棒状图

选中绘图数据，执行 Plot→Basic 2D→3D Color Pie Chart/Lollipop Plot 命令即可绘出饼图和棒状图，如图 2-64 所示。

2.3.1.2 特殊二维图形绘制

对于科技图形，常需要特殊的绘图方式，Origin 提供了特殊的二维图形绘制模板，包括极坐标图、五角图以及局部放大图等。

A 极坐标图和五角图

选中绘图数据，执行 Plot→Specialized→Polar/Line Fill 命令，即可绘出极坐标图/五角图，如图 2-65 所示。

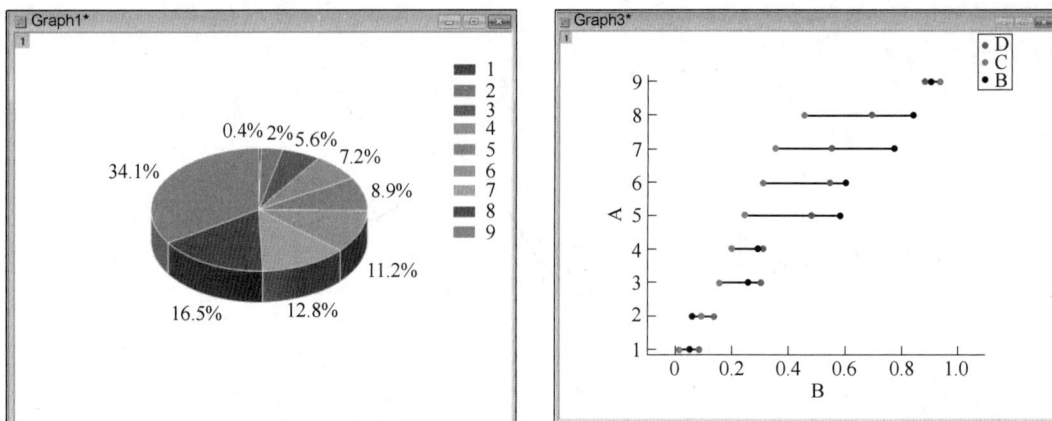

图 2-64　饼图和棒状图

图 2-64 彩图

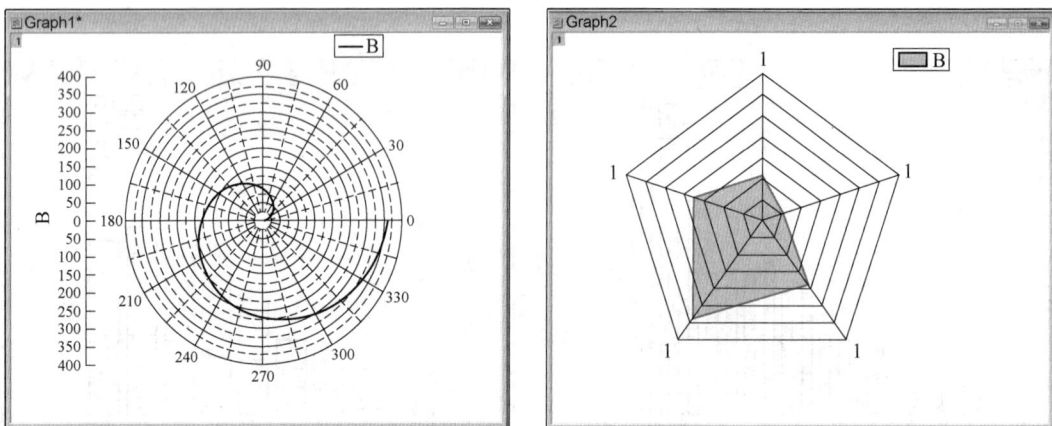

图 2-65　极坐标图和五角图

B　局部放大图

选中绘图数据，执行 Plot→Specialized→Zoom 命令，即可绘出局部放大图，如图 2-66 所示。

2.3.2　三维图形绘制

Origin 不仅可以绘制二维的平面图形，还可以将数据以三维图形的方式呈现。Origin 中提供了多种内置三维绘图模板，可用于科学实验中的数据分析。

2.3.2.1　简单三维图形

Origin 提供了许多简单三维图形模板，常用有三维点图（3D Scatter），三维线图（3D Line），瀑布图（Waterfall），柱状图（3D Bars）等。

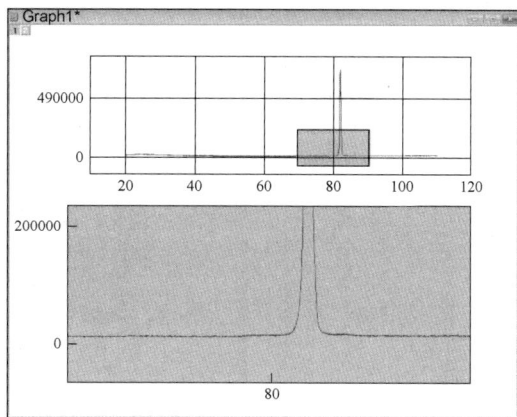

图 2-66　局部放大图

A　三维点图和线图

选中绘图数据，执行 Plot→3D→3D Scatter/Line 命令即可绘出三维点图和线图，如图 2-67 所示。

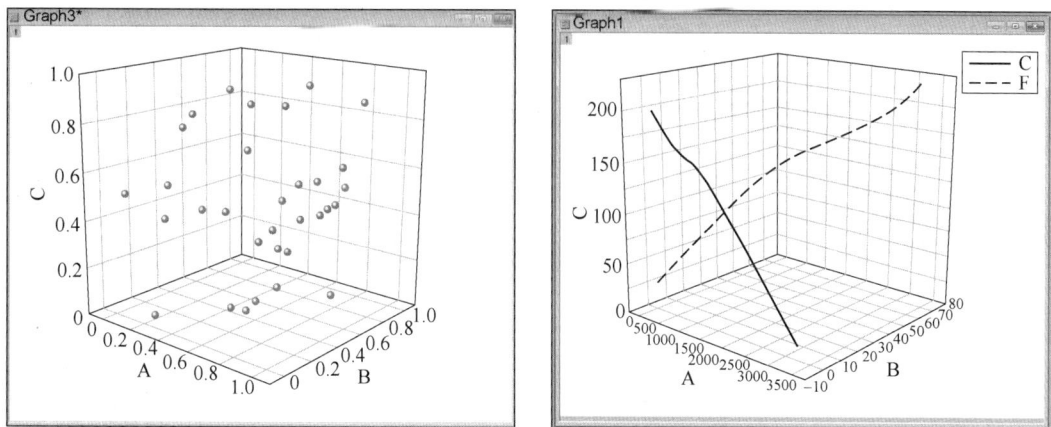

图 2-67　三维点图和线图

B　瀑布图和柱状图

选中绘图数据，执行 Plot→3D→Waterfall/3D Bars 命令即可绘出瀑布图和柱状图，如图 2-68 所示。

2.3.2.2　特殊三维图形

除简单三维图形之外，Origin 也可用于特殊的三维图形的绘制，常用的图形包括 Surface 图、投影 Surface 图、等高线图等。

A　Surface 图

选中绘图数据，执行 Plot→3D→3D Colormap Surface 命令即可绘出 Surface 图，如图 2-69 所示。

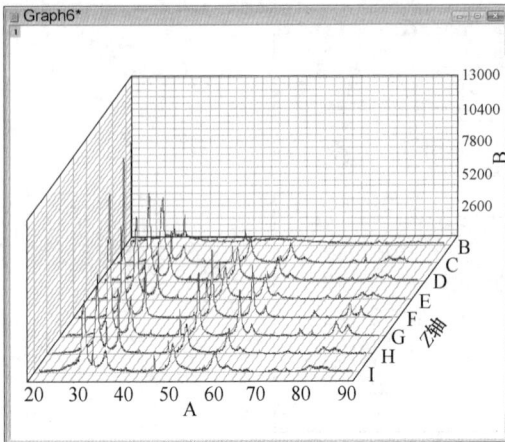

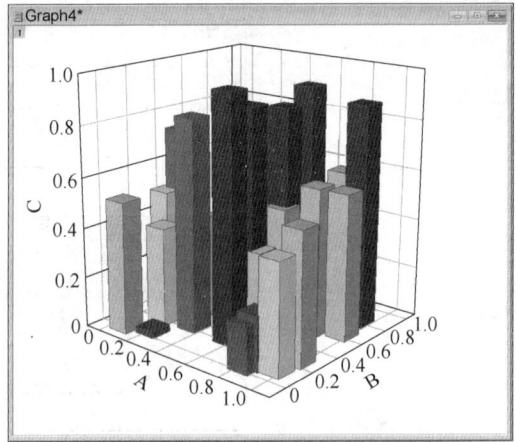

图 2-68　瀑布图和 3D 柱状图

图 2-68 彩图

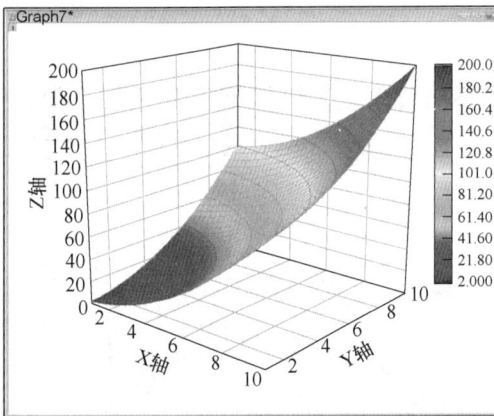

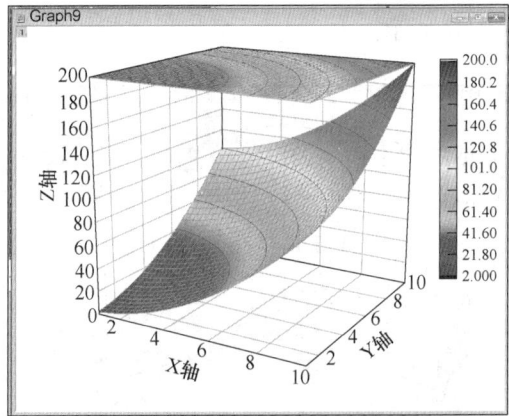

图 2-69　Surface 图和投影 Surface 图

图 2-69 彩图

B　等高线图

选中绘图数据，执行 Plot→3D→Contour Color Fill 命令即可绘出等高线图，如图 2-70 所示。

2.3.3　多图层图形绘制

图层是 Origin 中的一个很重要的概念，一个绘图窗口中可以有多个图层，从而可以方便地创建和管理多个曲线或图形对象。

2.3.3.1　Origin 的多层图形模板

Origin 自带有多图层模板，这些模板允许在取得数据以后，只需单击 "2D Graphs Extended" 工具栏上相应的命令按钮，就可以在一个绘图窗口把数据绘制为多层图。在 "项目 \ Tutorial \ Tutorial _3. opj" 中四个绘图窗口即为四个图形模板，分别为双 Y 轴

（Double Y Axis）、水平双屏（Horizontal 2 Panel）、垂直双屏（Vertical 2 Panel）和四屏（4 Panel）图形模板。

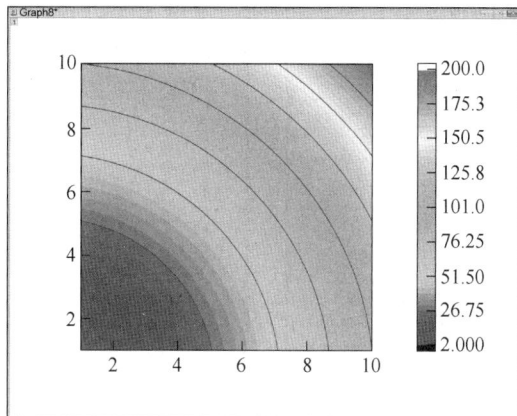

图 2-70 彩图

图 2-70　等高线图

（1）双 Y 轴。选中数据，执行 Plot→Multi→Panel/Axis→Double Y，即可绘出双 Y 轴图形，如图 2-71 所示。

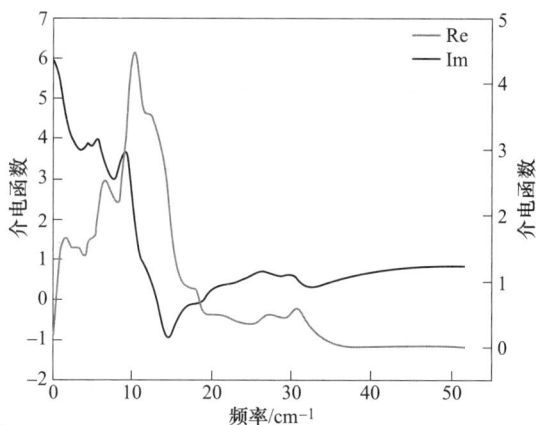

图 2-71　双 Y 轴

（2）水平/垂直双屏图形。选中数据，执行 Plot→Multi→Panel/Axis→Horizontal/Vertical 2 Panel 命令，即可绘出水平/垂直双屏图形，如图 2-72 所示。

（3）四屏图形模板。选中数据，执行 Plot→Multi→Panel/Axis→4 Panel 命令，即可绘出四屏图形，如图 2-73 所示。

2.3.3.2　创建多层图形

Origin 允许用户自己定制图形模板。如果已经创建了一个绘图窗口，可将其存为模板，方便以后调用。

A　创建双层图

在绘制有一层二维图形前提下，在空白处用鼠标右键单击，New layer→Right Y（新建

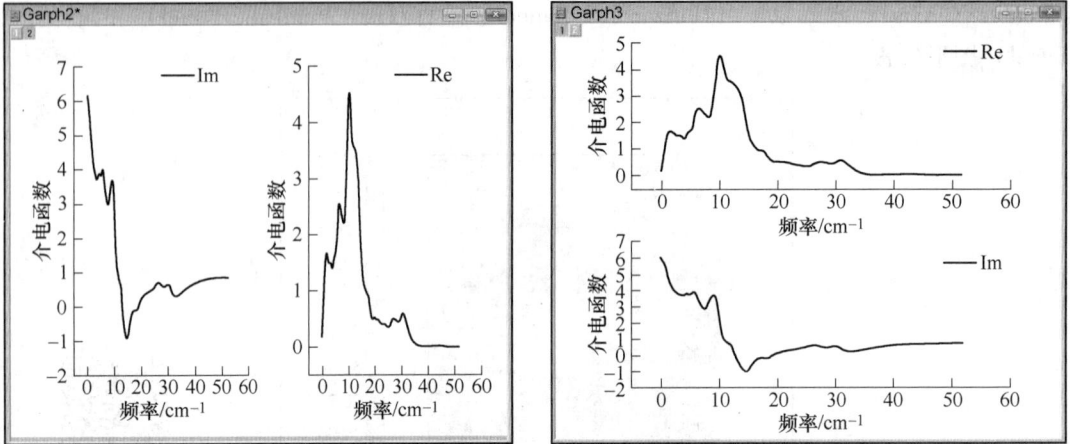

图 2-72　水平/垂直双屏图形

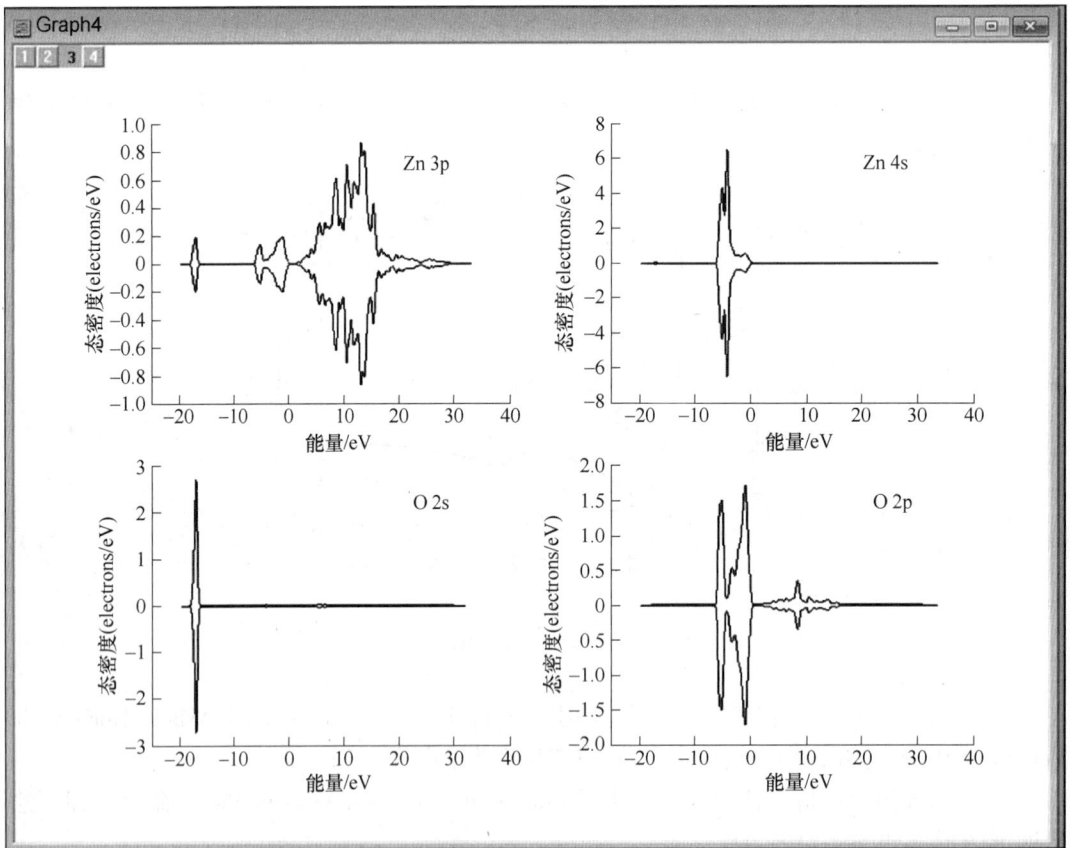

图 2-73　四屏图形

右 Y 轴），并且在 Object manager 里用鼠标右键单击选择 Right Y→Layer contents，如图 2-74 所示。

　　此处需提前在工作簿中输入相应数据，然后选择相应数据单击 OK 即可创建新图层，如图 2-75 所示。

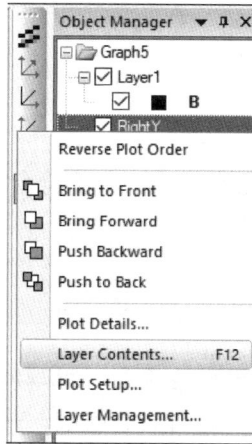

图 2-74　Layer contents

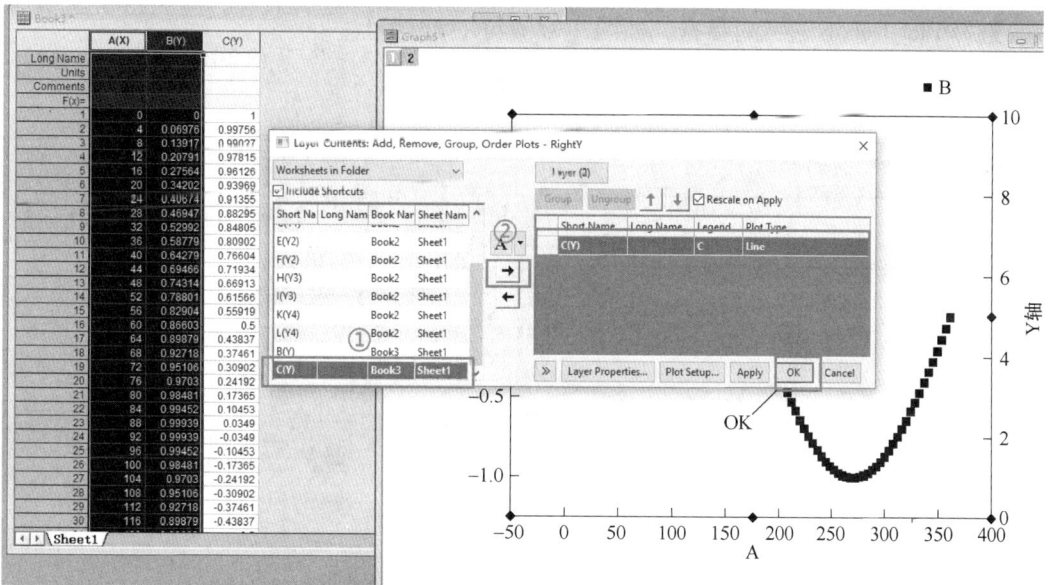

图 2-75　新建图层

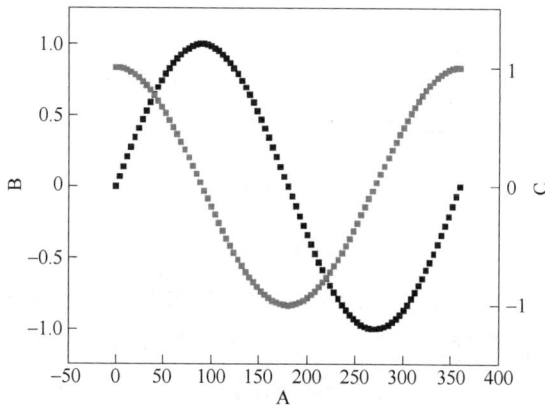

B　存为模板

File→Save Template As 即可存为模板。

2.3.4　图形版面设计

成功绘图后未经修饰的图片显得较为生硬，不符合科学图形所需要精致美观的要求，故对所得图形进行修饰是十分重要的。

2.3.4.1　图形设计

A　曲线修饰

选定曲线，可在 Style 工具栏中单击 ✎ 图标填充或修改曲线的颜色，可修改 0.5 数字的大小定制曲线的粗细，并且可以通过图 2-76 修改线条的样式。

双击线条弹出 Plot Details 对话框，也可用鼠标右键单击曲线，选择 Plot Details 进入对话框，如图 2-77 所示，此处可进一步定制线条的细节，在绘制高质量图形中起到重要作用。

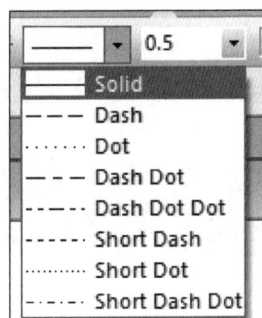

图 2-76　曲线样式选项

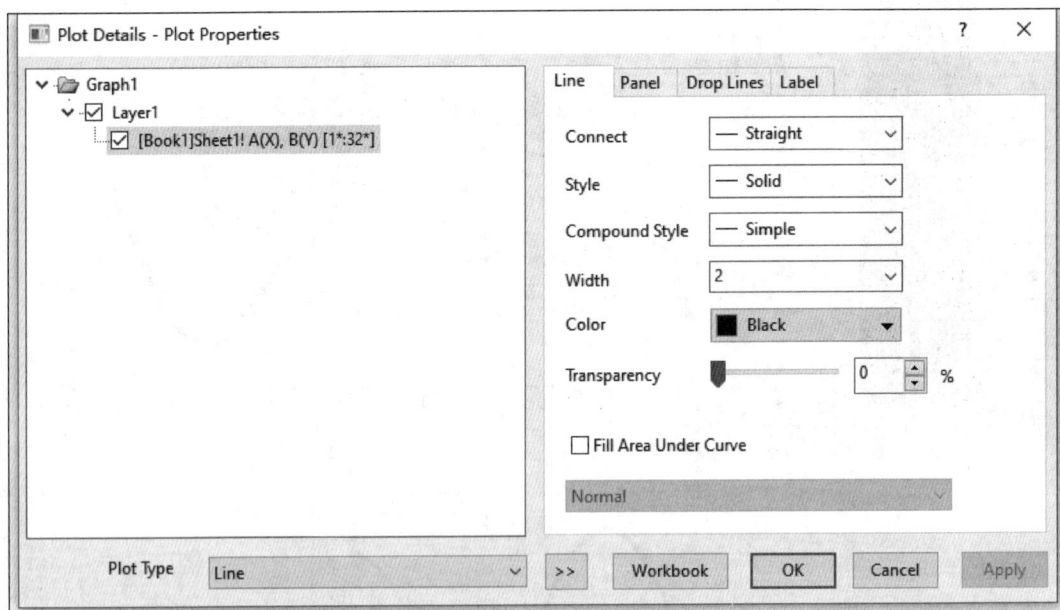

图 2-77　Plot Details 对话框

B　坐标轴修饰

选定坐标轴，依然可在 Style 工具栏中选择相应的快捷键修改线条的粗细、样式，也可双击、用鼠标右键单击坐标轴→Properties 进入定制细节对话框，此处通过单击不同的复选框可以定制许多细节，包括设定坐标轴的范围、坐标轴的显示/隐藏、辅助线的显示/隐藏、主/副刻度的设定等，如图 2-78 所示。

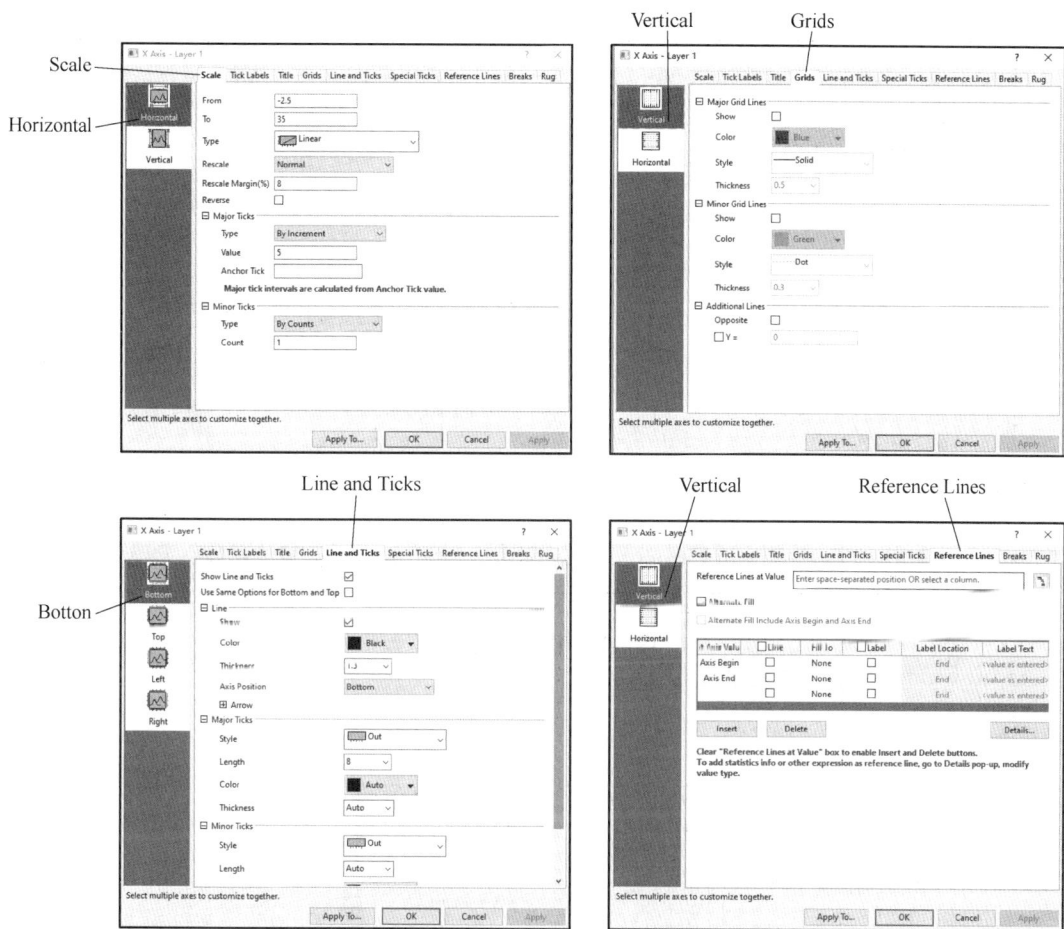

图 2-78　坐标轴设定

C　文字样式修饰

选中刻度数/标题/图示，皆可在 Format 工具栏中修改文字的样式、大小、粗细等常见的修改选项。

D　页面色彩修饰

色彩对于科技图片修饰尤为重要，添加色彩修饰操作如图 2-79 所示。

可双击图形空白处进入 Plot Details 对话框，在左侧选择 Layer（图层）界面，在右侧选择想要填充的颜色，其中渐变色是绘制图形常用的选项，同时注意选择颜色时尽可能选择同色系或近色系的两种颜色。

2.3.4.2　排版设计

准备好需要排版的图片于一个 Origin 项目内，如图 2-80 所示。

执行 Graph→Merge Graph Windows→Open Dialog 命令，弹出排版对话框，在 Graphs 选项中可调节图片的排序，如图 2-81 所示，对话框右侧可直接预览修改。

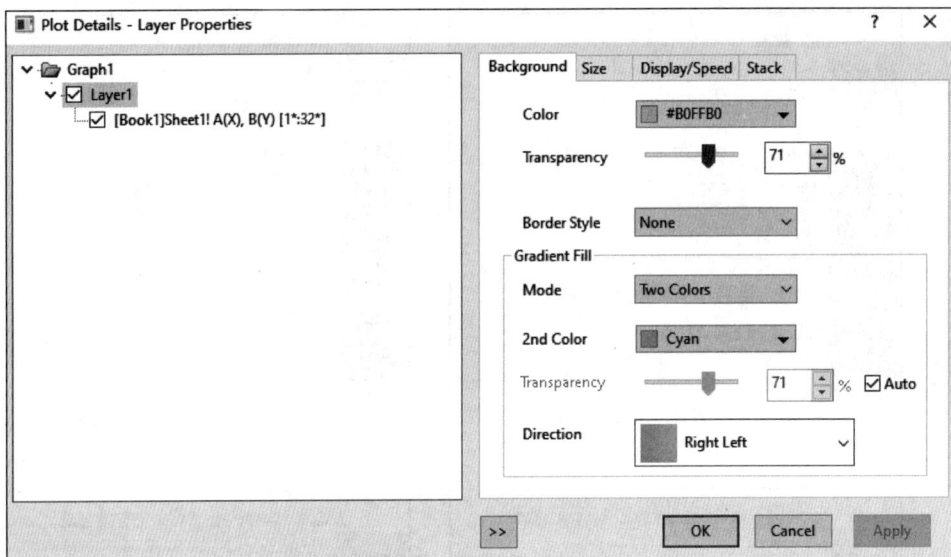

图 2-79　图层颜色设定

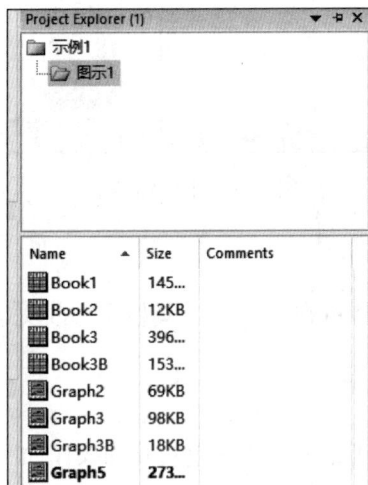

图 2-80　需排版的图片

通过 Arrange Settings 选项可设置每行每列排版的图片数目，如图 2-82 所示。

通过 Spacing 选项可设置各图片间距和上下左右间距，如图 2-83 所示。

通过 Add Label 选项可添加图标，在 Label Text 可选择图标大小写或自定义，如图 2-84 所示。

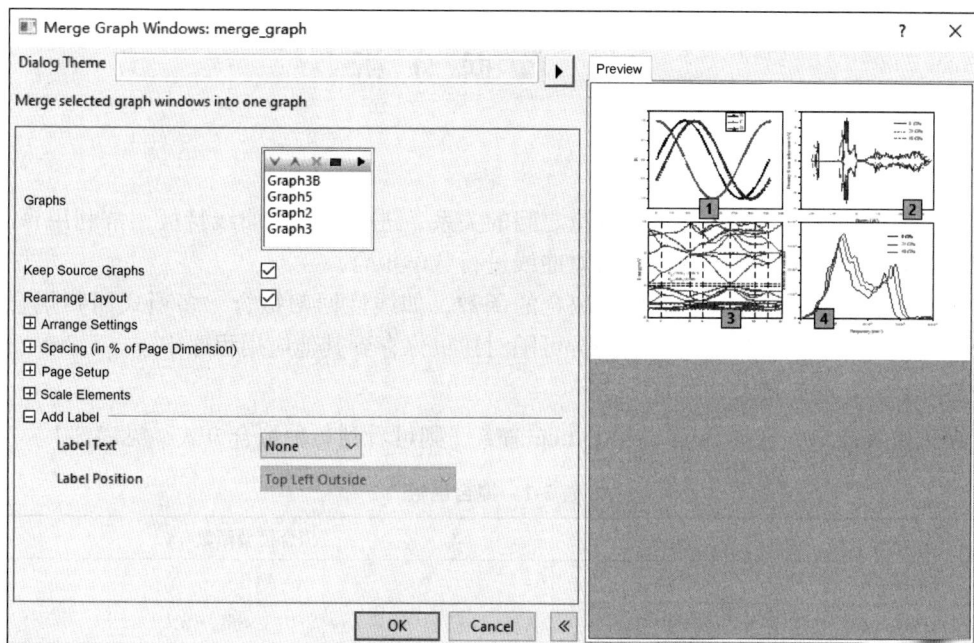

图 2-81　排版对话框

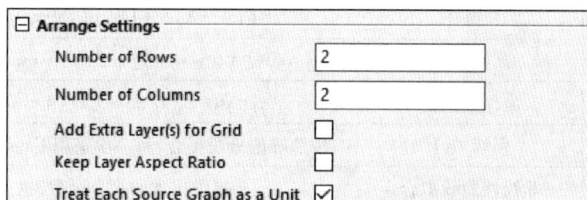

图 2-82　行/列数目设置

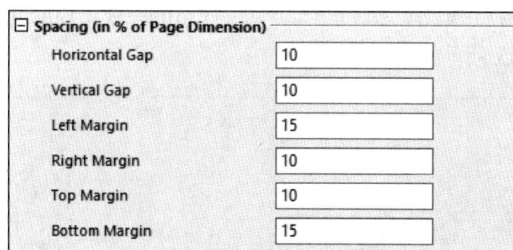

图 2-83　间距/边距设置

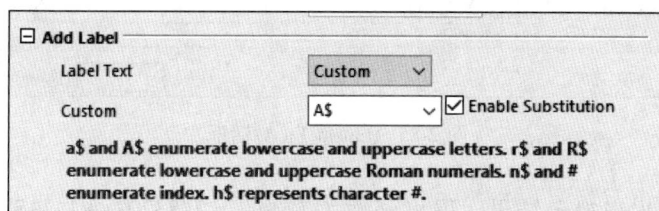

图 2-84　图标添加

2.4　数　据　分　析

2.4.1　曲线拟合

对于数据而言，为了描述不同变量之间的关系，进一步分析曲线特征，常利用算法找出与之相对应的函数关系，这就需要对曲线进行数学拟合。

Origin 提供了多种可以进行数据拟合的函数，如线性回归拟合、多项式回归拟合、S 拟合等。拟合完成后，生成的拟合报告可随时拷贝保存到其他应用程序中。

2.4.1.1　拟合方式

在工作表窗口，选择 Analysis→Fitting 命令，则可看到各种拟合方式，见表 2-1。

表 2-1　拟合函数

命令	含义	拟合模型函数
Fit Linear	线性拟合	$y = A + B * x$
Fit Polynomial	多项式拟合	$y = A + B_1 * x + B_2 * x^2$
Fit Exponential Decay	指数衰减拟合	$y = A_1 * \exp(-x/t_1) + y_0$
Fit Exponential Growth	指数增长拟合	$y = A_1 * \exp(x/t_1) + y_0$
Fit Sigmoidal	S 拟合	$y = ((A_1 - A_2)/(1 + \exp((x - x_0)/dx) + A_2, \text{Boltzmann}$
Fit Gaussion	高斯拟合	$y = y0 + (A/(w * \text{sqrt}(\pi/2))) * \exp(-2 * ((x - xc)/w)^2)$
Fit Lorentzian	洛伦兹拟合	$y = y0 + (2A/\pi) * (w/(4 * ((x - xc)^2 + w^2))$
Fit Multipeaks	多峰拟合	按照峰值分段拟合，每一段采用 Gaussion 或者 Lorentzian 方法
Nonlinear Curve Fit	非线性曲线拟合	提供丰富的拟合函数，也支持用户定制

A　线性拟合

选择绘图数据，绘出点线图，执行 Analysis→Fitting→Fit Linear→Open Dialog 命令，打开拟合对话框，如图 2-85 所示。

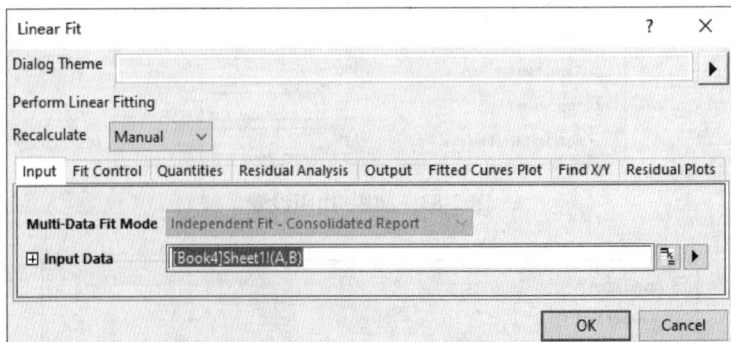

图 2-85　Linear Fit 对话框

单击 OK 后，出现拟合结果，得出函数关系为 $y = 2.83203x + 1.11571$，拟合度 R^2 为 0.99739，如图 2-86 所示。

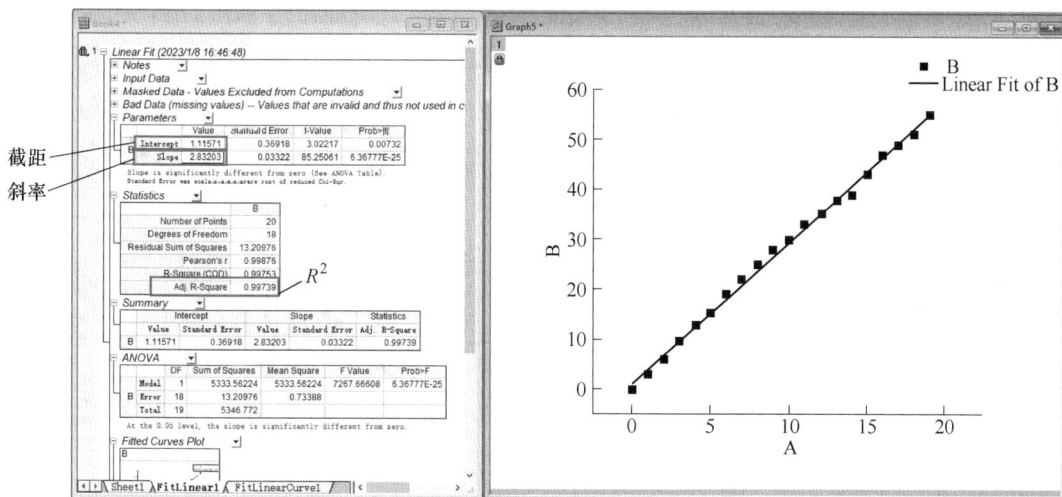

图 2-86 线性拟合结果

B 多项式拟合

选择绘图数据,绘出点线图,执行 Analysis→Fitting→Polynomial Fit→Open Dialog 命令,打开多项式拟合对话框,如图 2-87 所示。

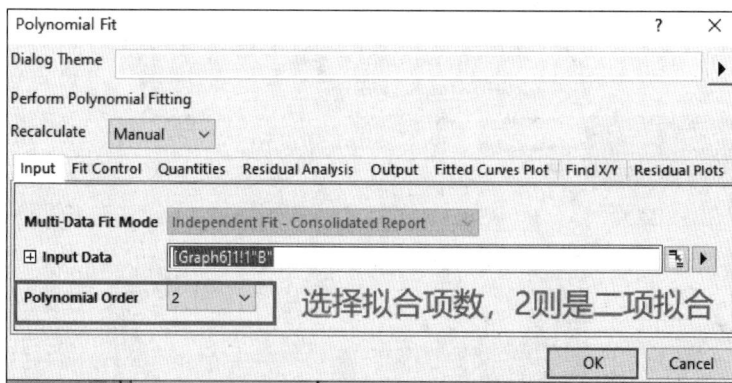

图 2-87 Polynomial Fit 对话框

单击 OK 后,出现拟合结果,得知 $y = 0.01637x^2 + 3.14107x + 0.1826$,拟合度 R^2 为 0.99822,如图 2-88 所示。

一般来说,项数越多,结果越逼近真实数据,但是也更加复杂。

C 非线性拟合

选择绘图数据,绘出点线图,执行 Analysis→Fitting→Nonlinear Curve Fit→Open Dialog 命令,打开函数拟合对话框,根据需要选择对应拟合函数,如图 2-89 所示。

单击 Fit 后,出现拟合结果,得出函数关系为 $y = 237.50018 + 209.43853\sin\left(\pi \dfrac{x - 23.46136}{53.07727}\right)$,拟合度 $R^2 = 0.9871$,如图 2-90 所示。

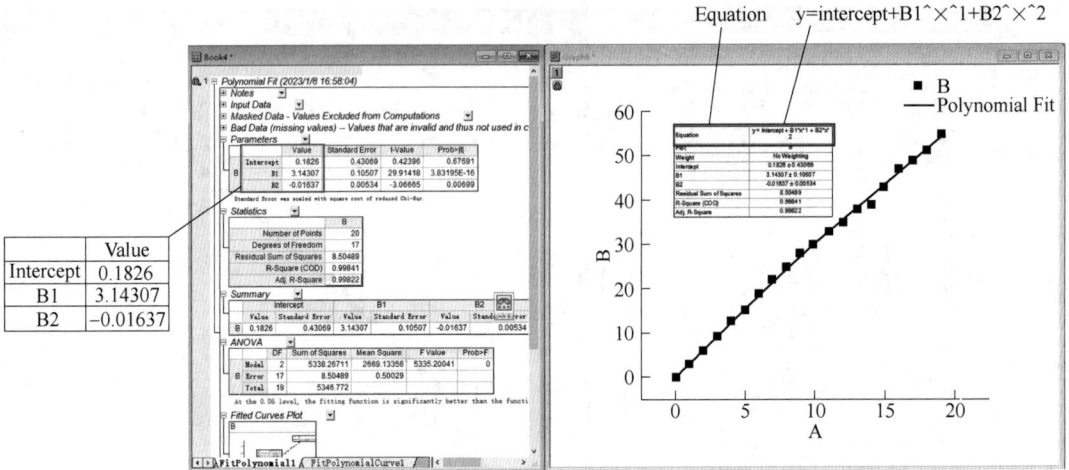

图 2-88　多项式拟合结果

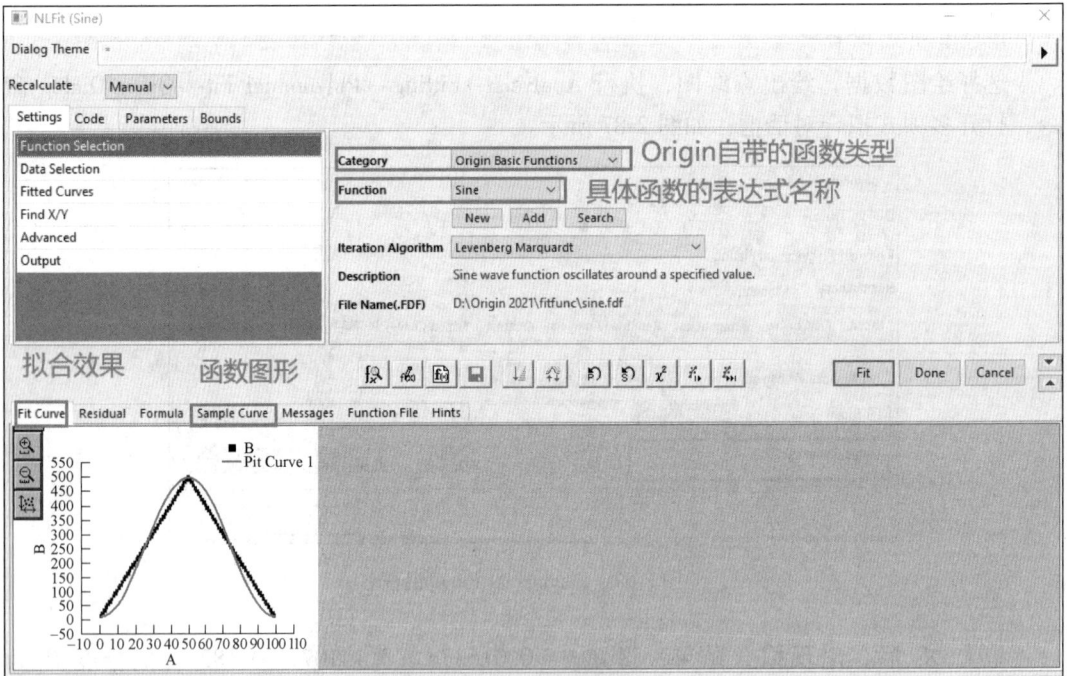

图 2-89　函数拟合对话框

2.4.1.2　非线性最小二乘拟合

这是 Origin 提供的最强大并且最复杂的拟合工具，用户可根据需要自定拟合函数、迭代次数。

选中绘图数据，执行 Analysis→NonLinear Curve Fit→Open Dialog 命令，打开非线性拟合函数对话框，在工具栏上单击编辑函数按钮，进入函数编辑对话框，此处可新建函数文件夹和自建函数表达式，如图 2-91 所示。

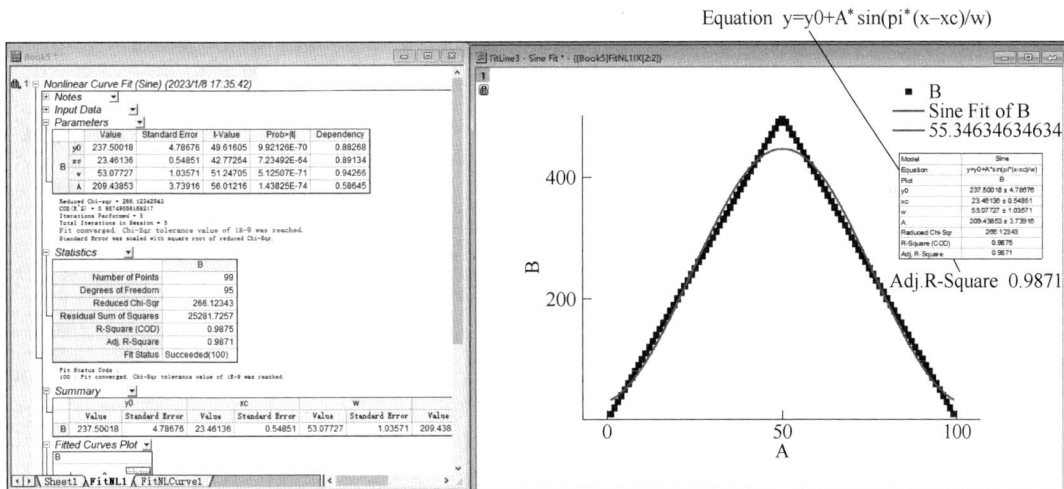

图 2-90　函数拟合结果

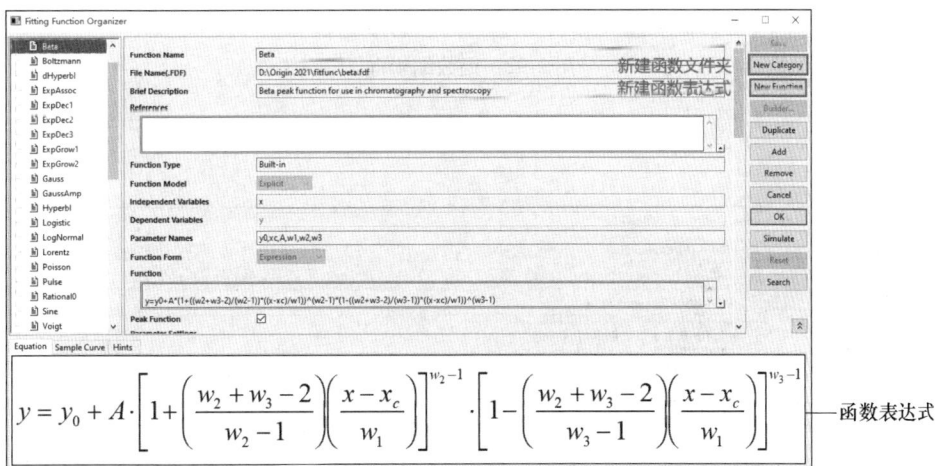

图 2-91　函数编辑对话框

完成新建的函数编辑框如图 2-92 所示，该编辑框包括了编辑函数名称、解释、类别、保存路径和自定的变量值等功能。完成编辑之后，单击 即可进入函数生成对话框，如图 2-93 所示，单击 Compile 系统将自动编译，待显示 Output Compile Done 表明编译成功，函数可正常调用。

回到非线性拟合函数对话框，调用编译好的函数进行数学拟合，如图 2-94 所示。

完成调用之后需要在 Parameters 复选框进行初始值的设定，这一步骤十分重要，关系到拟合是否可以进行以及拟合的正确性，此处正负值都可尝试一下。如图 2-95 所示，完成此步骤后单击 可进行一次拟合，单击 可进行完全迭代拟合，如图 2-96 所示。

2.4.2　信号处理

Origin 信号处理是基于数学积分变换所作的优化，能够更好地体现出数据特征。

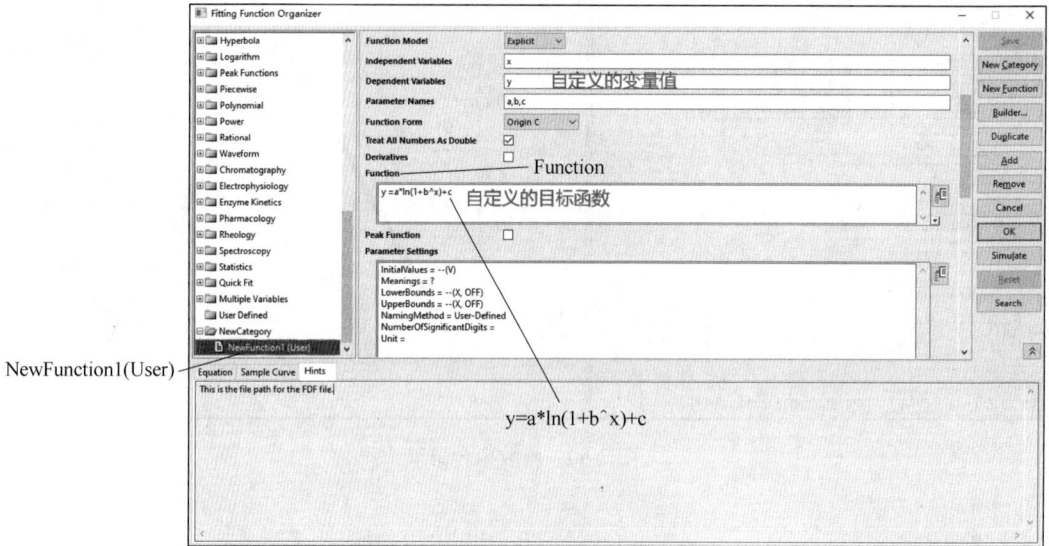

图 2-92　函数编辑框

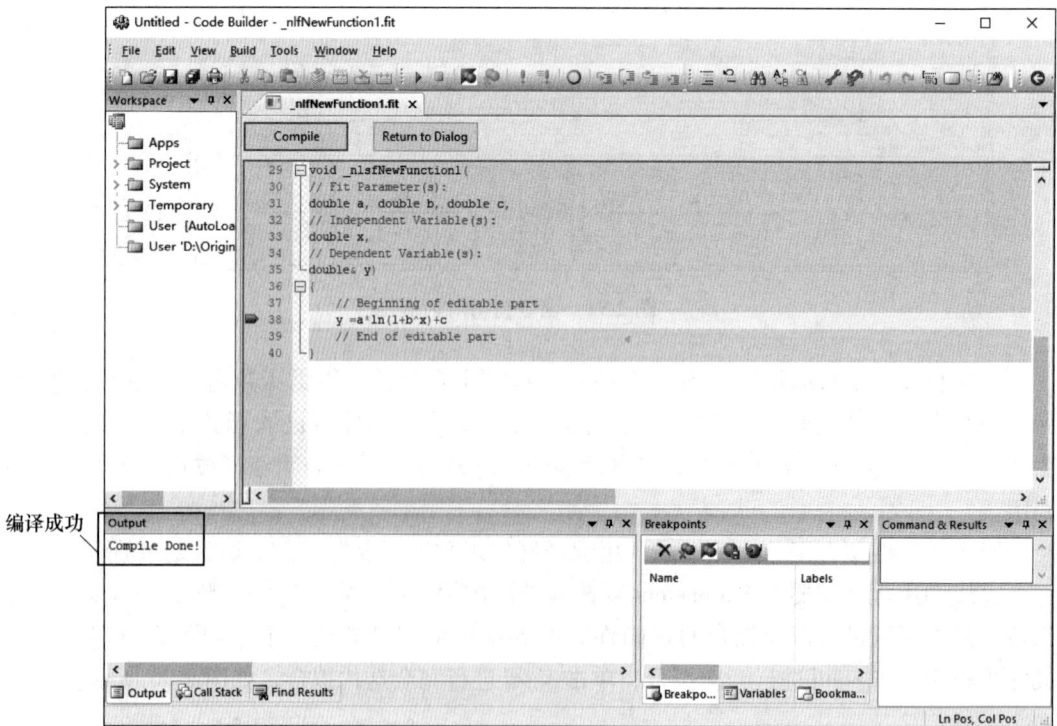

图 2-93　函数编译框

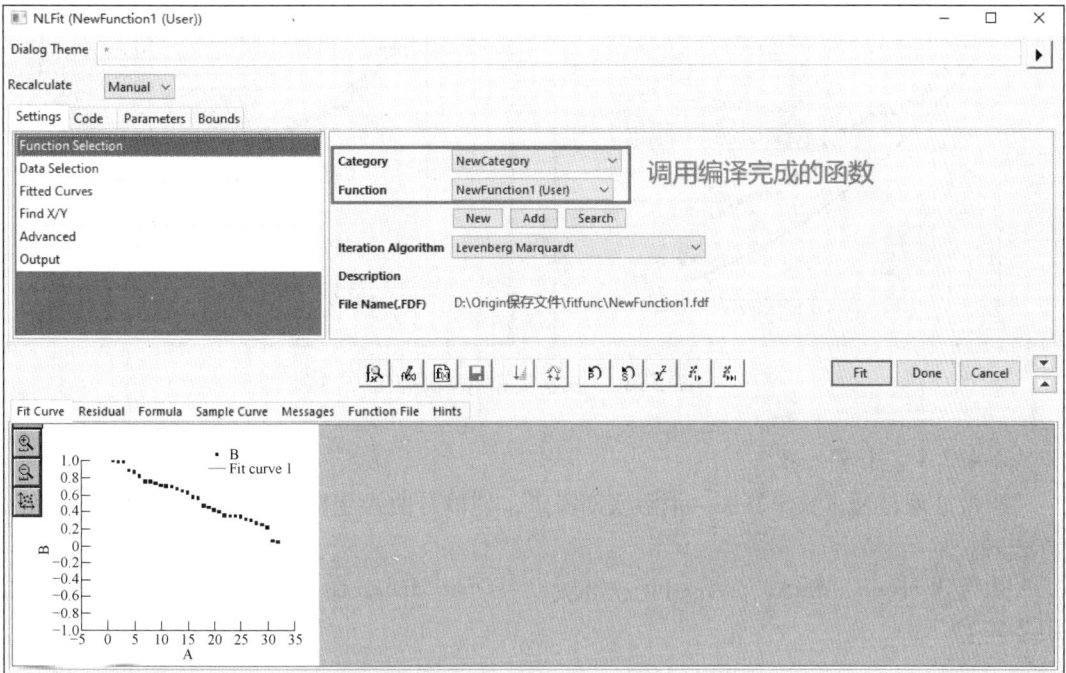

图 2-94　调用编译完成的函数

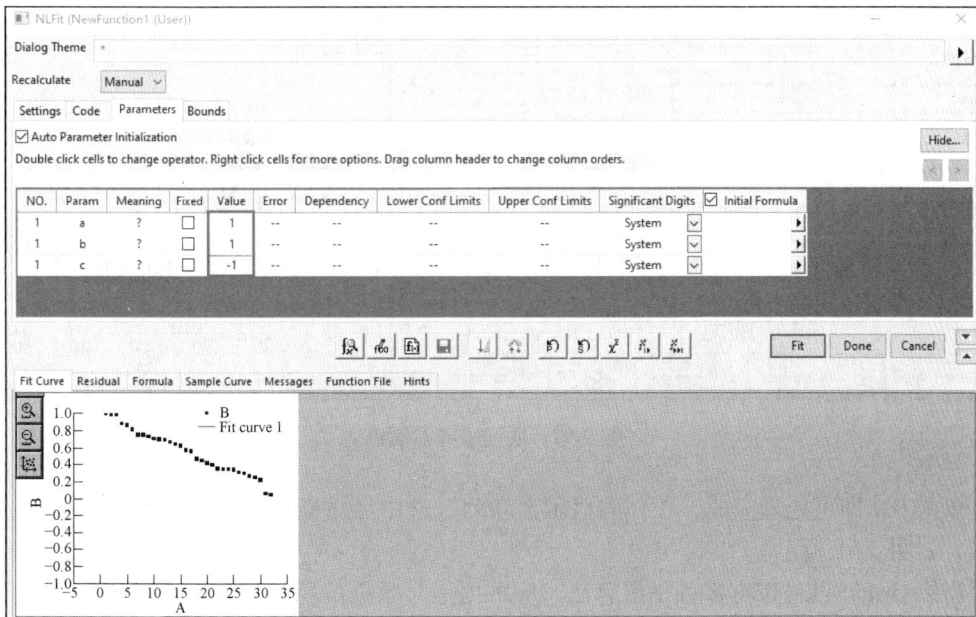

图 2-95　初始值的设定

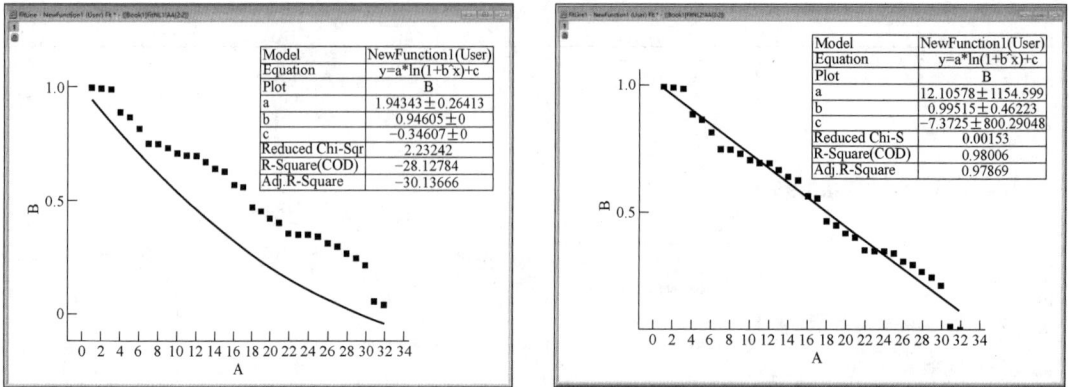

图 2-96　1 次迭代和 100 次迭代

2.4.2.1　平滑处理

平滑处理是通过数学算法，消除底部噪点，使信号曲线变得更加光滑的一种信号处理方法。

执行 Analysis→Signal processing→Smooth→Open dialog 命令，打开平滑对话框，如图 2-97 所示。

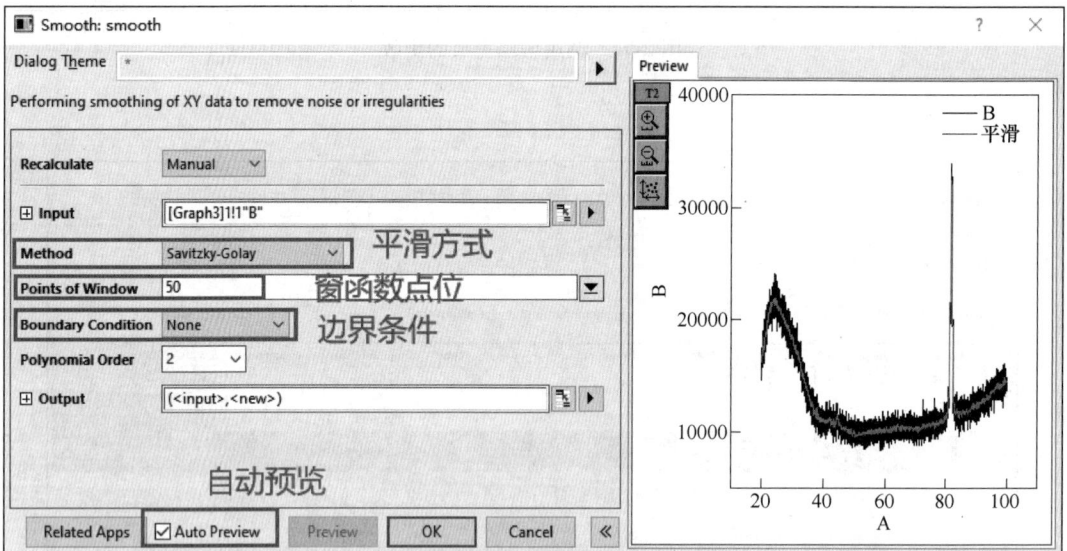

图 2-97　曲线平滑对话框

单击 OK 即可处理完成，工作表显示出新列，选中后重新绘图即可得到平滑处理后的曲线，如图 2-98 所示。

当然 Origin 也自带有多种平滑算法，应根据信号数据的特点选择对应的平滑算法。分别为：

（1）Adjacent→Averaging，相邻平均法，通过对局部数据计算相邻数据的平均值来实现曲线的平滑；

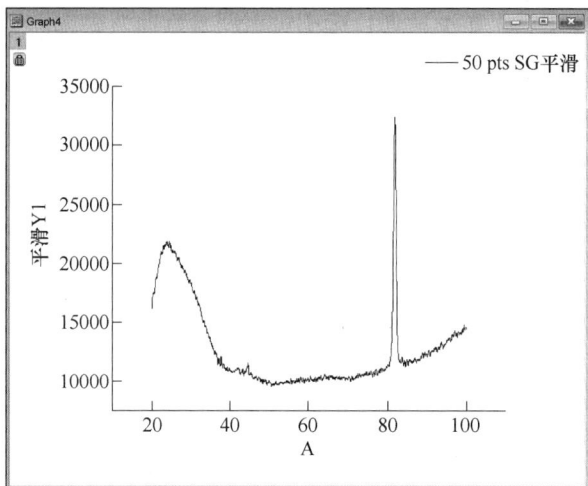

图 2-98　平滑处理后的曲线

（2）Savitzky→Golay，这种算法是对局部数据进行多项式回归算法来实现曲线的平滑，能够有效地保留数据的有效原始特征，是首选的算法；

（3）Percentile Filter，分位数滤波，这种算法是对局部数据计算一个指定的分位值，然后通过将原始数据替换为计算的分位值来实现曲线的平滑，比较适合有脉冲噪声的平滑处理；

（4）FFT Filter，是基于快速傅里叶变换的低通滤波算法，通过滤除掉高频信号来实现曲线的平滑。

所有算法的窗函数点位皆需要合理调节，切不可失真。

2.4.2.2　滤波

在 Origin 中，滤波是通过傅里叶变换和傅里叶逆变换实现的，选中数据后绘图，执行 Analysis→Signal processing→FFT Filters 命令，打开滤波对话框，如图 2-99 所示。

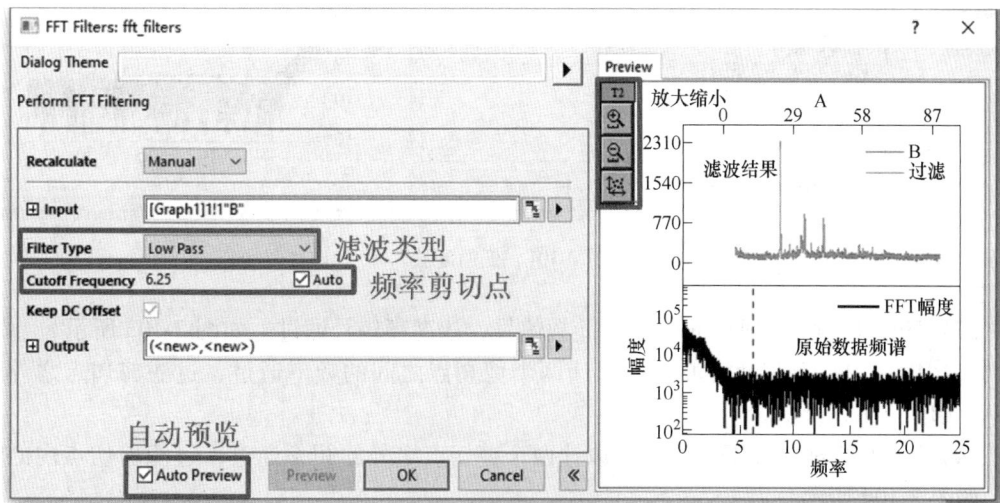

图 2-99　滤波对话框

单击 OK 即可滤波完成，显示新列，选中可重新绘制曲线，如图 2-100 所示。

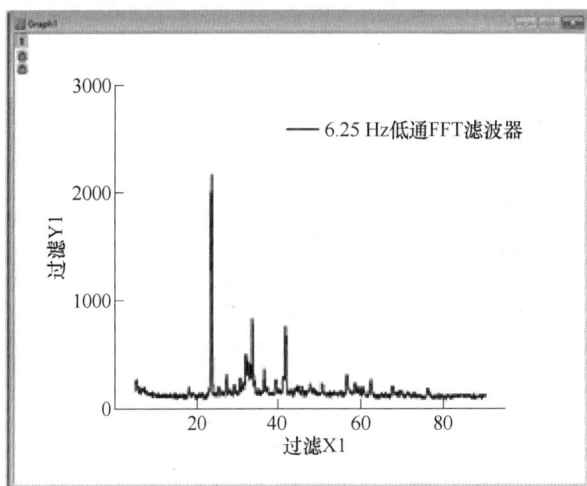

图 2-100 滤波处理后的曲线

滤波类型决定着滤波效果的好坏，Origin 自带有多种滤波类型，可根据需要合理选择。

（1）Low Pass，低通滤波，过滤高频信号，让低频信号通过，如图 2-101 所示。

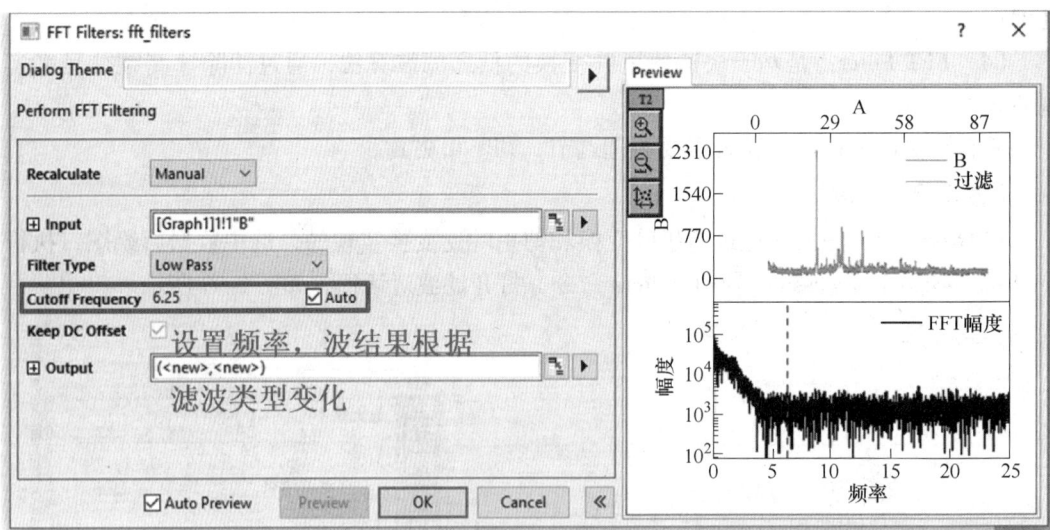

图 2-101 低通滤波

（2）High Pass，高通滤波，过滤低频信号，让高频信号通过，如图 2-102 所示。

（3）Band Pass，带通滤波，可以让两个剪切点之间的频率通过，过滤剪切点之外的频率，如图 2-103 所示。

（4）Band Block，带阻滤波，可以让两个剪切点之外的频率通过，过滤剪切点内的频率，如图 2-104 所示。

（5）Threshold，门限滤波，是振幅调制的滤波方法，可定义门限数值，原始信号中高于此值的振幅能量将被保留，低于此值则被过滤，如图 2-105 所示。

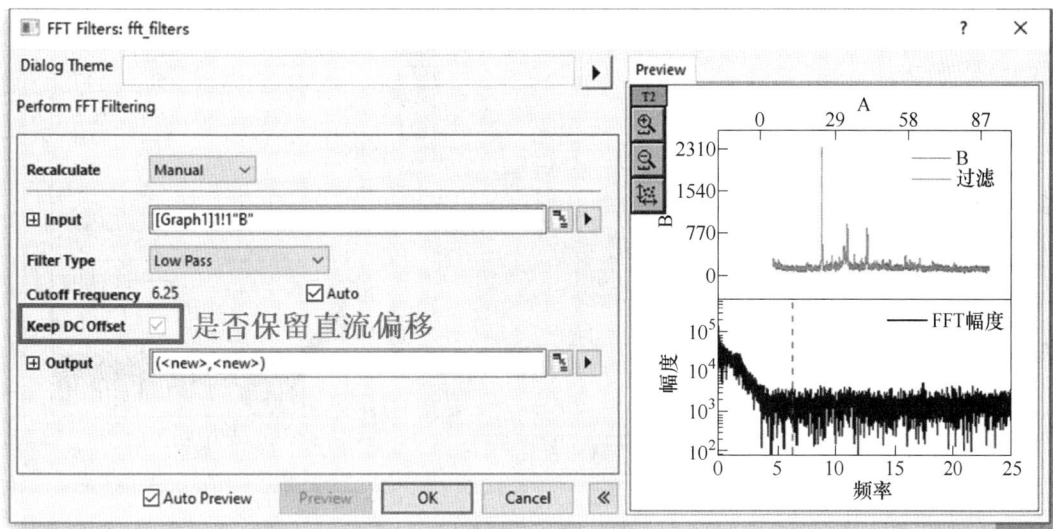

图 2-102　高通滤波

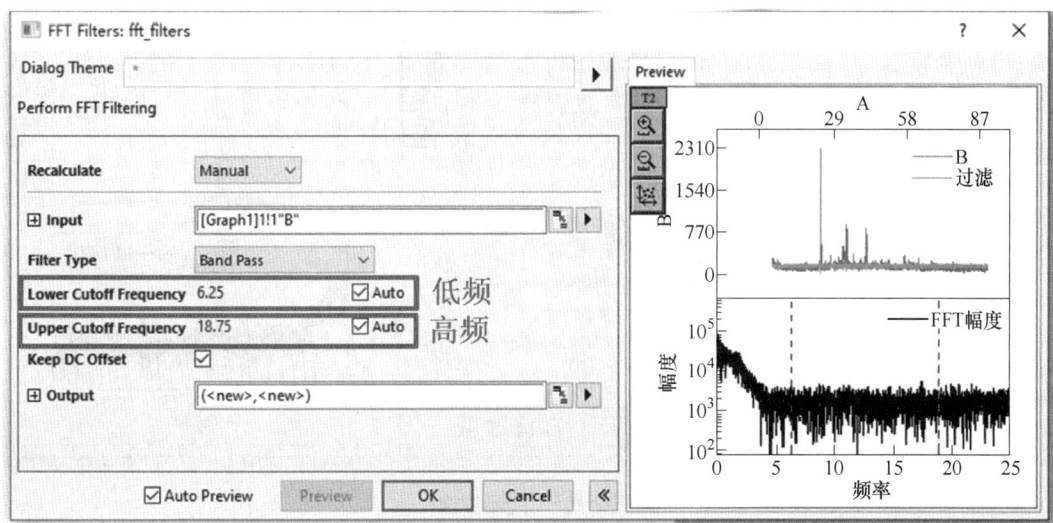

图 2-103　带通滤波

（6）Low Pass parabolic，抛形低通滤波，以让两个剪切点之间的低频信号通过，过滤剪切点之外的低频信号，如图 2-106 所示。

2.4.2.3　傅里叶分析

傅里叶分析是将信号分解成不同频率的正弦函数进行叠加，是信号处理中最重要、最基本的方法之一。对于离散信号一般采用离散傅里叶变换（Discrete Fourier Transform，DFT），而快速傅里叶变换（Fast Fourier Transform，FFT）则是离散傅里叶变换的一种快速、高效的算法。

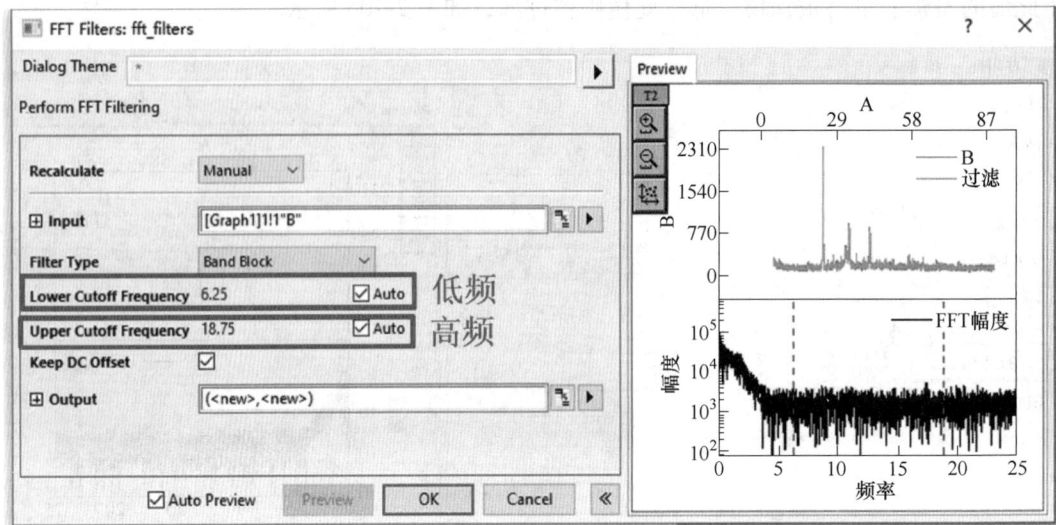

图 2-104　带阻滤波

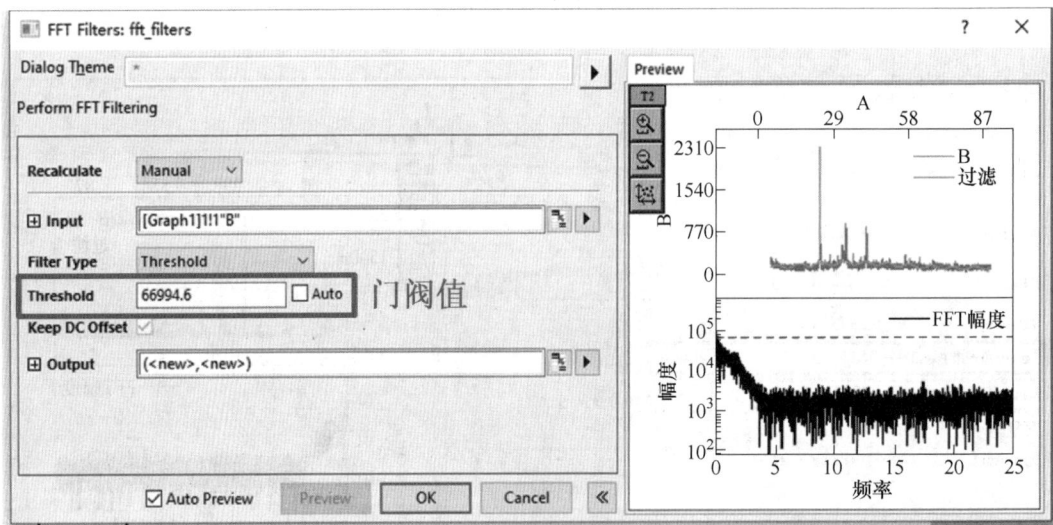

图 2-105　门限滤波

A　快速傅里叶变换

选中所需数据，执行 Analysis→Signal processing→FFT→FFT 命令，打开傅里叶变换对话框，如图 2-107 所示。

其主要功能如下。

Factor：①-1，主要用在点工程学领域；②+1，主要用在数学领域；二者区别仅在正半谱和负半谱。

Normalize power to：①MSA → Mean Square Amplitude，均方振幅法；②SSA → Sum Square Amplitude，总方振幅法；③TISA→Time interval Square Amplitude，时间积分平方振幅法。

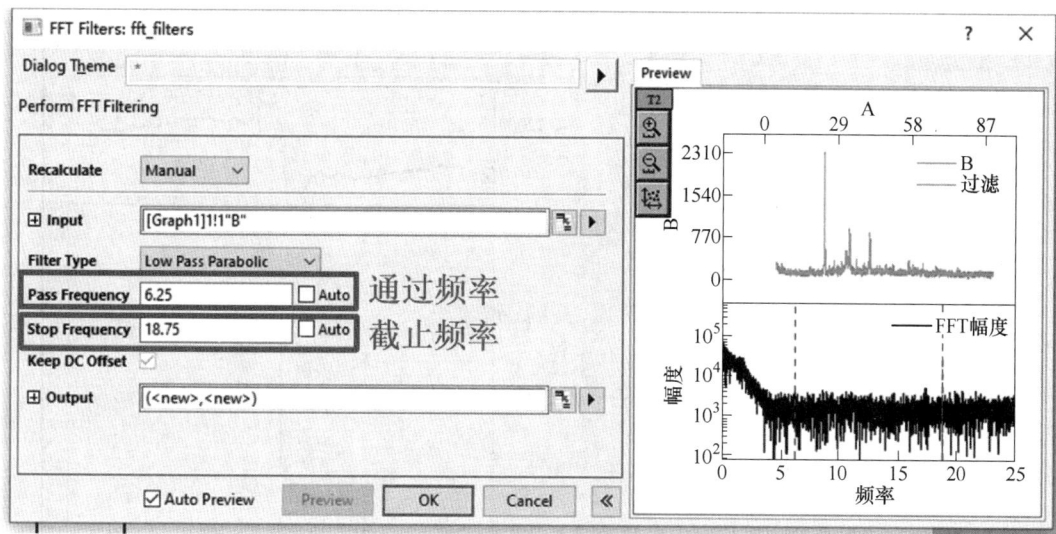

图 2-106　抛形低通滤波

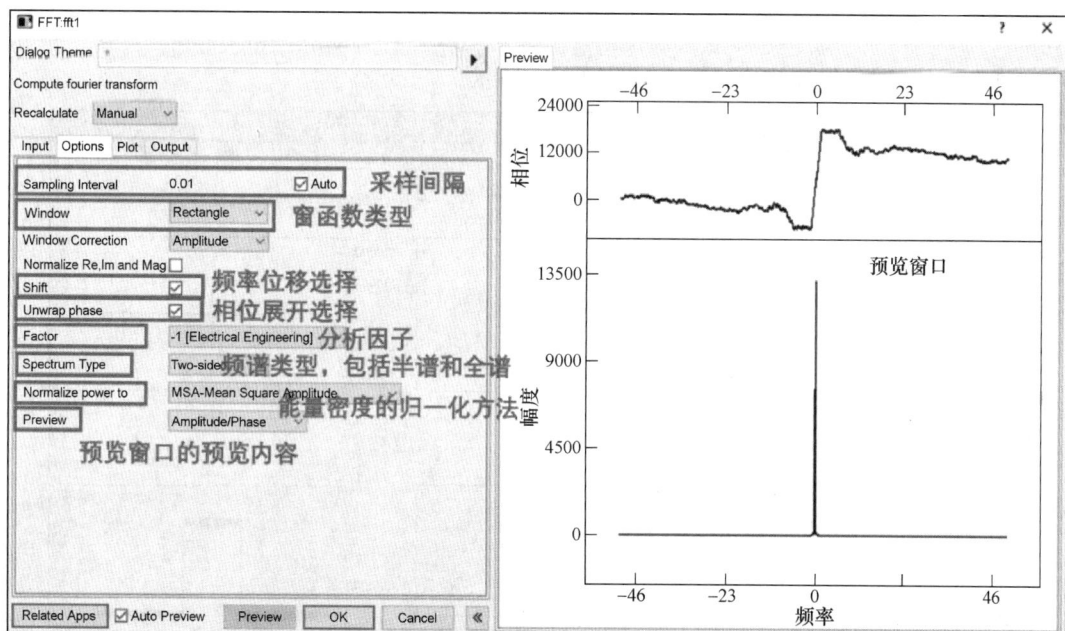

图 2-107　FFT 界面

Preview：①None，不预览；②Amplitude/Phase，振幅相位谱；③Power/Phase，能量相位谱；④Amplitude，振幅谱；⑤Imaginary，虚谱；⑥Magnitude，范数谱；⑦Phase，相位谱；⑧Power，能量谱；⑨Real，实谱；⑩Real/Imaginary，实虚谱；⑪dB，分贝表示的振幅谱；⑫Normalized dB，标准化分贝表示的振幅谱；⑬RMS Amplitude，均方根振幅谱；⑭Square Amplitude，平方振幅谱；⑮Square Magnitude，平方范数谱。

通过 Plot 复选框进行绘图设置，并且勾选需要输出的图谱，其中最常用的是振幅相位谱。其他图谱可以酌情选择输出，如图 2-108 所示。

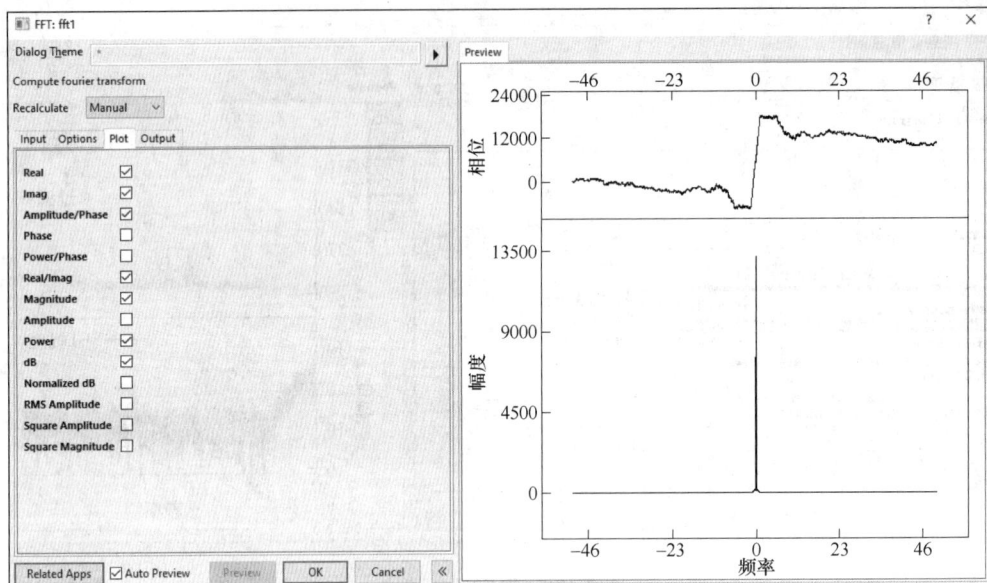

图 2-108　图谱选择

单击 OK，即可得到变换结果，如图 2-109 所示。

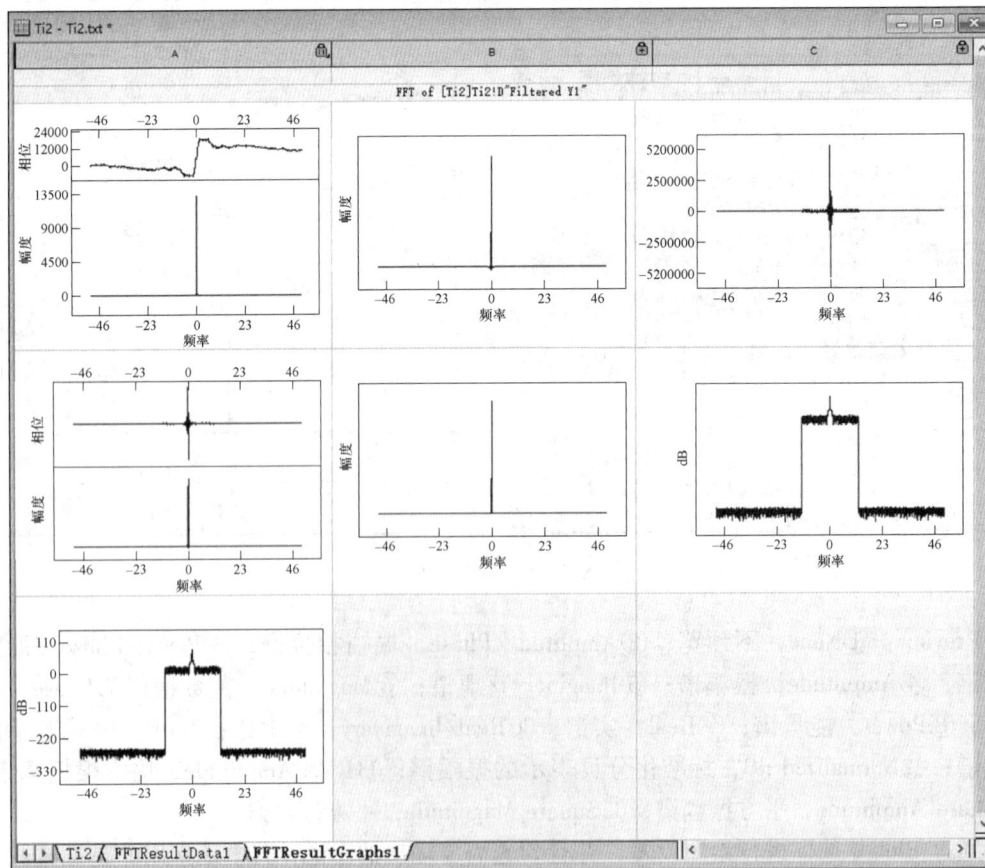

图 2-109　快速傅里叶变换结果

B 快速傅里叶逆变换

快速傅里叶逆变换也是计算离散傅里叶变换的一种快速算法，是快速傅里叶变换的逆变换，需要注意的是，若对一组数据依次进行 FFT、IFFT 两次变换，需保证窗函数的选择、分析因子的指定以及 FFT 中频率位移的勾选与 IFFT 中消除位移效应的勾选分别对应一致时，信号才可被还原。

选中需要的数据，执行 Analysis→Signal processing→FFT→IFFT 命令，打开傅里叶逆变换对话框，如图 2-110 所示。

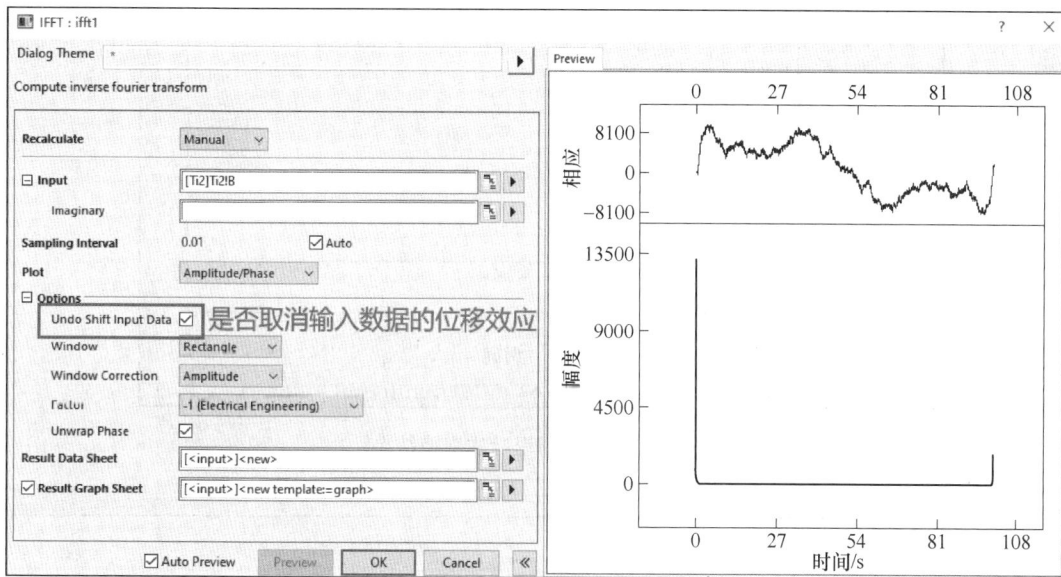

图 2-110 IFFT 对话框

单击 OK 即可在工作表得到新列，选中即可绘出变换结果，如图 2-111 所示。

C 短时傅里叶变换

这是一种动态分析方法，可以用来分析非稳态信号频率特征。

选中输入的数据，执行 Analysis→Signal processing→STFT 命令，打开短时傅里叶变换对话框，如图 2-112 所示。

2.4.3 峰拟合及谱线分析

2.4.3.1 峰值拟合

选中所需数据，执行"Analysis→Peaks and Baseline→Multiple Peak Fit"命令打开对话框，在 Peak Function 中选择 Gauss 模式，如图 2-113 所示。

单击 OK，将弹出 Get Piont 对话框，此处需要手动选择峰，双击峰值即可标记（以竖线表示），如图 2-114 所示。

选中所有峰后，单击 Open NLFit，弹出的 Gauss 模式 NLFit 将对峰值中心以特定函数进行初始化，拟生成拟合曲线以及函数，如图 2-115 所示，单击 Fit 将进行拟合，并在工作表生成拟合报告，如图 2-116 所示。

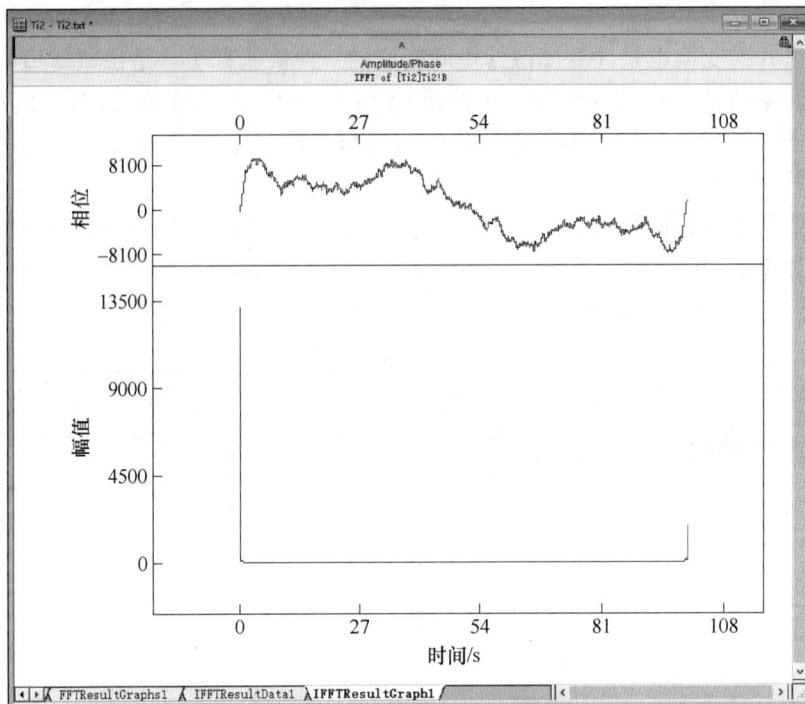

图 2-111　快速傅里叶逆变换结果

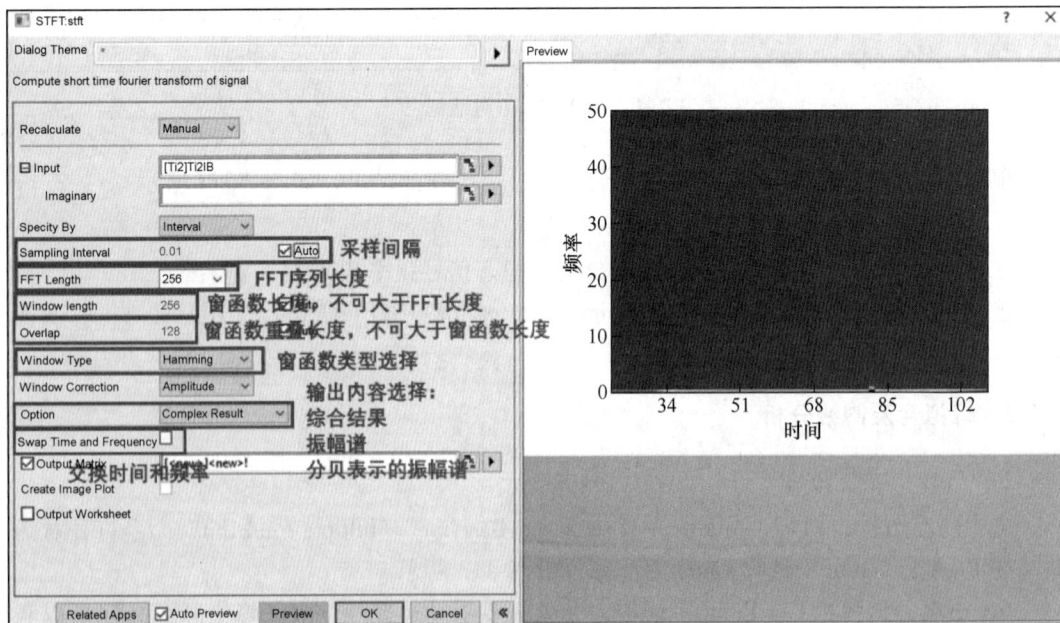

图 2-112　STFT 对话框

图 2-112 彩图

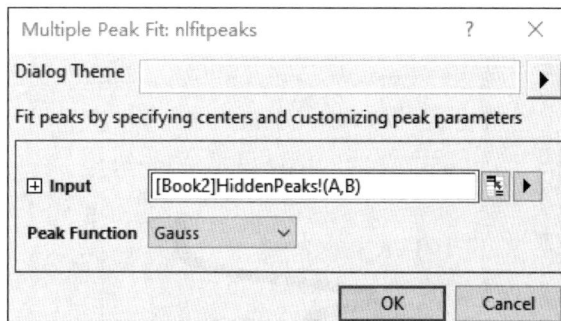

图 2-113　峰值拟合对话框

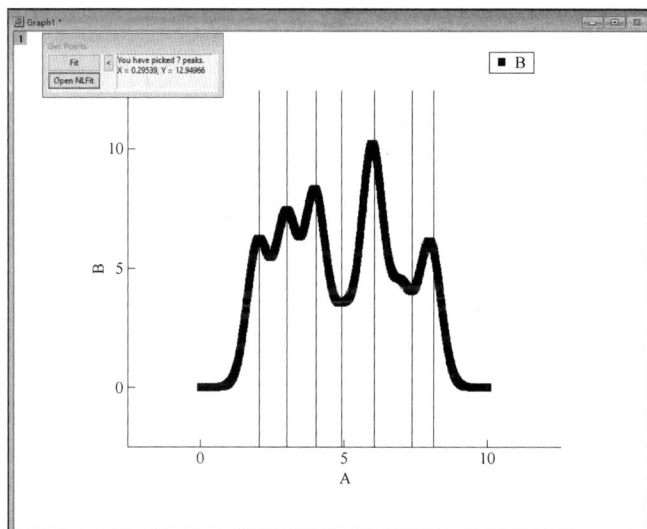

图 2-114　Get Piont 对话框

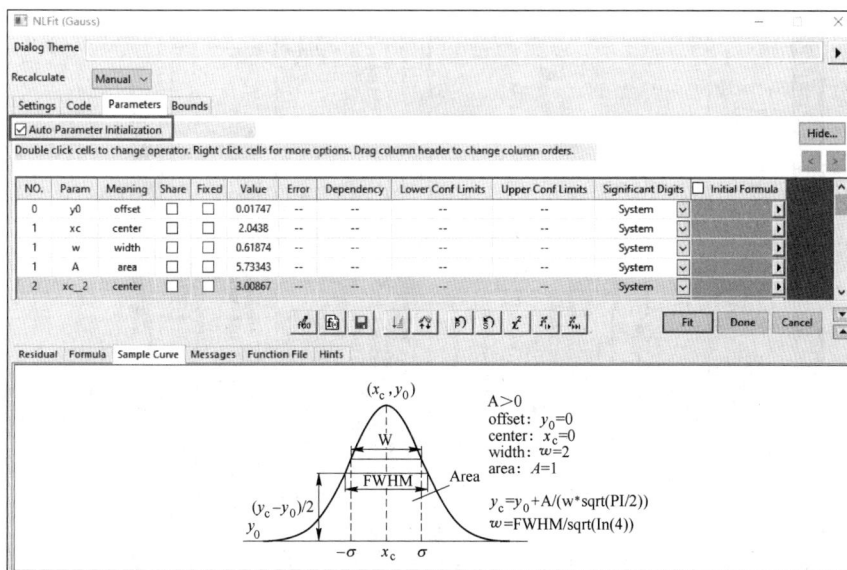

图 2-115　NLFit（Gauss）

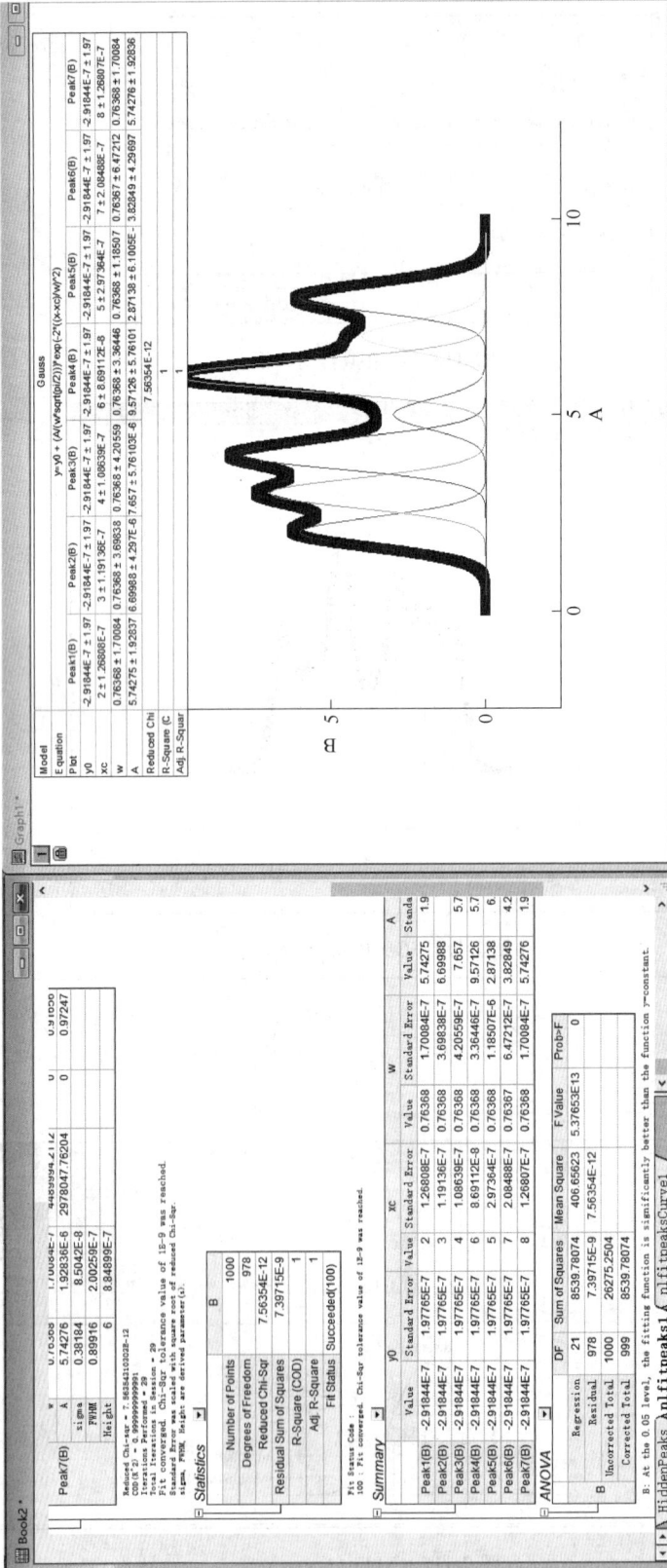

图 2-116 峰拟合报告

2.4.3.2 谱线分析

寻峰设置如图 2-116 所示。

设置过程为：选中需要的数据，执行 Analysis→Peaks and Baseline→Peak Anerlyzer→Open dialog 命令，打开寻峰对话框，在 Goal 选项中选择 Fit Peak（Pro），随后单击 Next。选择最小值为确定基线方法（Minimum），单击 Next。

图 2-117 中各位置分别为：①取消自动寻峰；②修改 Direction 为 Positive；③修改寻峰方法，可根据具体情况进行选择；④对曲线进行一阶导数平滑，一般选择 Quadratic Savitzky→Golay；⑤对峰进行筛选，可根据具体情况进行选择，这里选择按数量筛选；⑥单击 Find 进行寻峰。

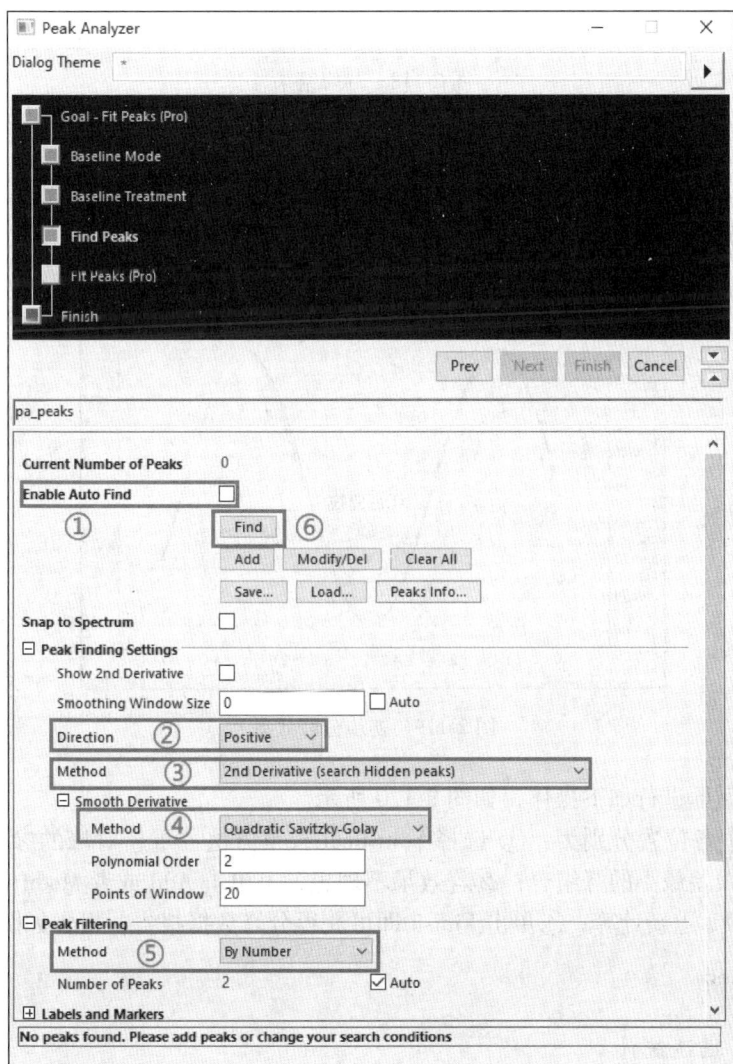

图 2-117 寻峰设置

寻峰结果如图 2-118 所示。

本例曲线较为简单，若曲线过于复杂没有完全寻峰完整，可单击 Add 和 Modify/Del 进

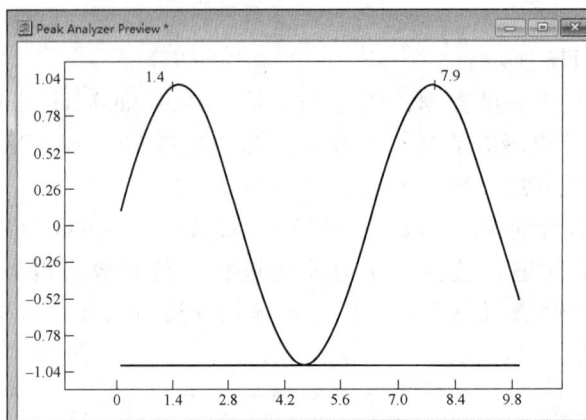

图 2-118　寻峰结果

行自主修改。

　　继续单击 Next 可出现初步分峰效果，如图 2-119 所示，红色曲线为分出的峰相加的结果，与实际图像差异较大，需要对每个峰的权重进行重新设定。

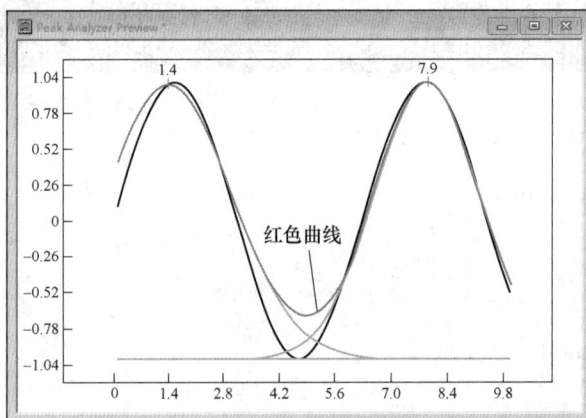

图 2-119 彩图

图 2-119　初步分峰效果

　　在寻峰对话框进行如下操作，如图 2-120 所示。

　　图 2-120 中各位置分别为：① 选择 Statistical 权重方法，重新对峰的参数进行迭代计算，自动寻找误差最小的峰组合；②若效果不理想，可单击 Add 或者 Modify/Del 进行自主修改；③单击 Fit 重新计算；④单击 Finish 即可获得分峰数据报告，报告如图 2-121 所示。

2.4.4　统计分析

2.4.4.1　描述统计

　　描述统计可以用来分析数据组的数据特征，包括平均数、中位数、众数、总和等，是数据分析的利器。

　　下面以一组具有多种特征的数据为例，输入数据，选择 D 列前 10 项数据，在 Origin 界面右下角将显示出数据的平均值、总和和计数，如图 2-122 所示。

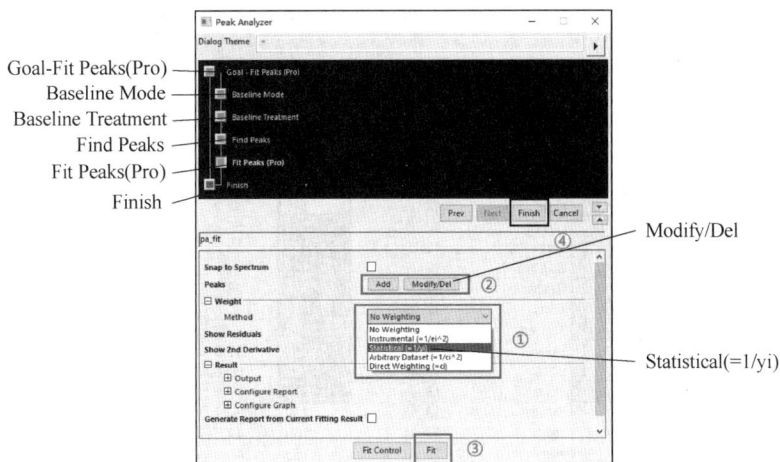

图 2-120　分峰权重

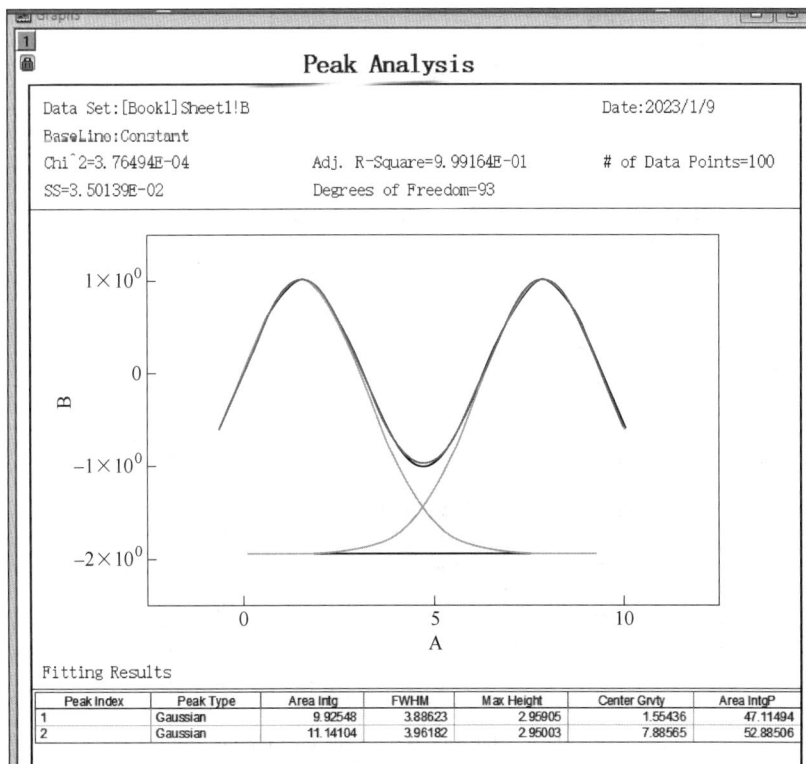

图 2-121　分峰数据报告

不仅如此，Origin 可以进行更复杂的数据筛选和统计，通过命令"Statistics → Descriptive Statistics → Statistics on Columns"打开对话框（若选中数据为行，则选择 Statistics on Columns Rows），如图 2-123 所示，此处并未选择数据，通过单击▣，进入框选程序，框选 D、E 两列，再单击▣回到对话框，即可完成数据选中。

图 2-122　简洁统计

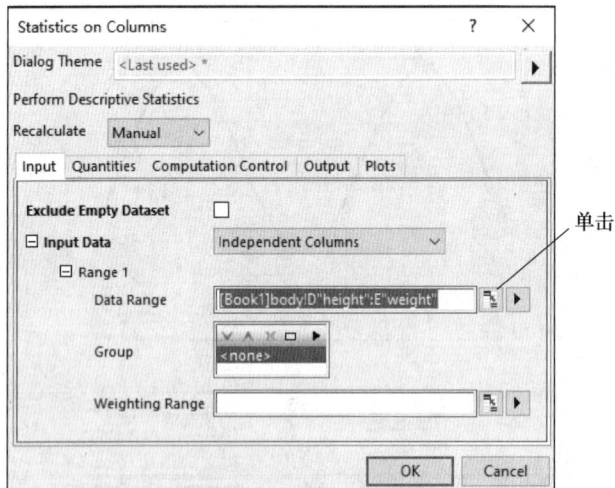

图 2-123　Statistics→Statistics on Columns

在 Group 控件中，单击▶可选择筛选命令，在复选框中选择 B、C 列，即数据将按年龄和性别进行排序，通过小组件▼∧×■▶可以控制添加的筛选条件的优先级和删除，如图 2-124 所示。

单击 OK 即可在工作表新生成描述统计报告，如图 2-125 所示。

2.4.4.2　正态性检验

通过算法检验数据的正态特征，是统计分析里常用的一种数据分析手段。

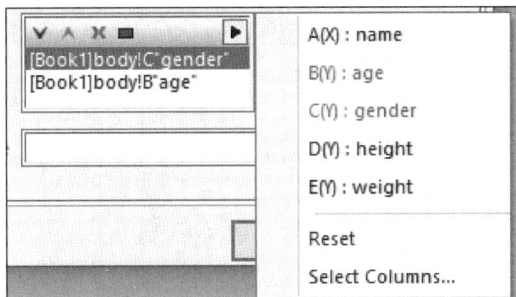

图 2-124 Group 控件

图 2-125 生成的描述统计报告

新建工作表，在 A 列的函数输入框中键入公式：nint(100+20 * normal(100))，该公式会将此列以 100 为中心填充随机数，如图 2-126 所示。

选中 A 列，通过命令"Statistics→Descriptive Statistics→Normality Test"打开对话框，在 Quantities to Compute 复选框可以设置置信水平，单击 OK 即可生成正态性检验报告，如图 2-127 所示，报告显示在 1% 的置信水平下，方差为 0.9766，P 值为 0.07196。

2.4.4.3 单因素方差分析

一般情况下，数据经过正态性分析，符合正态分布特征后，可进行单因素方差分析进行分析。

输入数据后，通过命令"Statistics→ANOVA→One→way ANOVA"打开单因素方差分析对话框，在 Input Data 中选择"Indexed"，即以原始数据为索引进行分析，在 Factor 中选择列 A，Data 选择列 B，如图 2-128 所示。

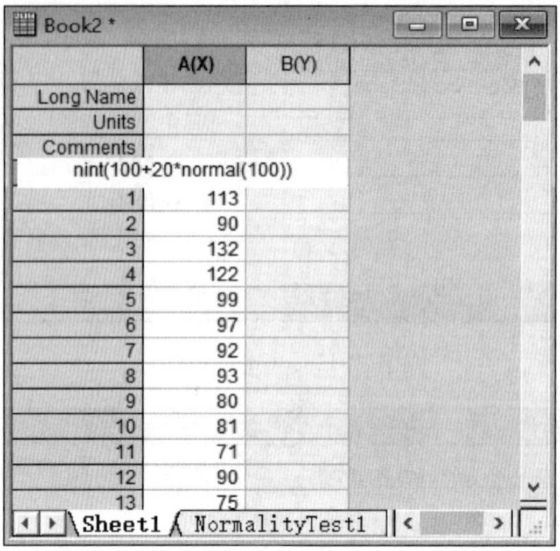

图 2-126 生成随机数

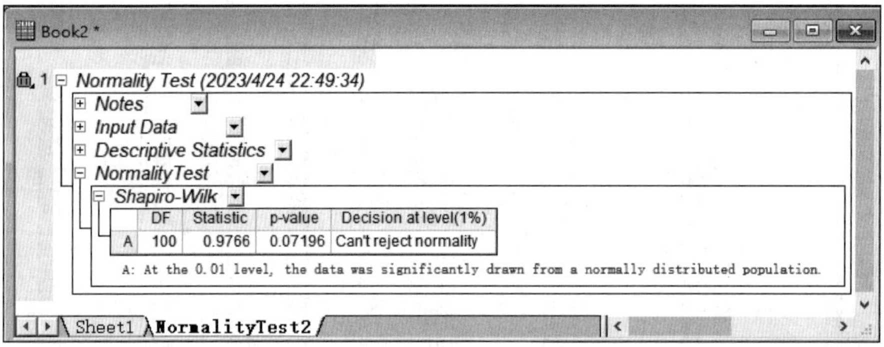

图 2-127 正态性检验报告

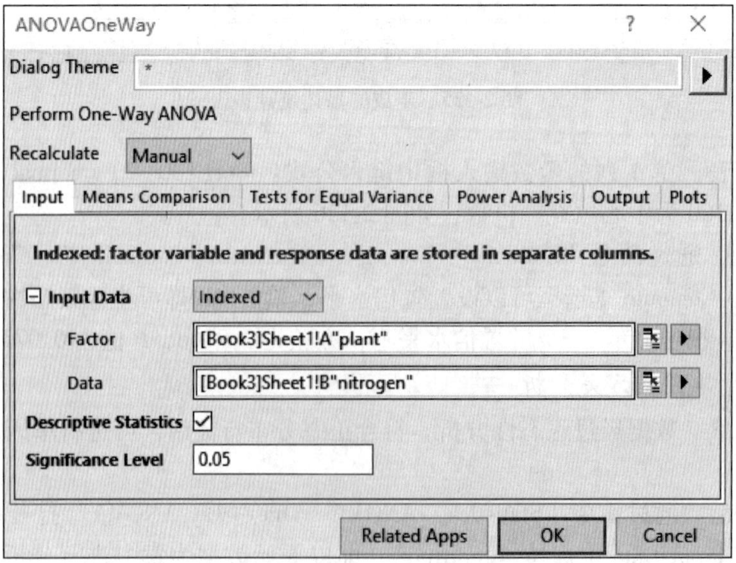

图 2-128 单因素方差分析对话框

在 Means Comparison 复选框中勾选 Tukey 选项，置信水平默认为 0.05，而后切换到 Plots 复选框，勾选 Means Comparison Plot 选项，单击 OK 即可在工作表生成方差分析报告，如图 2-129 所示。

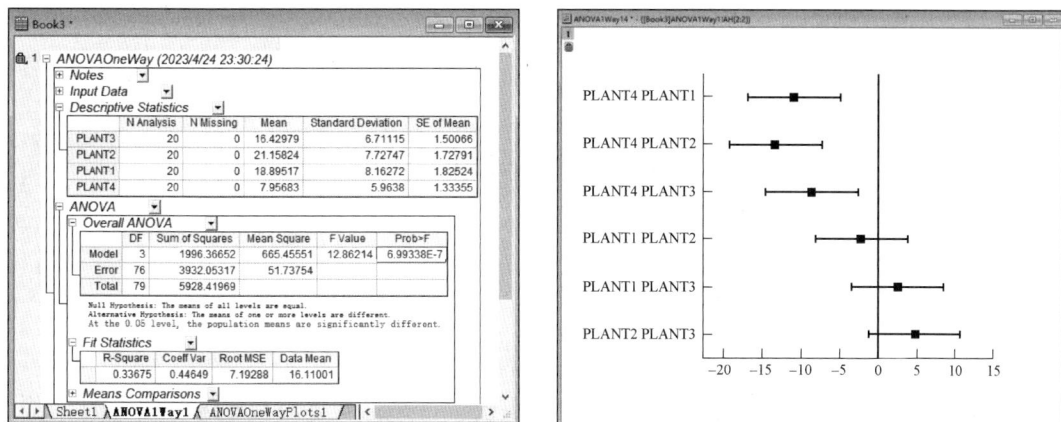

图 2-129　单因素方差分析报告

3 利用 **PowerPoint** 科研绘图

3.1 三维基础模型

3.1.1 球形结构

3.1.1.1 标准球形结构

标准球形结构样式，如图 3-1 所示。

绘图思路：在圆形的基础上添加顶层和底层棱台，并且调整棱台厚度为圆形的半径，再添加阴影，调整光源和材质。

此结构绘制步骤如下：

（1）绘制圆形，如图 3-2 所示。

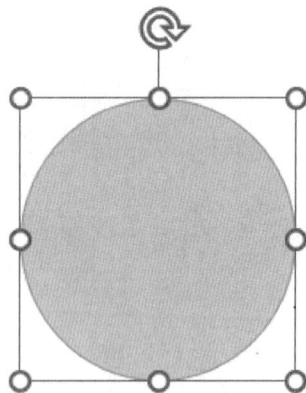

图 3-1 标准球形结构　　　　图 3-1 彩图　　　　图 3-2 绘制圆形

（2）用鼠标右键单击设置选择"设置格式形状"，在"三维格式"中设置"顶部棱台"和"底部棱台"，棱台厚度设置为圆形半径的磅数，"材料"选择"塑料效果"，如图 3-3 所示。

（3）设置光源，根据实际情况选取所需光源，再根据实际情况设置"三维旋转"，如图 3-4 所示。

（4）设置阴影，并填充与球体相同的颜色，如图 3-5 所示。

完成上述步骤，即可得到标准球形结构，实际效果图如图 3-1 所示。

图 3-3　设置形状格式

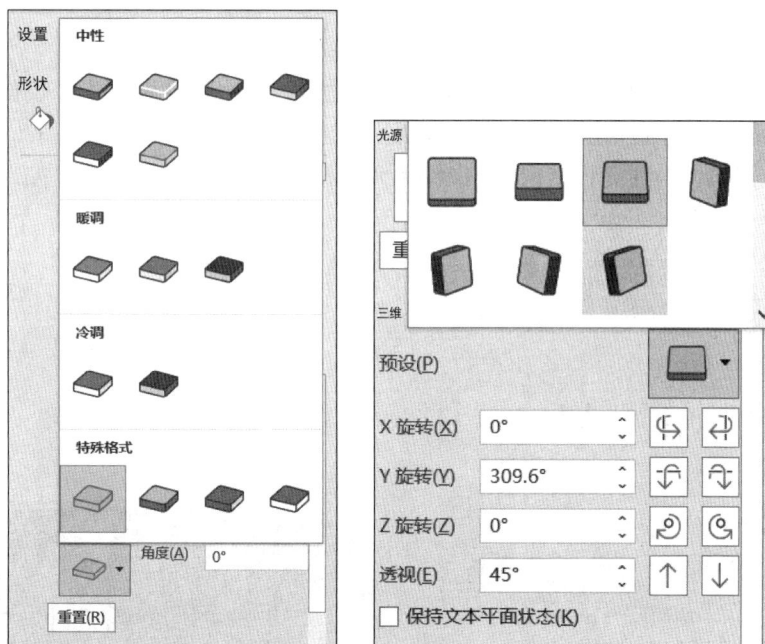

图 3-4　设置光源和三维旋转

3.1.1.2　棍状结构

棍状结构如图 3-6 所示。

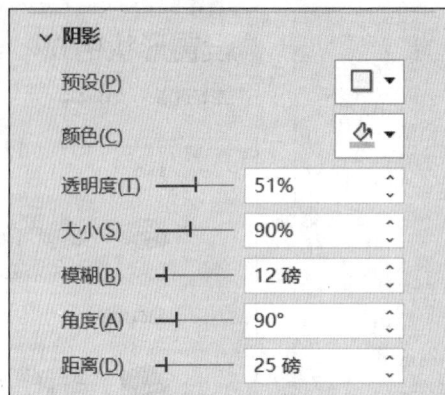

图 3-5　设置阴影

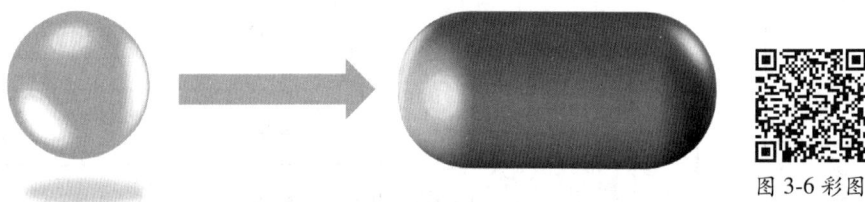

图 3-6 彩图

图 3-6　由球状变为棍状结构过程示意图

绘图思路：棍状结构可由在标准球形结构的基础上添加深度得来。

棍状结构绘制方法如下：沿用标准球形结构的球体，去掉"阴影""映像""发光"，赋予 150 磅的深度，并且重新设置光源和角度，如图 3-7 所示。

完成此步骤即可得到棍状结构，如图 3-8 所示。

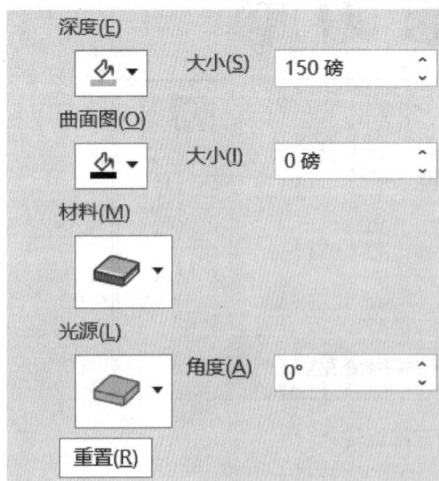

图 3-7　棍状结构绘制方法

图 3-8　棍状结构

3.1.2 片状结构

片状结构，如图 3-9 所示。

绘图思路：片状结构可由两层薄层堆叠绘成，可给一大一小两个长方形添加深度，再堆叠起来，添加阴影，形成片状结构。

图 3-9 片状结构

图 3-9 彩图

片状结构绘制方法如下。

（1）绘制一个长方形，填充颜色，选择无轮廓，并且赋予一个三维角度，如图 3-10 所示。

图 3-10 基底

（2）再给绘制好的基底设置深度，添加"光源"和"阴影"，如图 3-11 所示。

（3）复制绘制好的基底，填充为蓝色，并且取消阴影，设置深度为 2 磅，颜色设为橙色，如图 3-12 所示。

（4）将绘制出的第二层等比缩小，置于前者之上，如图 3-13 所示。

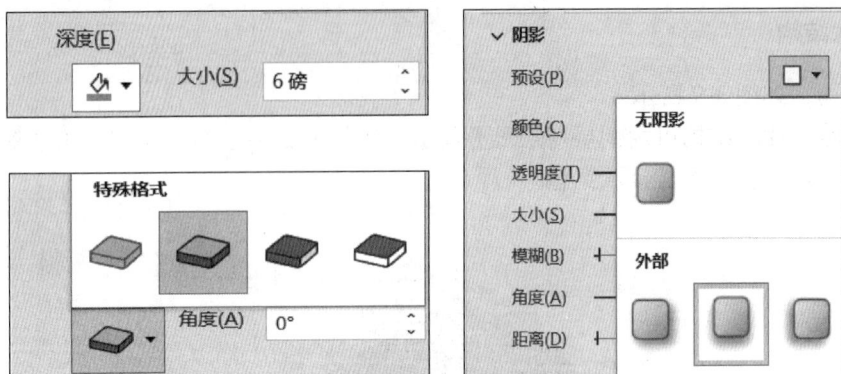

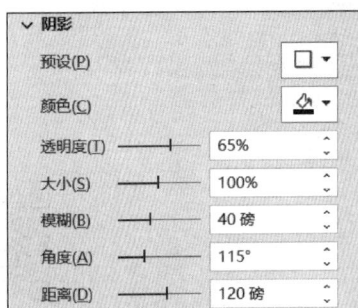

图 3-11　添加深度、光源、阴影的设置和图形形状

图 3-12　绘制另一层

图 3-12 彩图

图 3-13 彩图

图 3-13　组合两层

3.1.3 块体结构

绘图思路：块体结构由简单的长方形设置颜色渐变和调整三维角度得来，其绘制方法如下。

（1）绘制一个长方形，并且设置颜色渐变，如图3-14所示。

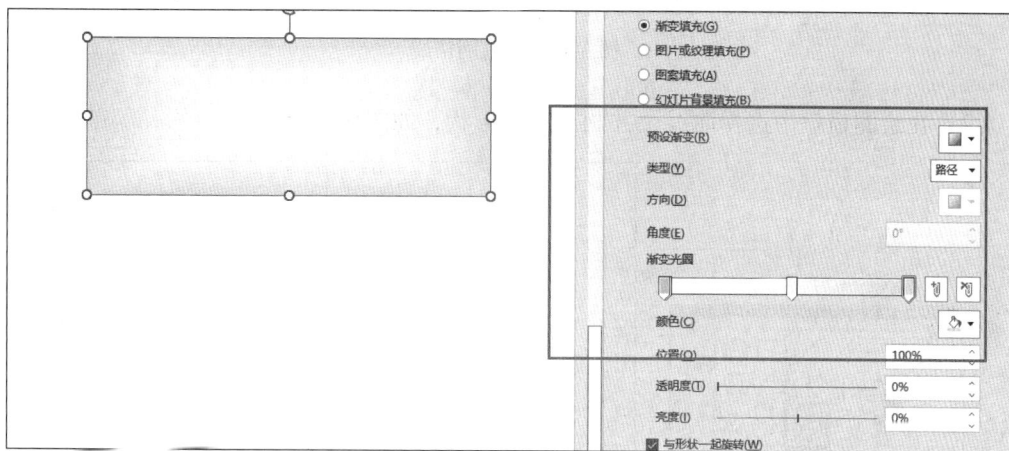

图3-14 绘制渐变色长方形

（2）赋予深度为50磅，调整三维旋转角度，即可得到块体结构，如图3-15所示。

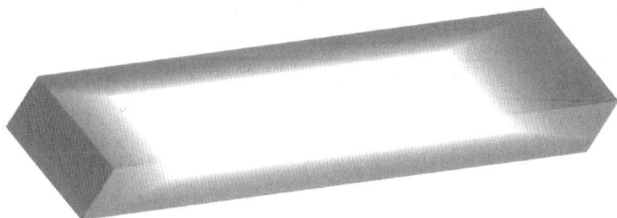

图3-15 块体结构

图3-15 彩图

3.1.4 不规则结构

此处以一种DNA双螺旋结构示例不规则结构，如图3-16所示。

绘图思路：此类结构由两条螺旋线错位排列组成，应先绘制基本曲线，再复制基本曲线，首尾相连即可，另外需要注意的是，为了达到螺旋效果，应合理安排图层前后顺序。

图3-16 双螺旋曲线

其绘制方法如下。

（1）在视图中勾选网格线，以辅助画图，如图3-17所示。

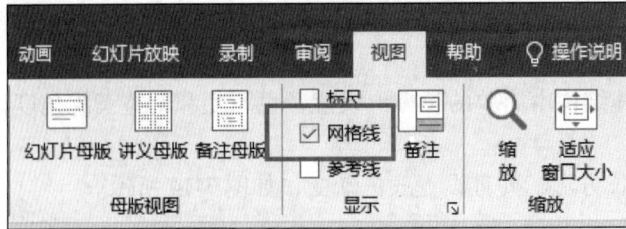

图 3-17　勾选网格线

（2）在绘图窗口中选择曲线，并画出基本形状，如图 3-18 所示。

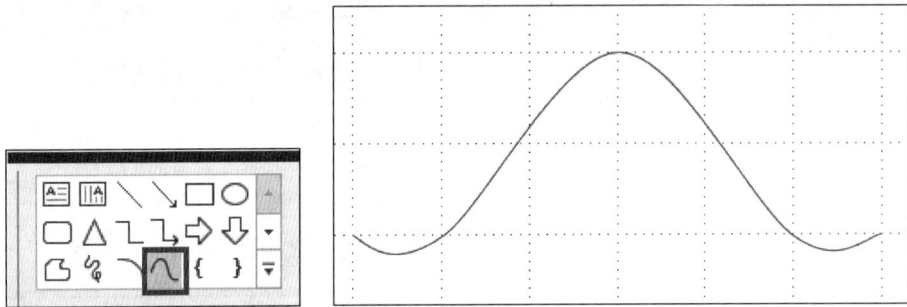

图 3-18　用曲线绘出基本形状

（3）将图形复制一份备用，取消勾选网格线，并且选中画好的曲线，右键→编辑顶点，删除框选的三处顶点，得到基础形状，如图 3-19 所示。

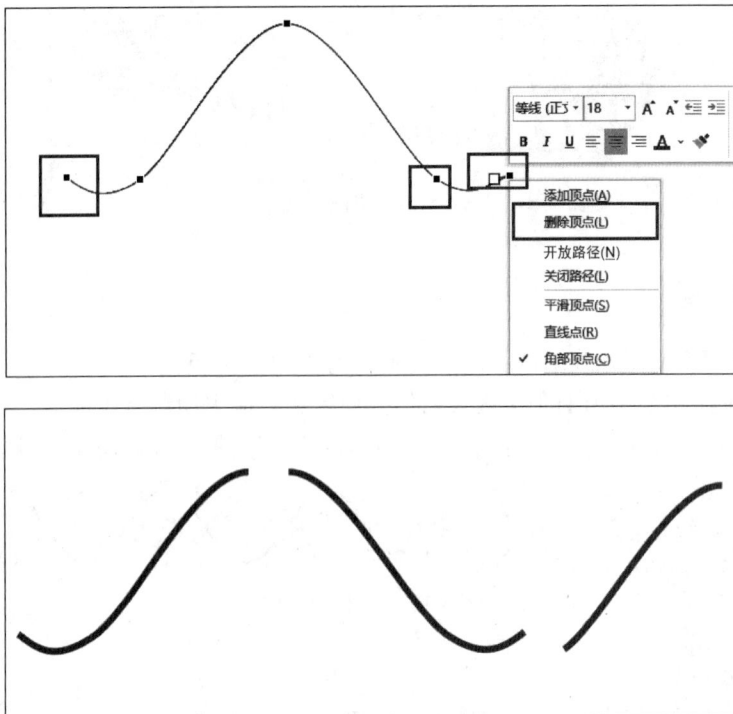

图 3-19　绘制基本形状

（4）复制几份基本形状，组合后可得到螺旋曲线，如图 3-20 所示。

图 3-20 螺旋曲线

（5）复制一份得到的图形，再垂直翻转；调整颜色和曲线粗细，组合到一起，如图 3-21 所示。

图 3-21 双曲线重叠

（6）为达到缠绕效果，取消全部图形的组合，将黑色曲线按一个位置的间隔分别设置置于顶层如图 3-22 所示。

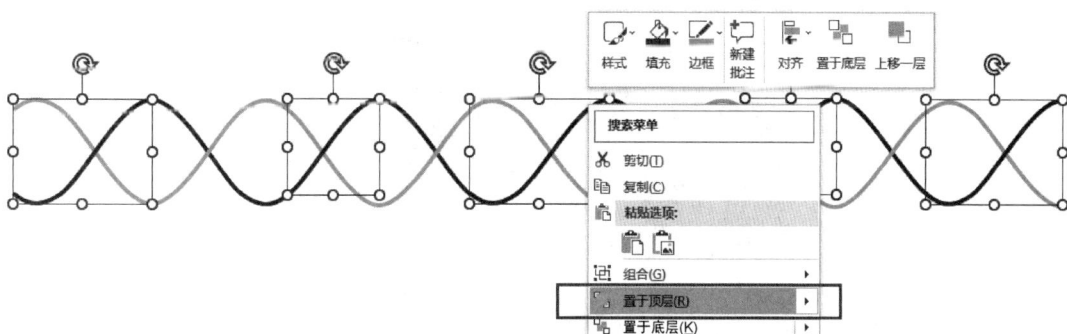

图 3-22 将黑色曲线分别置于顶层

（7）设置完成后组合图形，如图 3-23 所示。

图 3-23 双螺旋曲线

3.1.5 局部放大效果

局部放大效果图如图 3-24 所示，此类放大效果在许多科研图片绘图中常见。

绘图思路：放大图即为图片某一部分图形，可用圆形或其他形状的图形，与原始图片通过结合/相交/剪切等功能截取，再等比放大即可。

局部放大效果图绘制方法如下。

（1）在图片需要放大的上方绘制一个圆形，取消轮廓，如图 3-25 所示。

（2）先选择图片，按住 shift 选择圆形，执行命令"形状格式→合并形状→相交"，即可截出对应的圆形图形，如图 3-26 所示。

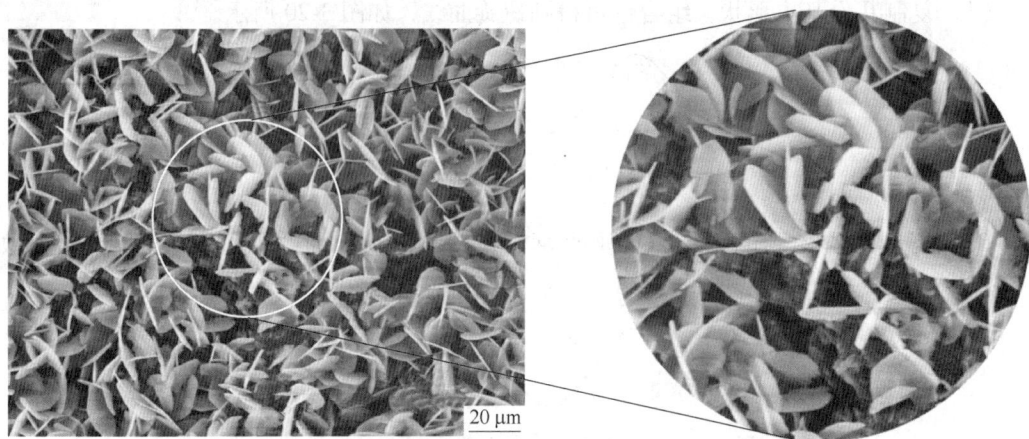

图 3-24　局部放大效果图

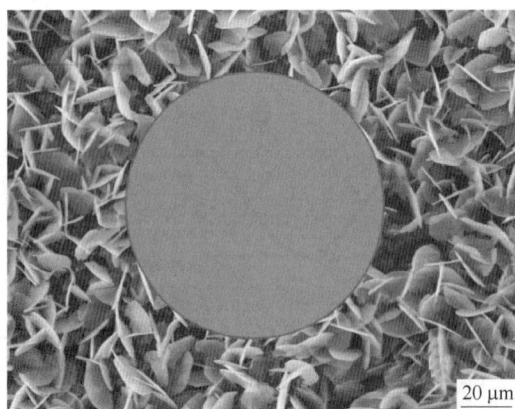

图 3-25　绘制圆形

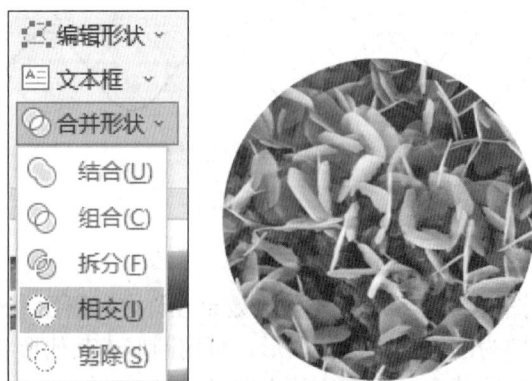

图 3-26　截出放大图片

（3）将截出来的图片放大，与原始图片放在一起，摒弃给在被放大处绘制圆框，引出两条直线至截出的图形处，表示图形是从此处截出，最终效果图如图 3-24 所示。

3.2 三维多层结构

3.2.1 电池电极结构

3.2.1.1 电极结构

电极结构绘制，如图 3-27 所示。

绘图思路：按照电极结构，绘制阳极、阴极、隔膜三大件，可给长方形设置深度绘成，再示意正负极、离子交换和电解液等细节即可。

其绘制方法如下。

（1）绘制一个长方形，添加 120 磅的深度，并且在曲面图颜色选择上选择黑色描边，大小 1 磅，再赋一个三维旋转角度，如图 3-28 所示。

（2）复制一个电极放置在其右，再绘制一个长方形，添加 120 磅的深度，修改颜色，在曲面图颜色选择黑色描边，大小为 1 磅，如图 3-29 所示。

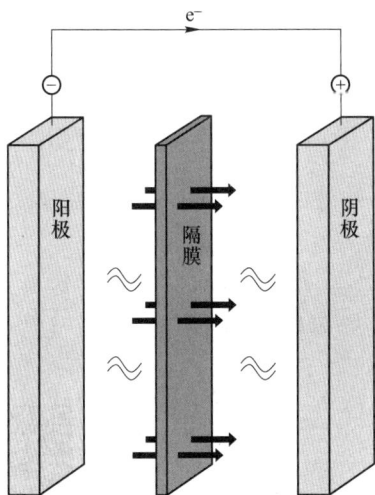

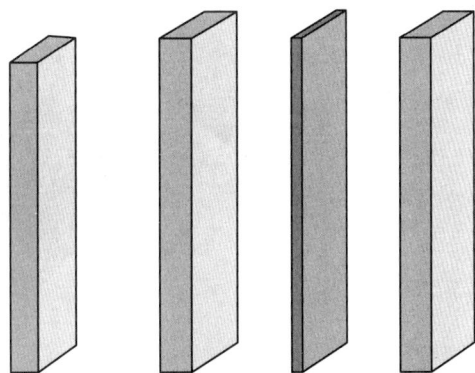

图 3-27 电极结构　　　　图 3-28 绘制电极　　图 3-29 绘制电极和隔膜

（3）用直线绘制成电池回路的模样，标注正负极，并且绘制离子穿过隔膜的箭头，复制两份，左半部分置于底层，右半部分置于顶层，形成穿过隔膜的假象，如图 3-30 所示。

（4）绘制电解液示意图，并且在图形上标注上阳极、隔膜和阴极，最终效果图如图 3-27 所示。

3.2.1.2 圆柱电池多层结构

圆柱电池多层结构，如图 3-31 所示。

绘图思路：先绘制多层结构，可用曲线绘制基本图形，再添加深度，通过复制基本图形，调整末尾曲线曲度来描绘各层形状，营造多层结构，再绘制一个电池示意图即可。

圆柱多层结构绘制方法如下。

（1）打开 PPT 的网格线，用曲线绘制功能绘制曲线，如图 3-32 所示。

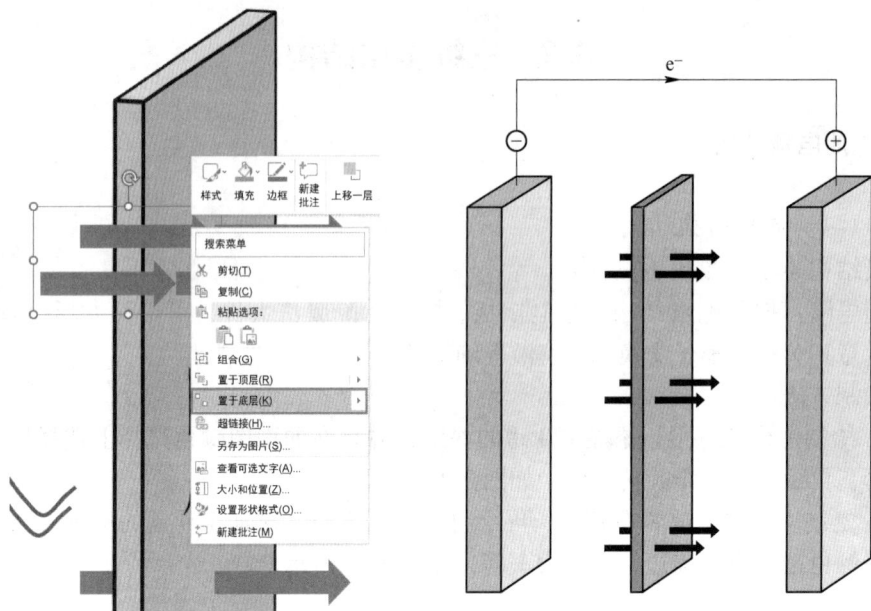

图 3-30　绘回路和箭头

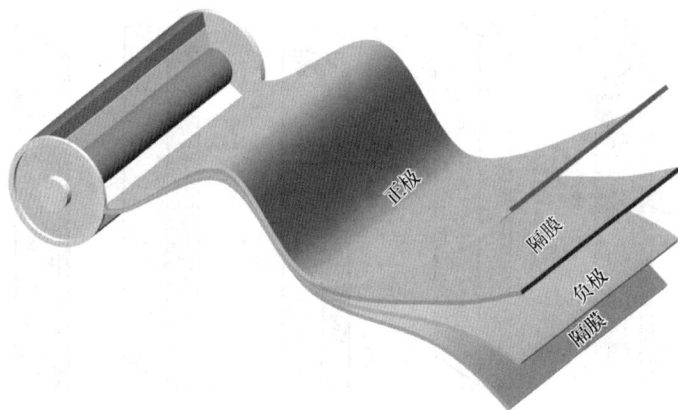

图 3-31　圆柱电池多层结构

图 3-31 彩图

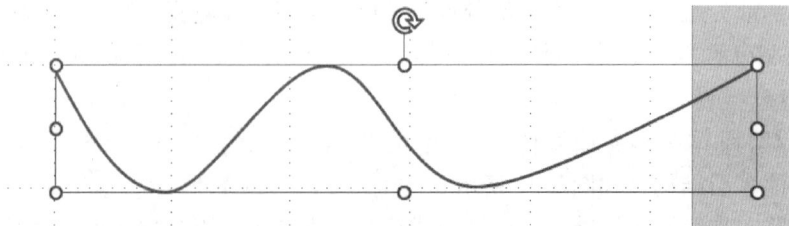

图 3-32　绘制基础曲线

（2）将绘制得到的曲线复制三份，利用顶点编辑功能调整尾端角度，重叠，修改颜色，各添加 200 磅深度，如图 3-33 所示。

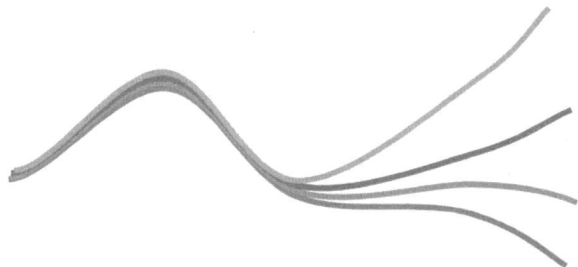

图 3-33 绘制基本图形

图 3-33 彩图

（3）绘制柱状电池所需的图形，所有图形都可由基本圆形剪除、组合、绘制得来，如图 3-34 所示。

图 3-34 绘制电池基本图形

（4）依次添加深度为 6 磅、3 磅、0 磅、200 磅、200 磅、200 磅、5 磅，设定距底边高度为 6 磅、3 磅、0 磅、0 磅、0 磅、0 磅、−200 磅，并且将所有图片重叠在一起、组合，如图 3-35 所示。

（5）给制作好的曲线和圆柱添加三维旋转，并且移动贴合在一起，调整光源、材质即可，如图 3-36 所示。

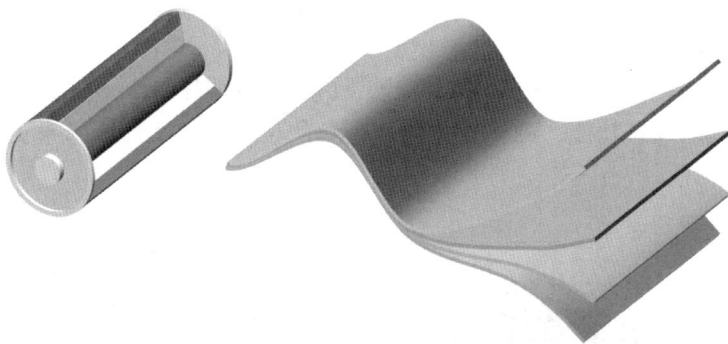

图 3-35 将电池基本图形重叠

图 3-36 电池和多层曲线结合图示

图 3-36 彩图

3.2.2 层状负载结构

层状负载结构的绘图思路：通过多叠层来营造负载结构，不同层间可绘制相同形状也可使用不同形状，最终层叠起来即可。

其绘图步骤如下。

（1）绘制一个长方形，执行命令"形状格式→编辑形状→更改形状→立方体"，再通过放大缩小和控制顶点调整长方体的形状，如图 3-37 所示。

图 3-37　载体

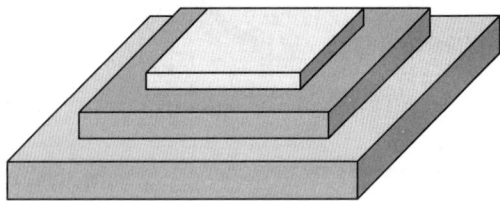

图 3-38　层状负载结构

（2）复制两份，更改颜色和大小，再重叠在已绘制的长方体上，最终效果图如图 3-38 所示。

3.2.3　不规则多层结构

一种材料的拉伸形变示意图，如图 3-39 所示。

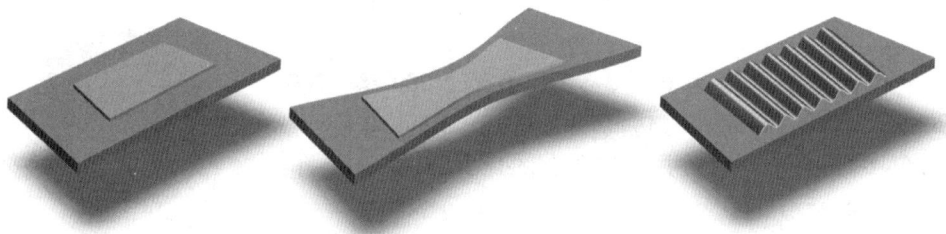

图 3-39　拉伸形变示意图

绘图思路：不规则多层结构可用拉伸变形来表示，首先绘制一个层状结构，再通过编辑顶点功能，在片状载体中间添加顶点，往内收缩，当载体恢复原状时，叠层因受力形变，可用曲线进行绘制形变后叠层的形状。

（1）绘制一个长方形，添加 10 磅的深度，改变三维旋转角度，如图 3-40 所示。

（2）通过编辑顶点功能，调整长方体四个角的位置，使图形看起来更协调，逼近真实，如图 3-41 所示。

图 3-40　基本长方体

图 3-41　调整角位置

（3）给调整好的长方体添加中心阴影，让图形看起来更立体，如图 3-42 所示。

（4）复制一份图形，取消阴影，更改为其他颜色，深度改为 3 磅，缩小尺寸，并放置于原始图形之上，如图 3-43 所示。

图 3-42　添加阴影

图 3-43　复制并叠层

（5）再复制一份原始图形，横向拉伸，通过编辑顶点功能，在长边中点添加顶点，并且使其往内收缩，调整曲度，如图 3-44 所示。

（6）复制一份第（5）步骤的图形，取消阴影，更改为其他颜色，深度改为 3 磅、缩小尺寸，并放置于（5）之上，如图 3-45 所示。

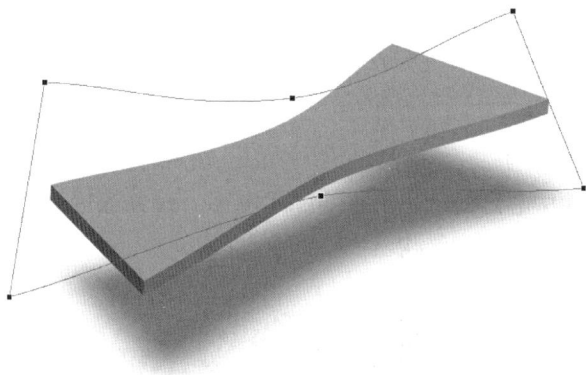

图 3-44　调整曲度

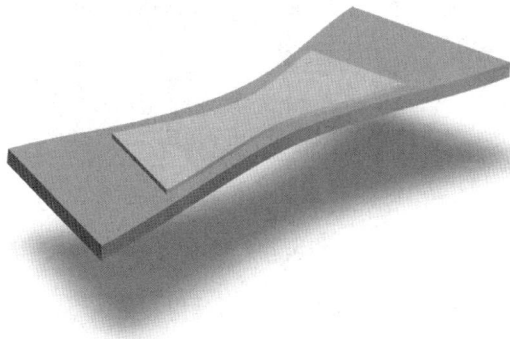

图 3-45　复制并叠层

（7）将视图内的网格线打开，绘制一个波浪图形，深度设为 85 磅。再复制一份步骤（3）的图形，将绘制的波浪图形调整好角度放置于其上，如图 3-46 所示。

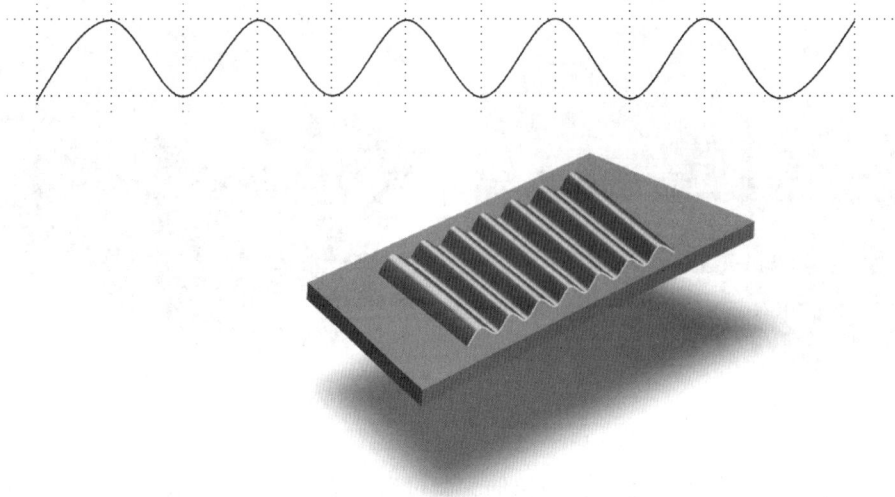

图 3-46　绘制变形后的波浪叠层

3.3　三维多孔结构

3.3.1　阵列结构

阵列结构，如图 3-47 所示。

绘图思路：将剪除中心圆的六边形作为基本图形，设置深度，并且复制基本图形，以边为界，成阵列排列，形成阵列结构。

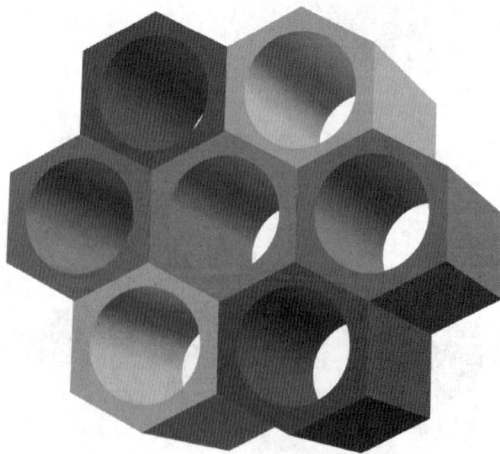

图 3-47　阵列结构

图 3-47 彩图

其绘图步骤如下。

（1）绘制一个正六边形，取消形状轮廓，在六边形中心画圆，并且在合并形状中选择剪除即可得到基本形状，如图 3-48 所示。

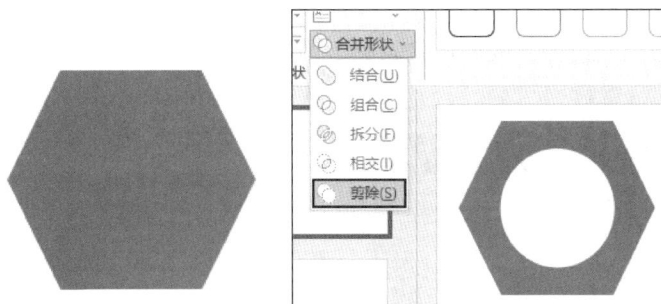

图 3-48　绘制基本图形

（2）将得到的图形按阵列排列，更换颜色，如图 3-49 所示。

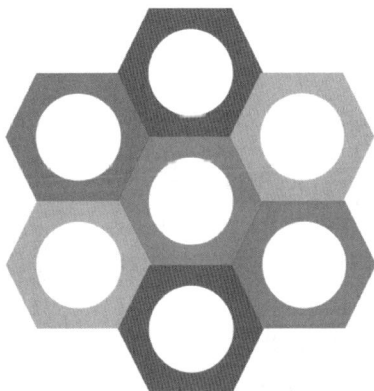

图 3-49　按阵列排列

图 3-49 彩图

（3）设置深度为 100 磅，调整三维角度、光源、材质等参数，即可得到阵列结构，实际效果图，如图 3-47 所示。

3.3.2　腔体结构

腔体结构，如图 3-50 所示。

图 3-50　腔体结构

图 3-50 彩图

绘图思路：以图 3-47 为基本图形，复制一份，一份作为底部，一份切割一角，做剖视图，形成腔体，再绘制一个网筛，组合即成腔体结构。

其绘图步骤如下。

（1）绘制一个正六边形，取消形状轮廓，用圆形截去中心部分，保留截取的圆形，如图 3-51 所示。

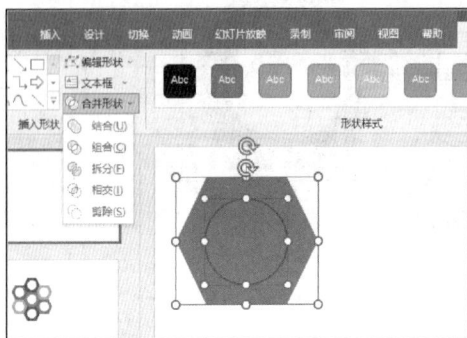

图 3-51 截取空心六边形

（2）复制一份六边形，另外画出一个正方形用于剪出剖面，如图 3-52 所示。

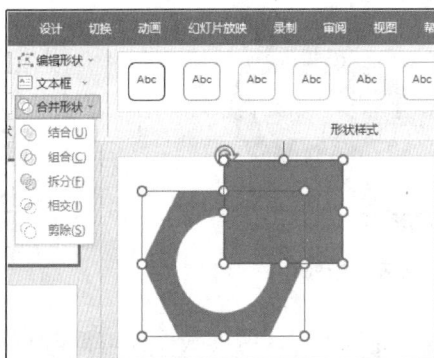

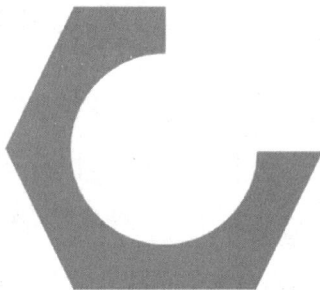

图 3-52 剪出剖面

（3）选择弧形功能绘制出一个圆弧，在设置形状格式中调整圆弧的高度和宽度为截出的圆形的半径，调整圆弧粗细和颜色，并且通过顶点编辑，也绘制成剖面形式，如图 3-53 所示。

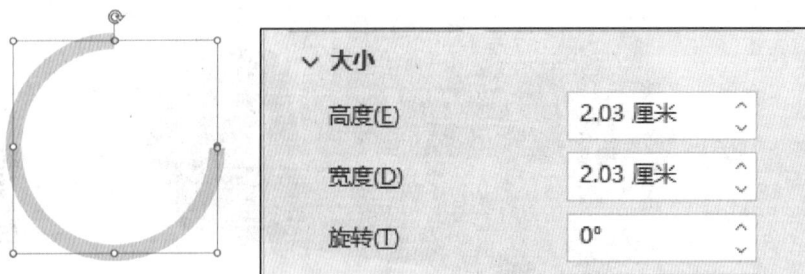

图 3-53 绘制剖面圆弧

（4）在保留的圆形中开出小孔，作为网筛，如图 3-54 所示。

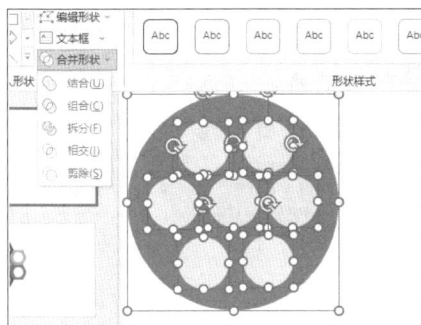

图 3-54 绘制网筛

图 3-54 彩图

（5）将所有绘制的图形由底往顶叠在一起，如图 3-55 所示。

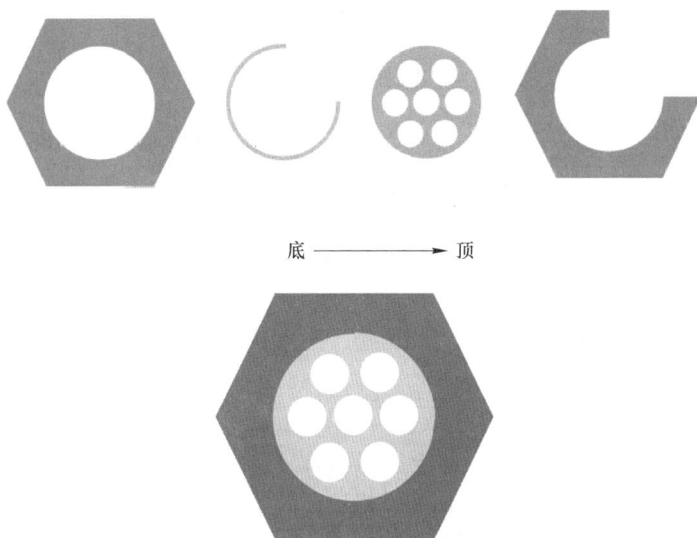

底 ——————→ 顶

图 3-55 层叠绘制的图形

图 3-55 彩图

（6）组合图形，添加一个三维角度，并且对最底层图形，设置深度为 50 磅，如图 3-56 所示。

图 3-56 设置底层深度

图 3-56 彩图

（7）对剖面六边形设置深度为 160 磅，距底边高度设置为 160 磅，如图 3-57 所示。

图 3-57　设置剖面六边形深度

图 3-57 彩图

（8）对网筛设置深度为 5 磅，距底边高度设置为 160 磅，如图 3-58 所示。

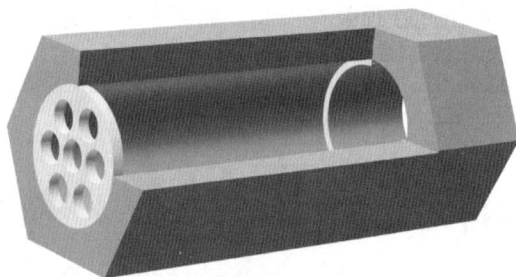

图 3-58　设置网筛深度

图 3-58 彩图

（9）将剩余的一层圆弧设置深度为 10 磅，距底边高度设置为 155 磅，即可完成腔体结构的绘制，如图 3-59 所示。

图 3-59　设置圆弧深度后的腔体图

图 3-59 彩图

3.4　三维球棍结构

3.4.1　分子式结构

分子式结构，如图 3-60 所示。

绘图思路：可绘制一个水分子来表达分子式结构，可绘制三个球形结构来表达氢原子和氧原子，再通过棍状结构来连接即可，需注意的是图形的透视和位置的摆放。

图 3-60 分子式结构

图 3-60 彩图

其绘图步骤如下。

（1）绘制一个圆形，记录长宽，作为氢原子，如图 3-61 所示。

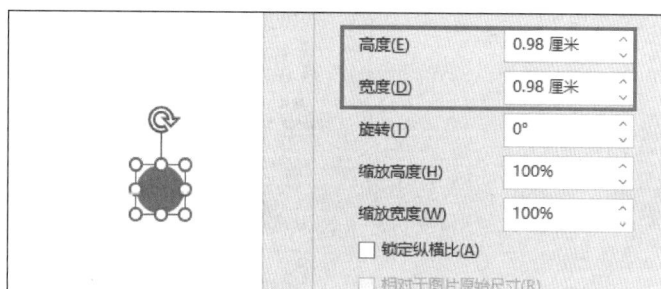

高度(E)	0.98 厘米
宽度(D)	0.98 厘米
旋转(T)	0°
缩放高度(H)	100%
缩放宽度(W)	100%
锁定纵横比(A)	
相对于图片原始尺寸(R)	

图 3-61 绘制氢原子

（2）再作一个圆，记录长宽，作为氧原子，如图 3-62 所示。

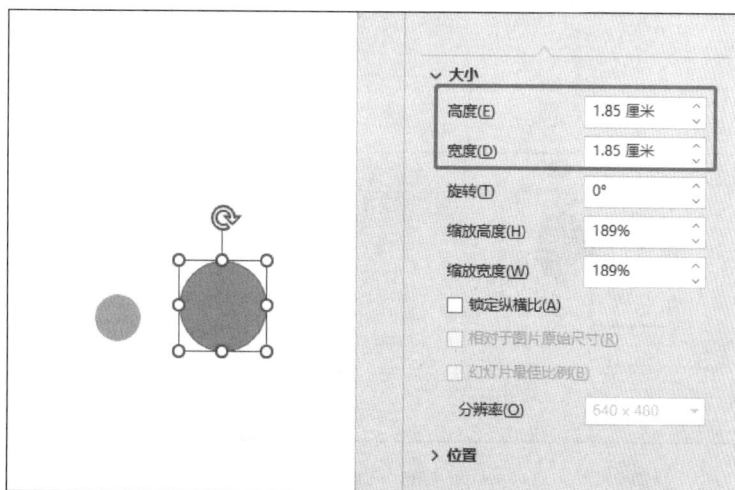

∨ 大小	
高度(E)	1.85 厘米
宽度(D)	1.85 厘米
旋转(T)	0°
缩放高度(H)	189%
缩放宽度(W)	189%
锁定纵横比(A)	
相对于图片原始尺寸(R)	
幻灯片最佳比例(B)	
分辨率(O)	640 x 460
> 位置	

图 3-62 绘制氧原子

图 3-62 彩图

（3）复制出一个氢原子，连结氢、氧原子，并且记录线的粗细磅数，如图 3-63 所示。

（4）设置一个三维角度，而后在三维格式中选择顶部、底部棱台为圆形，宽度高度分别输入所画圆形的半径 0.49 cm，系统可自动换算为磅数，如图 3-64 所示。

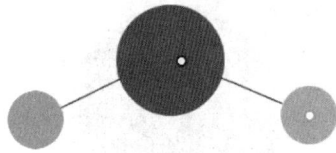

图 3-63   绘制水分子

图 3-63 彩图

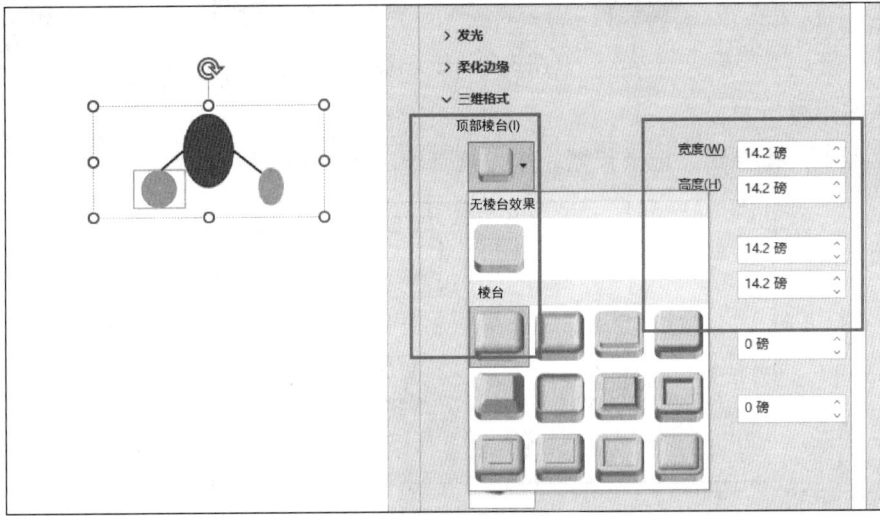

图 3-64   设置棱台格式

图 3-64 彩图

（5）输入距底边高度为 0.49 cm，即可调整图形至正确位置，如图 3-65 所示。

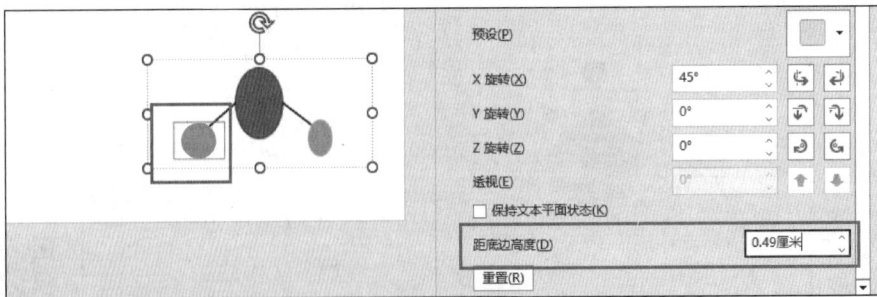

图 3-65   调整位置

图 3-65 彩图

（6）同理，给其余两个圆形设置相应磅数的棱台格式，再调整距底边高度，注意连接线的距底边高度也应调整为其磅数粗细的一半，如图 3-66 所示。

（7）最终调整三维角度、光源、材质等参数，可绘制出分子式结构，如图 3-67 所示。

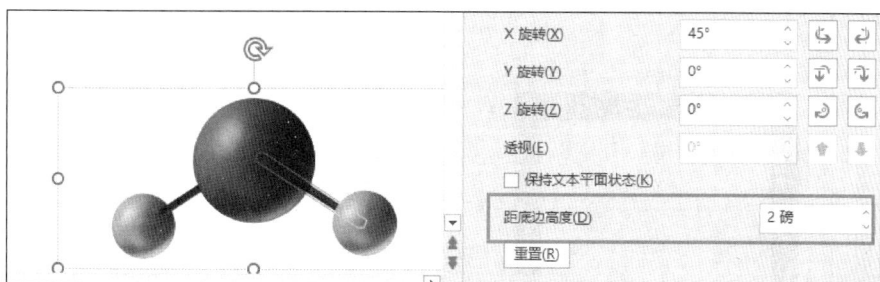

图 3-66 调整连接线

图 3-66 彩图

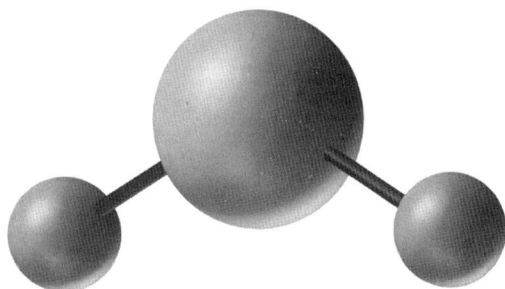

图 3-67 分子式结构

图 3-67 彩图

3.4.2 框架结构

框架结构，如图 3-68 所示。

绘图思路：整体结构可由矩形组成，在底层绘制矩形，四角以圆形填充，再绘制四个角对应的球棍框架，最后绘制顶层矩形球棍模型。

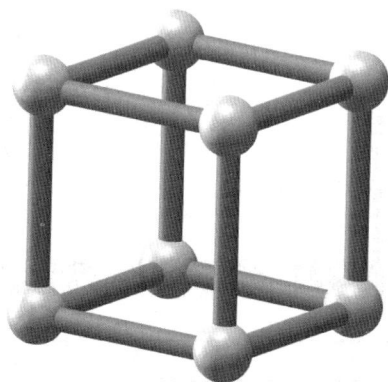

图 3-68 框架结构

图 3-68 彩图

其绘图步骤如下。

（1）作出正方形，记录长宽，取消形状轮廓，将边框宽度设定为 12 磅，如图 3-69 所示。

（2）在边框四个角做出小正方形，注意长宽对应，如图 3-70 所示。

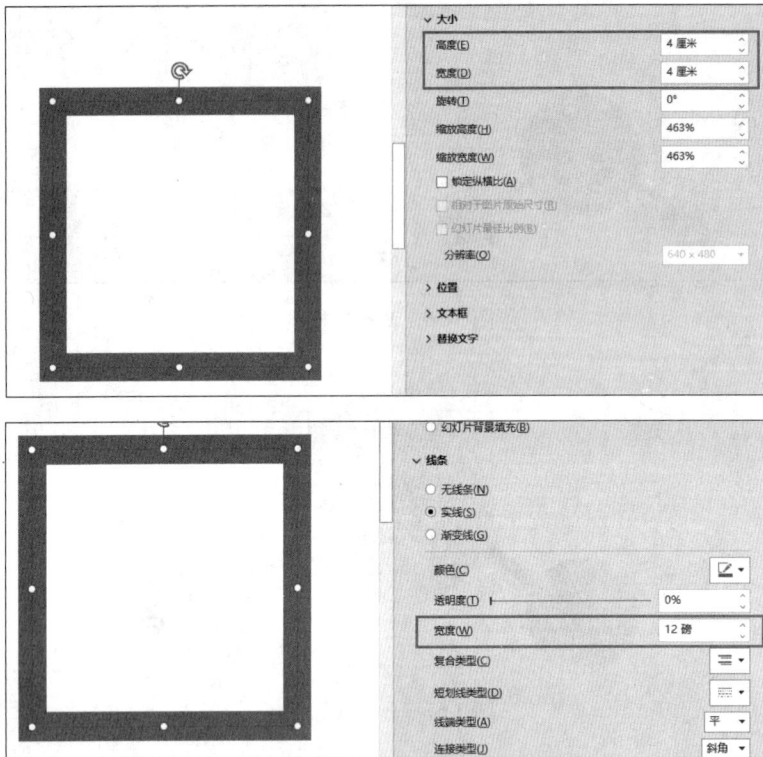

图 3-69　绘制底部矩形

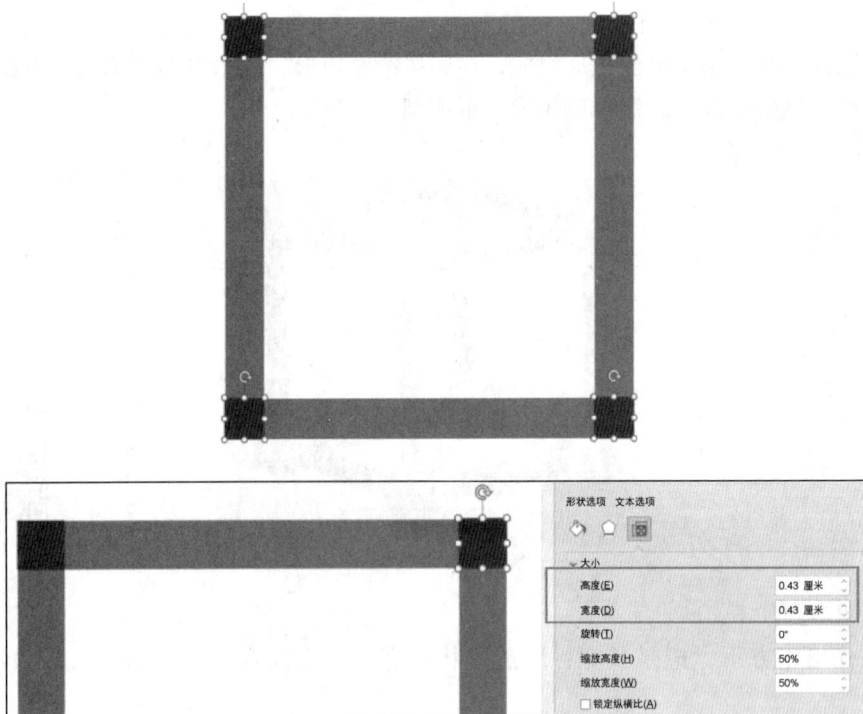

图 3-70　作小正方形

（3）将绘制的小正方形通过更改形状转换为圆形，作为球棍模型的"棍"，此操作可以保证图形的长宽不改变，如图 3-71 所示。

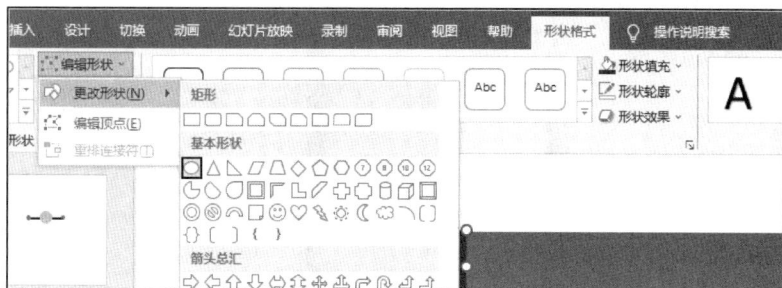

图 3-71 将矩形换成圆形

（4）在四角处绘制圆形，并且置于底层，作为球棍模型的"球"，记录直径，如图 3-72 所示。

（5）将底层除小圆外所有图片复制一份，重叠起来，此处需要将圆形置于顶层，作为顶层的"球"，如图 3-73 所示。

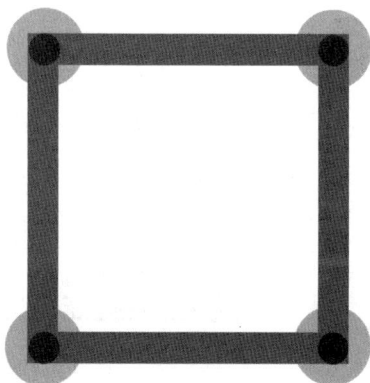

图 3-72 放置圆形

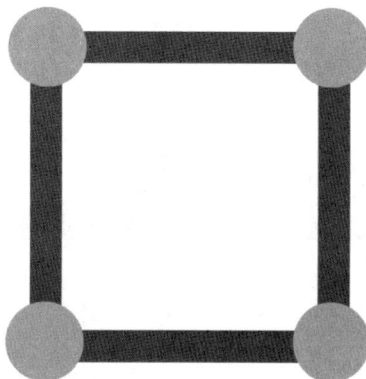

图 3-73 复制重叠模型

（6）为了方便观察，可设置一个三维角度，此处选中顶层边框和顶层四个圆形，设置距离底边高度为边框边长，如图 3-74 所示。

（7）选中顶部边框，设置顶部、底部棱台，大小设置为边框宽度的一半"6磅"，选

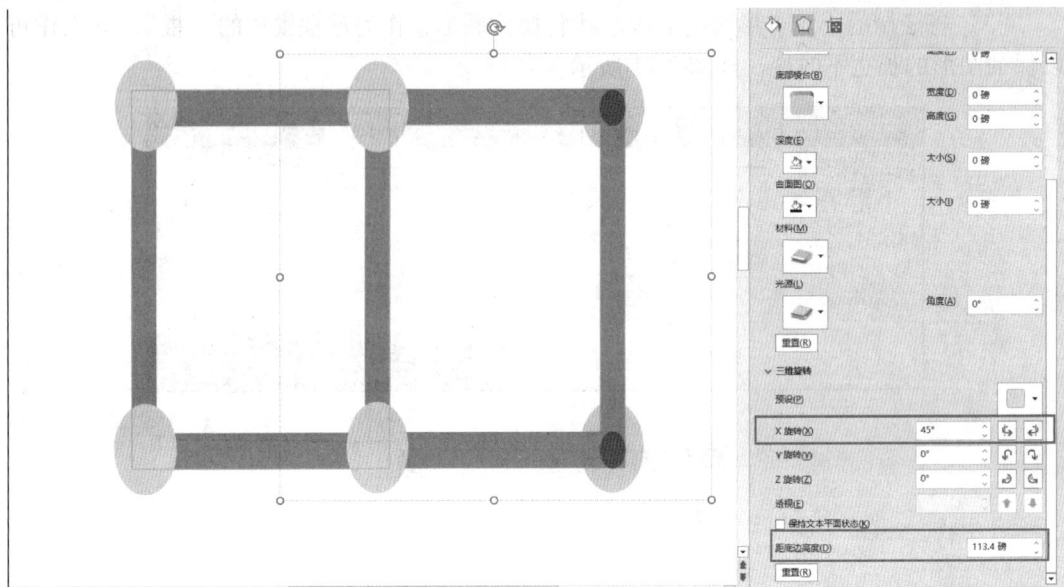

图 3-74　设置距底边高度

中顶部圆形，同样设置棱台大小为圆形半径大小，调整距底边高度，注意此
处距底边高度需要加上球形半径的高度，如图 3-75 所示。

图 3-74 彩图

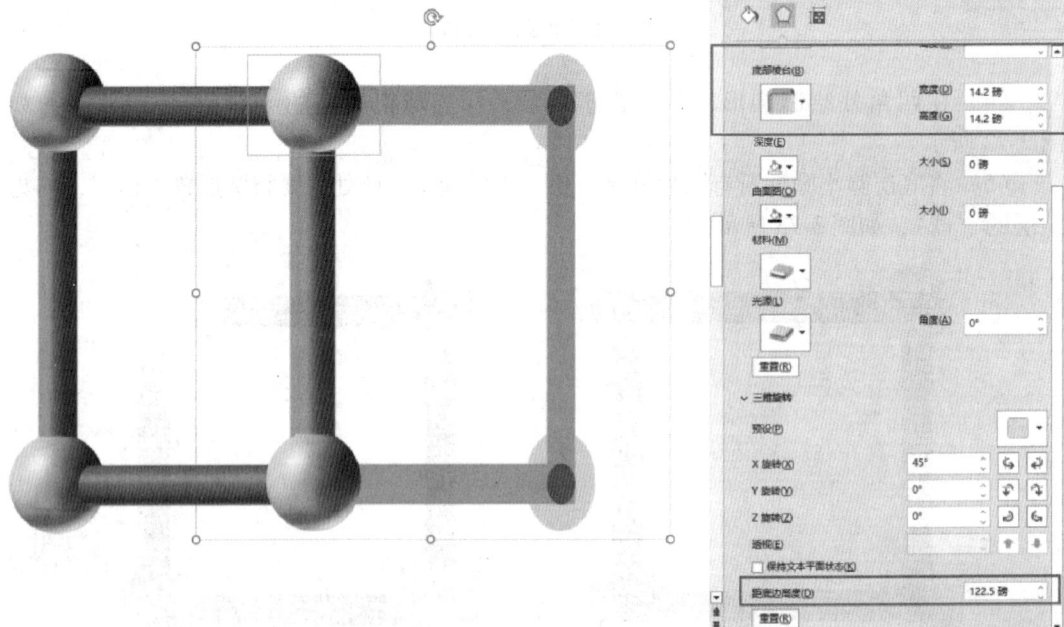

图 3-75　设置顶部球棍

（8）设置小圆深度为边框边长 4 cm，距离底边高度为 4 cm，如图 3-76
所示。

图 3-75 彩图

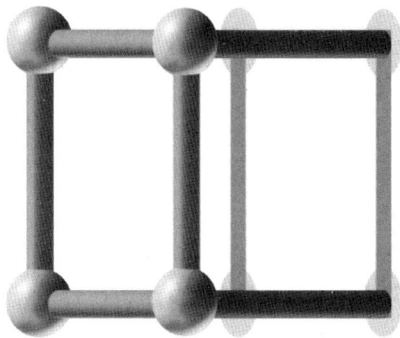

图 3-76 设置四周边框

图 3-76 彩图

（9）同步骤（7），调整底部边框、底部圆形至合适形状，球形的距底边高度调整为球形半径，如图 3-77 所示。

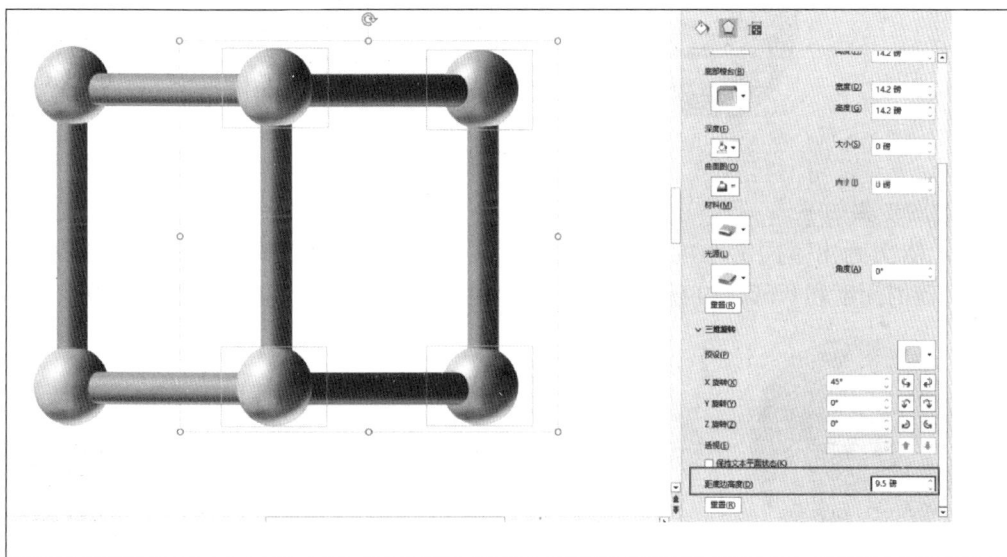

图 3-77 调整底部球棍

图 3-77 彩图

（10）调整材质、光源、三维角度等参数，可绘制出框架结构，如图 3-78 所示。

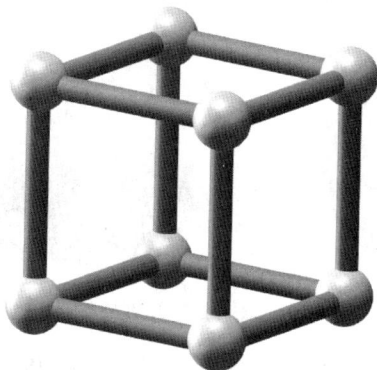

图 3-78 框架结构

图 3-78 彩图

3.5　三维核壳结构

3.5.1　纤维核壳结构

纤维核壳结构，如图 3-79 所示。

绘图思路：为了体现纤维结构，可绘制一个圆柱，而为了体现核壳结构，则可绘制圆柱形的剖视图，通过剖视图可清楚观察到纤维内部有层层包裹的核壳结构，可通过绘制圆形，配合设置深度和距底边高度实现。

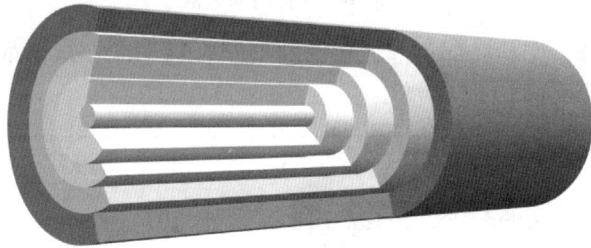

图 3-79　纤维核壳结构

图 3-79 彩图

其绘图步骤如下。

（1）依次画出不同大小的圆，填充颜色，并且分别添加 200 磅、30 磅、30 磅、30 磅、200 磅的深度和 0 磅、30 磅、60 磅、90 磅、290 磅的距底边高度，如图 3-80 所示。

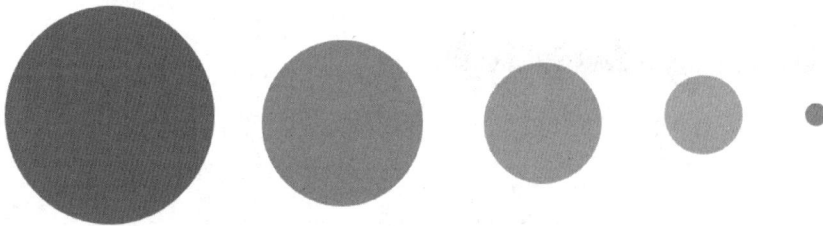

图 3-80　绘制底部圆柱

图 3-80 彩图

（2）将步骤（1）的图形按从左到右图层递增的顺序层叠起来，得到纤维核壳结构的底层，再添加一个三维角度，便于观察，如图 3-81 所示。

图 3-81　绘制底层纤维核壳结构

图 3-81 彩图

（3）复制步骤（1）绘得的圆形，通过"编辑形状-更改形状-不完整圆"可以绘制扇形，填充颜色，分别添加 290 磅、260 磅、230 磅、200 磅、200 磅的深度和 290 磅的距底边高度，通过调整顶点，使开口角度依次变小，如图 3-82 所示。

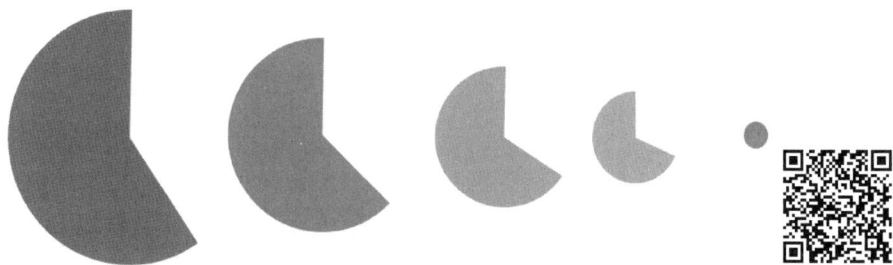

图 3-82 绘制顶层扇形

图 3-82 彩图

（4）将所有步骤（3）的图形按从左到右图层递增的顺序层叠起来，添加一个三维角度，便于观察如图 3-83 所示。

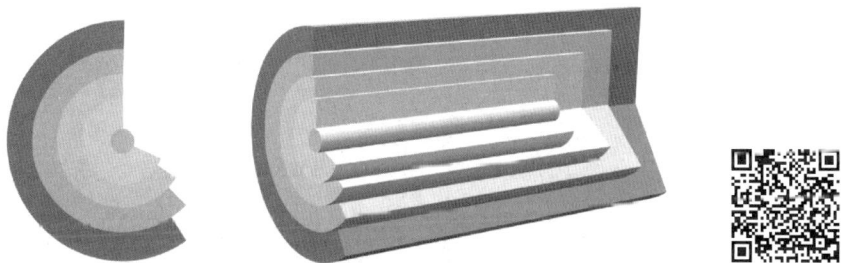

图 3-83 绘制顶层纤维核壳结构

图 3-83 彩图

（5）将绘制好的顶层和底层核壳结构组合起来，修改光源为强烈，角度设置为 80°，材质设为塑料效果，如图 3-84 所示。

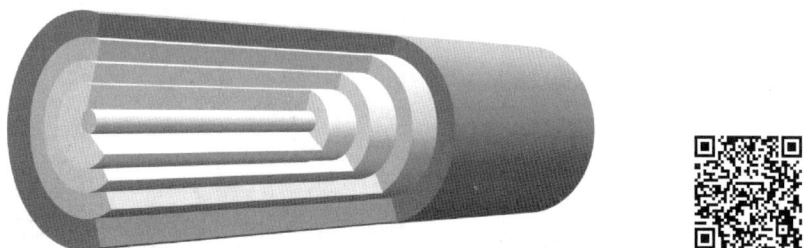

图 3-84 纤维核壳结构

图 3-84 彩图

3.5.2 块体核壳结构

块体核壳结构，如图 3-85 所示。

绘图思路：为了体现块体核壳结构，可绘制一个块状图形来描述块体结构，通过调整图层的顺序，营造块体缺角的错觉，在此基础上再画出层层包裹的内层结构，形成块体核壳结构。

其绘制步骤如下。

（1）绘制出一个矩形，执行命令"形状格式→编辑形状→更改形状→立方体"，使得矩形改为一个长方体，这是核壳结构的整体外形，如图 3-86 所示。

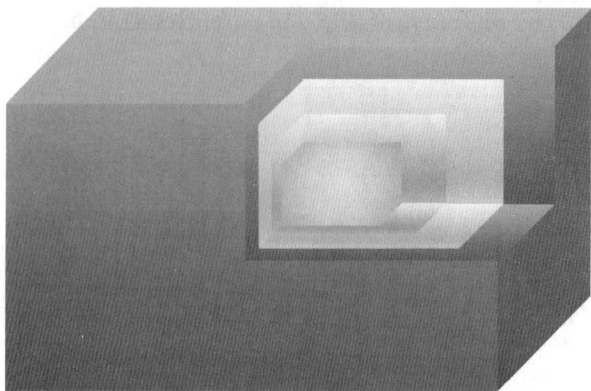

图 3-85   块体核壳结构

图 3-85 彩图

图 3-86   绘制长方体

图 3-86 彩图

（2）用直线再长方体上绘制缺失的角，方便后续步骤填充图形，组合画好的线条并且置于顶层，如图 3-87 所示。

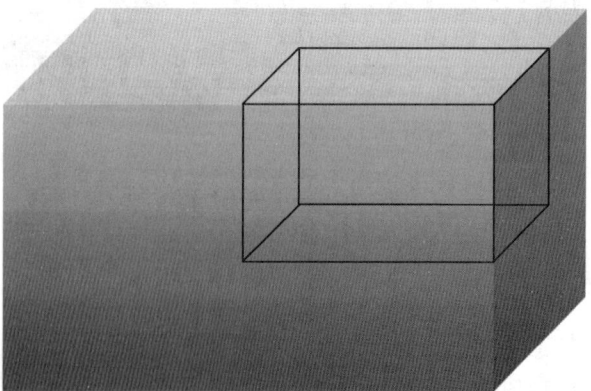

图 3-87   绘制缺角

图 3-87 彩图

（3）绘制三个矩形，通过编辑顶点功能拖动矩形顶点填充方框，完成填充后可以删除步骤（2）的线条方框，如图 3-88 所示。

（4）分别对三个矩形进行渐变色填充，取消形状轮廓，调整光线，营造缺角的视觉误差，如图 3-89 所示。

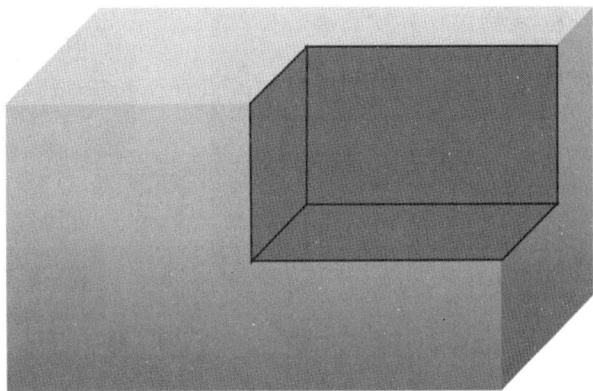

图 3-88　用矩形填充方框

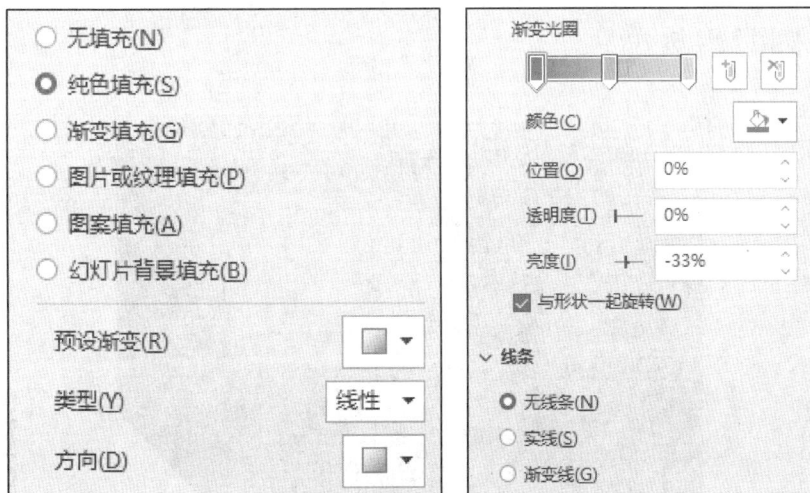

图 3-88 彩图

图 3-89　设置渐变色填充

（5）复制两份填充的四边形，修改为其他渐变色，并且依次等比缩小，作为核壳结构的内层，如图 3-90 所示。

图 3-90　绘制内层

图 3-90 彩图

（6）再复制一份四边形，等比缩小，组合后修改渐变色，经过组合，修改颜色时会识别图形为一个整体，从而颜色将按整体填充，注意颜色应内明外暗，作为核壳结构的内核，如图 3-91 所示。

图 3-91　绘制内核

图 3-91 彩图

（7）将所有复制出来的矩形，附着在缺角的长方体上，很轻易地在视觉上形成了块状核壳结构，如图 3-92 所示。

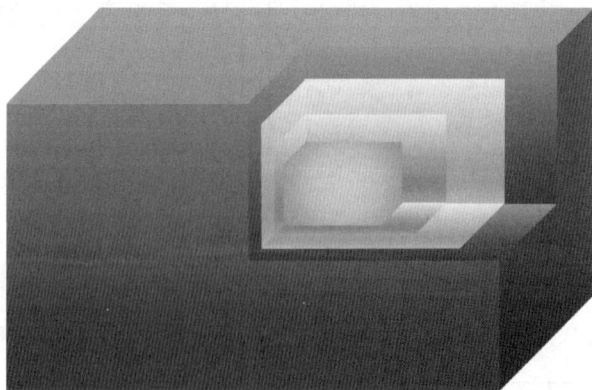

图 3-92　块状核壳结构

图 3-92 彩图

3.5.3　球形核壳结构

球形核壳结构，如图 3-93 所示。

绘图思路：为了体现球形核壳结构，可绘制球体的剖视图，营造在缺口处可以看见层层相连的核壳结构的视觉错觉，使用编辑顶点功能，细致地调整曲线和图形，通过调整图层顺序，绘制出球形核壳结构。

其绘制步骤如下。

（1）绘制一个圆形，填充渐变色为内明外暗，作为球体的主体，如图 3-94 所示。

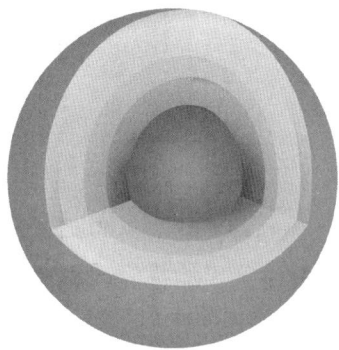

图 3-93　球形核壳结构　　　　图 3-93 彩图　　　　图 3-94　绘制球体主体

（2）复制一份圆形，执行命令"形状格式→编辑形状→更改形状→不完整圆"，手动分解成小角度的扇形，随后复制三份，如图 3-95 所示。

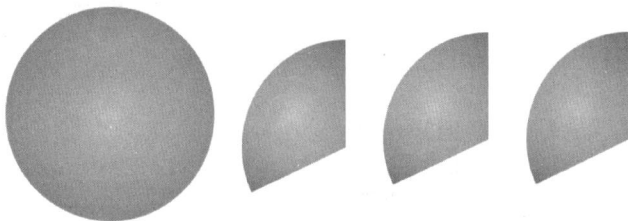

图 3-95　绘制基本图层

（3）将绘制的三片扇形摆放成图 3-96 模样，并且修改渐变色为内暗外明。

（4）通过大小缩放、编辑顶点等调整，将三片扇形组合形成水蜜桃状，再附着在球形基体上，在视觉上形成了向内凹陷的效果，构成了核壳结构的外层，如图 3-97 所示。

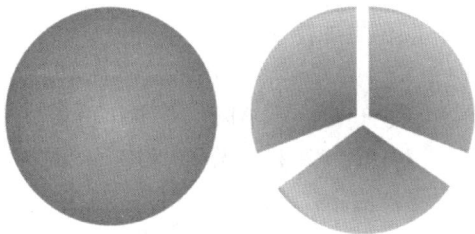

图 3-96　摆放扇形　　　　　　　　图 3-97　绘制外层

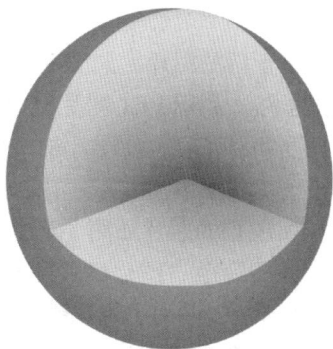

（5）复制三份绘制的蜜桃状图形，填充不同的渐变色，注意内暗外明，并且组合后依次等比缩小，如图 3-98 所示。

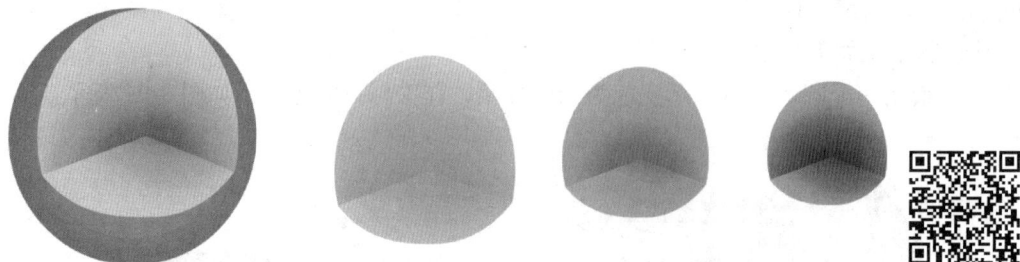

图 3-98　绘制内层　　　　　　　　　　　　　　　图 3-98 彩图

（6）将步骤（5）的所有图形层叠在一起，形成了壳结构，如图 3-99 所示。

（7）将蜜桃状的图形再复制一份，取消组合，执行命令"形状格式→合并形状→结合"，再修改渐变色为内明外暗，作为核壳结构的内核，等比缩小后与步骤（6）图形结合，完成球形核壳结构的绘制，如图 3-100 所示。

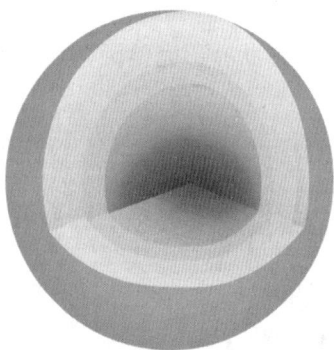

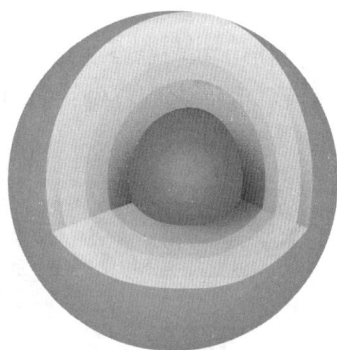

图 3-99　绘制外层　　　　　图 3-99 彩图　　　　　图 3-100　球形核壳结构　　　　　图 3-100 彩图

3.6　电镜图片处理

3.6.1　图片颜色校正

颜色矫正后的图片，如图 3-101 所示。

校正思路：利用 PPT 图片格式中自带的"校正"和"颜色"功能，调整图片的锐化程度、亮度和对比度，使图片细节更易于发现，颜色更加艳丽。

其校正步骤如下。

（1）实验拍的照片如图 3-102 所示，该图片颜色暗沉，不清晰，不易于分析。

（2）执行命令"图片格式→校正→亮度 0，对比度+20%，锐化+50%"，调整后效果如图 3-103 所示，添加了锐化程度后，图片变得更加清晰。

（3）执行命令"图片格式→颜色→饱和度 200%"，调整后效果如图 3-104 所示，调整后饱和度明显增加，图片更加艳丽。

图 3-101 彩图

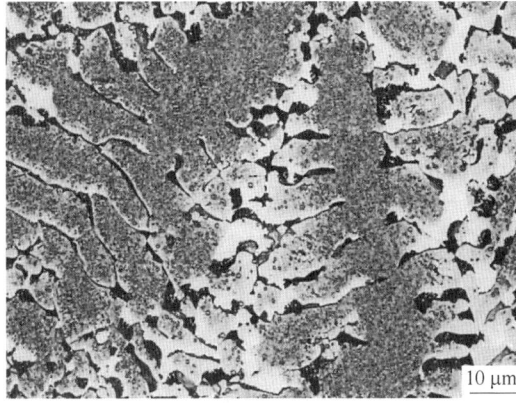

图 3-101 颜色校正后的图片

图 3-102 彩图

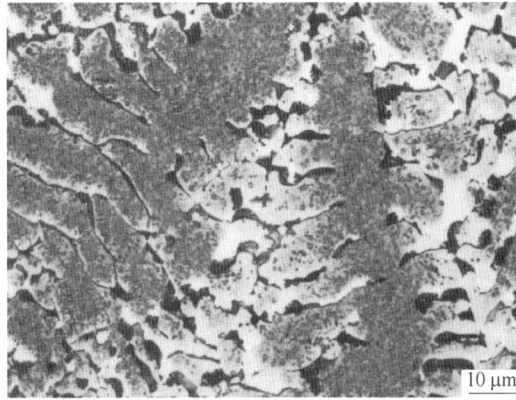

图 3-102 实验图片

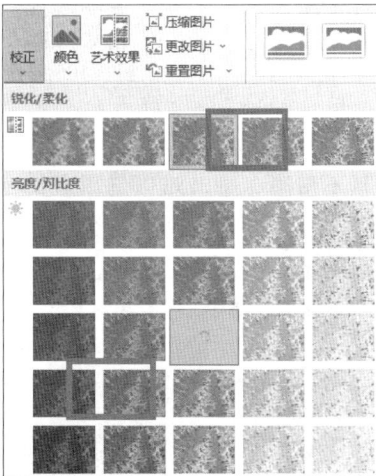

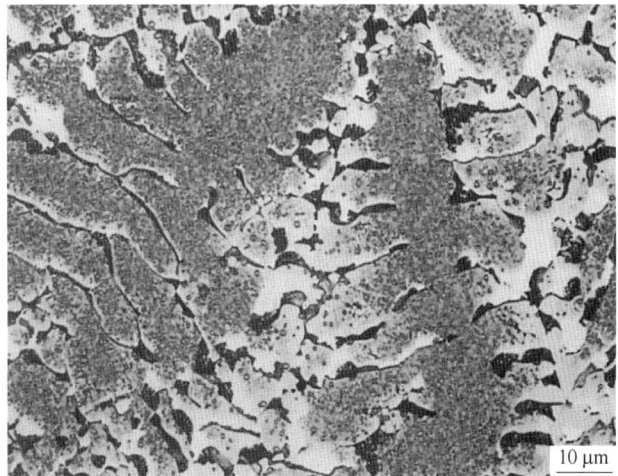

图 3-103 校正图片

图 3-103 彩图

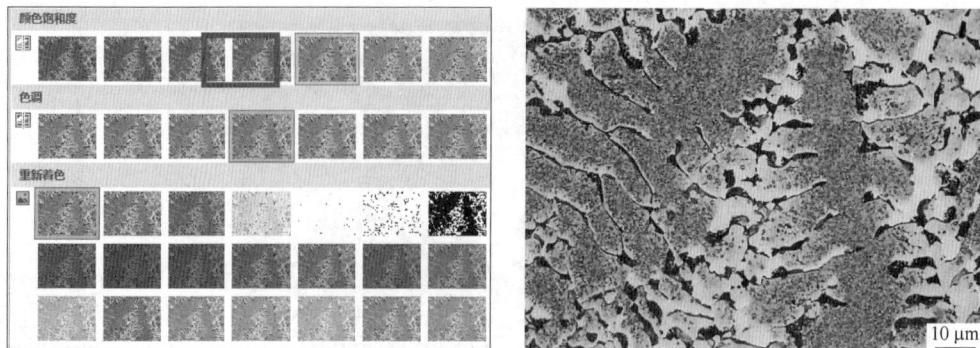

图 3-104　增加饱和度

图 3-104 彩图

3.6.2　图片上色处理

图片上色效果如图 3-105 所示。

上色思路：通过图片格式里的"颜色"功能，可给图片填充任意颜色，还可以通过"校正"功能，提高图片对比度和锐化程度，让图片更易于分析。

图 3-105　上色后的图片

图 3-105 彩图

其上色步骤如下。

（1）电镜拍摄图片如图 3-106 所示，为灰白照片，并且不清晰，细节难以暴露。

图 3-106　原图

图 3-106 彩图

（2）可从模板中上色，执行命令"图片格式→颜色→深蓝色"，如图 3-107 所示。

图 3-107　上色　　　　　　　　　　　　　　图 3-107 彩图

（3）PPT 也支持设置其他颜色，执行命令"图片格式→颜色→其他变体→选取颜色"，此处可以自由调色、配色，如图 3-108 所示。

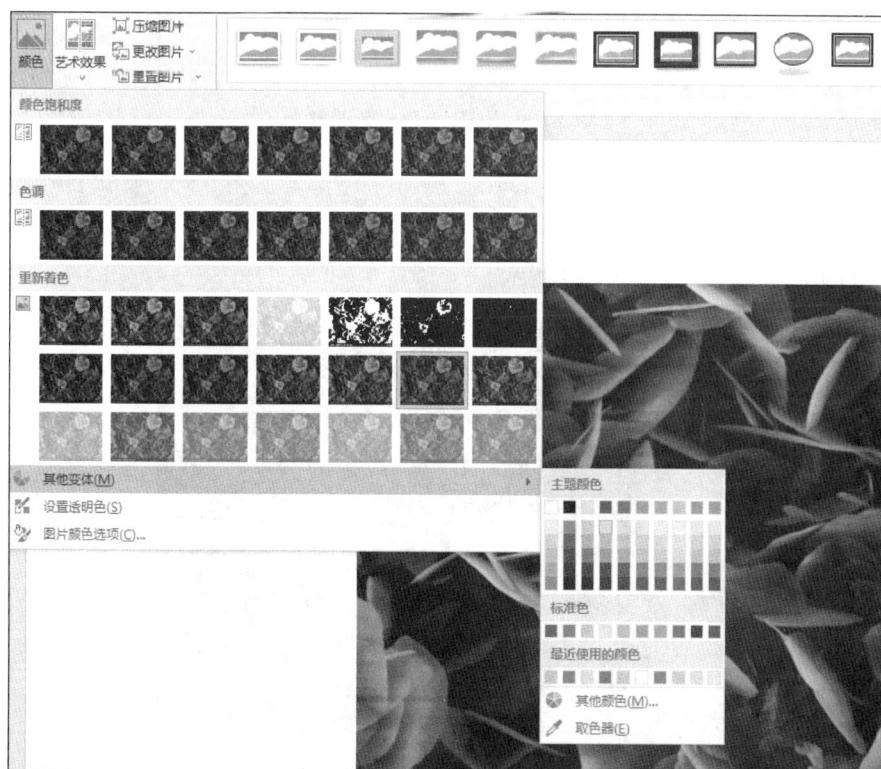

图 3-108　自由上色

（4）若需要精准调色，可调出图片格式，执行命令"图片格式→颜色→图片格式"选项，在选项里可以设定调色参数，如图 3-109 所示。

图 3-108 彩图

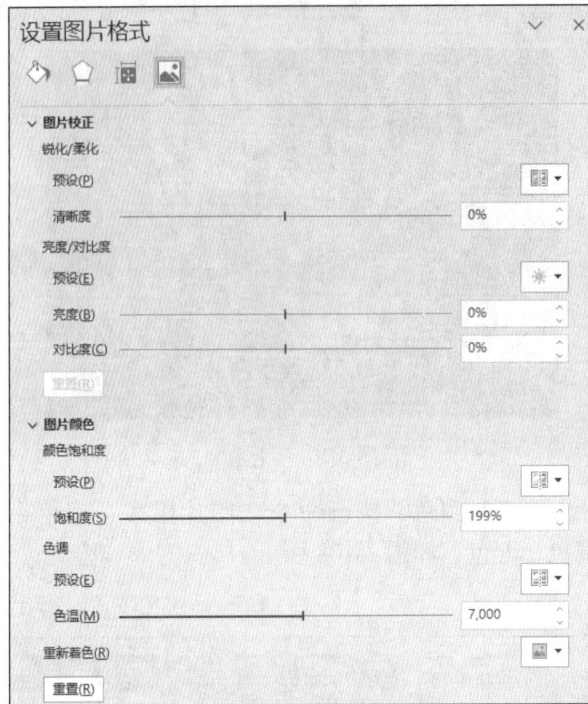

图 3-109　图片上色参数调整

3.6.3　尺寸测量、计算和标注

标注好的电镜图片，如图 3-110 所示。

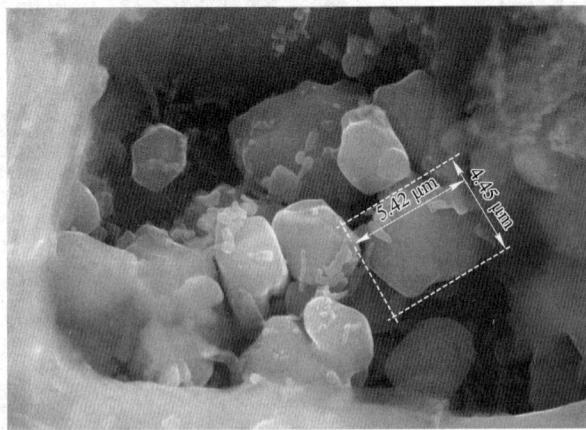

图 3-110　标注好的电镜图片

处理思路：利用图片自带的标尺，在 PPT 中绘制相应长度的线条，通过线条格式记录线条的长度，再在需要标注的晶粒上绘制方框，在方框格式中记录方框的长宽大小，通过标尺换算，即可得到晶粒的尺寸，需要注意的是，一旦测量开始，图片的大小不可轻易改变，否则将会导致测量失误。

其标注步骤如下。

（1）测量标尺尺寸大小，用作换算依据，测量可知，对应标尺 1.00 μm 的线条长度为 1 cm，如图 3-111 所示。

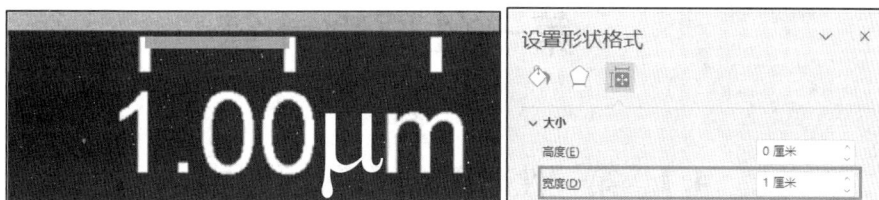

图 3-111　测量标尺

（2）在电镜图片上绘制方框将晶粒包裹起来，并且记录方框尺寸，如图 3-112 所示。

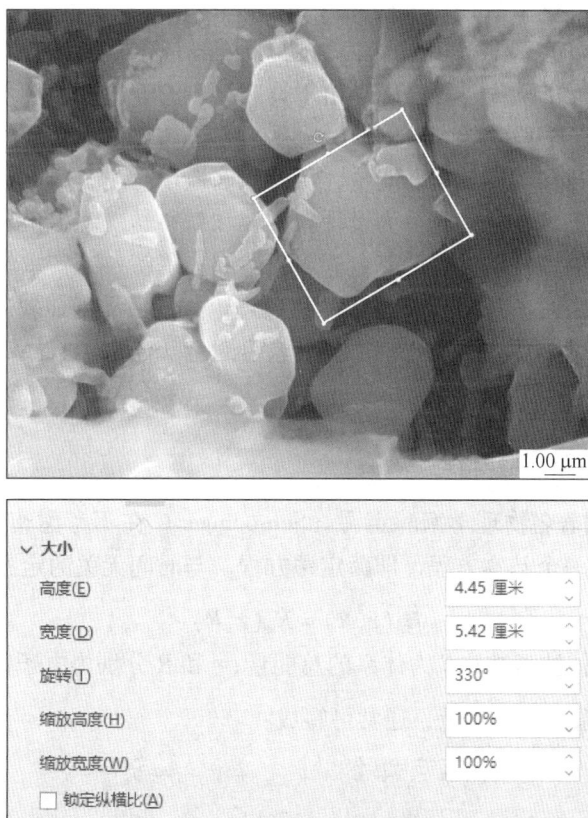

图 3-112　绘制包裹晶粒的方框

（3）此时可根据线条长度的比例进行换算：图 3-112 中 1 cm＝比例尺 1 μm，则图中方框宽 4.45 cm＝晶粒宽 4.45 μm，方框长 5.42 cm＝晶粒长 5.42 μm。

（4）得到晶粒尺寸后则对晶粒进行标注，如图 3-110 所示。

4 利用 Materials Studio 实现 第一性原理计算

4.1 第一性原理的理论计算方法

工欲善其事，必先利其器。经过近一个世纪的发展，人们已经掌握了一门有力的利器——第一性原理方法，即从基本的量子力学出发，通过计算材料的电子结构来直接确定材料的各种性能并预测和设计新材料。第一性原理也称从头计算（ab initio calculations），广义上可以将其分为：基于哈特里—福克（Hartree-Fock）的从头计算方法和以密度泛函理论（Density Functional Theory，DFT）为基础的从头计算方法。目前，基于 DFT 的计算是最成功、应用最广泛的从头计算。DFT 由于具有简单的理论框架和严密的逻辑优势，使其在材料、物理、化学等科学领域得到广泛应用。它不需要依赖任何经验参数，即能求出微观体系电子的波函数和对应的本征能量，从而准确地预测出材料的能量、晶体结构、电子结构、弹性、过渡态等各种性质，为设计新材料和新科学实验提供有效的指导。本节将从最基本的量子力学的多粒子体系的薛定谔方程述起，了解一下其求解方法，接着介绍密度泛函理论的发展及求解 Schrödinger 方程的相关理论，然后详细地叙述了用于求解热力学性质的几种热力学模型，最后简单介绍几种常用的基于 DFT 的计算软件及本书所用的软件。

4.1.1 多粒子体系的薛定谔方程

1926 年，奥地利著名物理学家薛定谔（Schrödinger）在不考虑相对论效应的前提下，提出了量子力学中的一个基本方程，即薛定谔方程。与时间无关的定态薛定谔方程为：

$$\hat{H}_{\psi}(\boldsymbol{r}, \boldsymbol{R}) = E_{\psi}(\boldsymbol{r}, \boldsymbol{R}) \tag{4-1}$$

式中，ψ 为体系的多体波函数；E 为体系的总能量；$\boldsymbol{r}$ 和 $\boldsymbol{R}$ 分别为电子位置的集合和原子核位置的集合；$\hat{H}$ 为体系的哈密顿量，通常可写成：

$$\hat{H}_{N,e} = \hat{T}_N + \hat{T}_e + \hat{V}_{N-N} + \hat{V}_{N-e} + \hat{V}_{e-e} \tag{4-2}$$

$$\hat{T}_N(\boldsymbol{R}) = -\sum_n \frac{h^2}{2M_n} \nabla_n^2 \tag{4-3}$$

$$\hat{T}_e(\boldsymbol{r}) = -\sum_i \frac{h^2}{2m_i} \nabla_i^2 \tag{4-4}$$

$$\hat{V}_{N-N}(\boldsymbol{R}) = \frac{1}{2} \sum_{n \neq m} \frac{Z_n Z_n e^2}{|R_n - R_m|} \tag{4-5}$$

$$\hat{V}_{N-e}(\boldsymbol{r}, \boldsymbol{R}) = -\sum_{i,n} \frac{Z_n e^2}{|R_n - r_i|} \tag{4-6}$$

$$\hat{V}_{e-e}(\boldsymbol{r}) = \frac{1}{2} \sum_{i \neq j} \frac{e^2}{|r_i - r_j|} \tag{4-7}$$

其中，$\hat{T}_N$ 为体系原子核动能；$\hat{T}_e$ 为体系电子动能；$\hat{V}_{N-N}$ 为体系中原子核与原子核相互作用的库仑势；$\hat{V}_{N-e}$ 为体系中原子核与电子之间的相互作用的库仑势；$\hat{V}_{e-e}$ 为体系中电子与电子相互作用的库仑势。

由式（4-1）式（4-2）可知，由于多粒子体系中的原子核与电子之间存在很强相互作用，直接求解该薛定谔方程几乎是不可能的。为解决这一实际物理问题，1927 年，波恩-奥本海默（Bron-Oppenheimer）提出了绝热近似，他们把原子核和电子的运动分开求解，即将多粒子体系转变成多电子体系求解。但 Bron-Oppenheimer 方程中，哈密顿量中电子间的相互作用项仍难以求解。为此，哈特里-福克于 1930 年提出了 Hatree-Fock 方程，将多体电子体系问题简化为单体问题。到此为止，使用自洽迭代方法就能求解 Hatree-Fock 方程。Hatree-Fock 方程的优点是能精确地描述自旋平行电子的交换相互作用，但它不能描述自旋反平行电子的关联相互作用。因此，Hartree-Fock 方程能够成功描述小原子或分子的电子结构，但不适用于更大的体系，要描述大分子、团簇或固体，需要引入更有效的密度泛函理论来处理。

4.1.2 密度泛函理论

密度泛函理论（DFT）是当前最流行、最成功的处理多粒子体系的量子力学方法之一，广泛应用于分子、固体物理学中，为材料性能预测、材料设计等提供了有力的方案和指导，它已成为计算材料科学、计算凝聚态物理等学科的重要基础。DFT 源于 Thomas-Fermi 模型，之后 Hohenberg、Kohn 和 Sham 做了开创性的工作，构成了密度泛函理论的理论基础。密度泛函理论也称非均匀电子气理论，它用固体材料中电子密度函数研究多粒子体系基态性质的理论，实现了对多电子体系精确、严格的描述。

4.1.2.1 Thomas-Fermi 模型

1927 年，Thomas 和 Fermi 用热力学统计方法近似地表示原子中的电荷分布，提出了原子的电子气模型。Thomas 和 Fermi 假设原子中核和所有电子产生的势是缓慢连续变化的，电子在这种缓慢变化的势场中的运动可以看成是服从绝对零度下的 Fermi-Dirac 分布的简并电子气。他们将能量表示为仅决定电子密度函数的函数，用电子态密度的函数形式表达在外电场 $V(\boldsymbol{r})$ 下，非相互作用电子气的动能为：

$$T_{TF}[\rho(\boldsymbol{r})] = \frac{3h^2}{10m}(3\pi^2)^{\frac{2}{3}} \int \rho(\boldsymbol{r})^{\frac{5}{3}} \mathrm{d}\boldsymbol{\rho} \tag{4-8}$$

其中态密度 $\rho(\boldsymbol{r})$ 为：

$$\rho(\boldsymbol{r}) = \frac{1}{3\pi^2 h^3} \{2m[\mu - V(\boldsymbol{r})]\}^{\frac{3}{2}} \tag{4-9}$$

从式（4-8）和式（4-9）可以看出，动能完全由电子态密度形式决定，不用解薛定谔方程便可以找出外势场 $V(\boldsymbol{r})$ 和态密度 $\rho(\boldsymbol{r})$ 的关系。Thomas-Fermi 模型是一个较为粗糙的模型，因此其忽略电子间的交换关联作用，很少得到直接使用，但它却是 DFT 概念的鼻祖。

4.1.2.2　Hohenberg-Kohn 定理

1964 年，霍恩伯格（Hohenberg）和科恩（Kohn）在 Thomas-Fermi 模型的基础上提出了著名的关于非均匀电子气的 Hohenberg-Kohn 定理，为 DFT 奠定了基础。

定理一： 不计自旋的全同费密子系统的基态能量由粒子数密度函数 $\rho(r)$ 唯一确定。

定理二： 在粒子数不变的条件下，能量泛函 $E[\rho]$ 对正确的粒子数密度函数 $\rho(r)$ 取极小值，即等于系统的基态能量 $E[\rho]$。

由此，系统的基态能量泛函 $E[\rho(r)]$ 可表示为：

$$E[\rho(r)] = T[\rho(r)] + \int V_{ext}(r)\rho(r)\,\mathrm{d}r + \frac{1}{2}\iint \frac{\rho(r)\rho(r')}{|r-r'|}\mathrm{d}r\mathrm{d}r' + E_{XC}[p(r)] \tag{4-10}$$

式中，$T[\rho(r)]$ 为系统的电子动能，第二项是局域势；$V_{ext}(r)$ 表示外场对电子的作用；第三项为电子间的库仑排斥势；第四项 $E_{XC}[\rho(r)]$ 是电子间的交换关联能。Hohenberg-Kohn 定理说明，依据能量变分原理，用电子密度泛函作为基本变量来定义能量泛函，便可确定多电子系统基态的物理性质。但 Hohenberg-Kohn 定理仍无法准确地确定电子数密度函数 $\rho(r)$、动能泛函 $T[\rho(r)]$ 和交换关联能泛函 $E_{XC}[\rho(r)]$。

4.1.2.3　Kohn-Sham 方程

为确定 $\rho(r)$、$T[\rho(r)]$ 和 $E_{XC}[\rho(r)]$，1965 年，Kohn 和 Sham 将电子体系的问题严格转化为单电子问题，提出一套具体求解相互作用电子体系的理论方法，即著名的 Kohn-Sham 方程。Kohn-Sham 方程基本思想是用已知的无相互作用的电子动能 $T_0[\rho(r)]$ 代替动能 $T[\rho(r)]$，并且它的粒子数密度必须与有相互作用的系统相同；把比较复杂的多电子相互作用的部分归入到 $E_{XC}[\rho(r)]$ 中。通过进一步变分，得到 Kohn-Sham 方程为：

$$\{-\nabla^2 + V_{KS}[\rho(r)]\}\psi_i(r) = E_i\psi_i(r) \tag{4-11}$$

式中，$\psi_i(r)$ 为单电子波函数；E_i 为基态的单电子能量本征值；$V_{KS}[\rho(r)]$ 为作用势，可表示为：

$$V_{KS}[\rho(r)] = V_{ext}(r) + \int \frac{\rho(r)}{|r-r'|}\mathrm{d}r + \frac{\delta E_{XC}[\rho(r)]}{\delta\rho(r)} \tag{4-12}$$

其中，$\rho(r)$ 可表示为：

$$\rho(r) = \sum_i^N |\psi_i(r)|^2 \tag{4-13}$$

由式（4-11）~式（4-13）可知，Kohn-Sham 方程将无相互作用的多电子系统代替了有相互作用的多电子系统，并将粒子间相互作用的复杂性全部归入 $E_{XC}[\rho(r)]$，极大地减少了计算的难度。要求解 Kohn-Sham 方程，关键是解交换关联项 $E_{XC}[\rho(r)]$，这也是该方程最难处理的部分。

4.1.2.4　交换关联泛函

为准确确定交换关联泛函，科学家们通过各种近似，得到了许多可应用的有效的交换关联泛函形式。目前，应用最广泛的交换关联泛函为：局域密度近似（Local Density Approximation，LDA）和广义梯度近似（Generalize Gradient Approximation，GGA）。

A 局域密度近似（LDA）

局域密度近似（LDA）是一种最简单的交换相关能量泛函近似，它主要针对均匀电子气，且密度只在局域 Fermi 波长尺度上作缓慢变化的体系。LDA 假设粒子数密度函数 $\rho(r)$ 是空间位置的缓变函数，则 r 体积元内的粒子数密度可以看成均匀的交换关联相互作用，则交换关联项 $E_{XC}[\rho(r)]$ 可写成：

$$E_{XC}[\rho(r)] = \int \rho(r)\varepsilon_{XC}[\rho(r)]\mathrm{d}r \tag{4-14}$$

其中，ε_{XC} 表示均匀电子气下，每个电子的交换关联势。进而 Kohn-Sham 方程中的交换关联势可以表示为：

$$V_{XC}[\rho(r)] = \frac{\delta E_{XC}[\rho(r)]}{\delta\rho(r)} = \frac{\partial\rho(r)\varepsilon_{XC}(r)}{\delta\rho(r)} \tag{4-15}$$

1980 年，Ceperley 和 Alder 使用蒙特卡罗（MonteCarlo）方法计算均匀电子气总能，称为 LAD-CA。目前，常用的局域密度近似交换关联泛函是在此基础上发展起来的。1981 年，Perdew 和 Zunger 对 LAD-CA 的参数进行修正，形成了当前常用的 LDA-CA-PZ 泛函。LDA 低估了电子的关联效应，高估了电子的交换作用，因此，它电子空间密度缓变体系能给出足够精确的结果。但对于非均匀电子密度体系，如过渡金属、稀土元素或固体表面，LDA 的计算结果不够理想。

B 广义梯度近似（GGA）

由于 LDA 的局限性，科学家们经过探索，在 LDA 中引入了描述空间中的每一点的电荷密度变化的梯度函数 $|\nabla\rho(r)|$，从而在其交换关联泛函中可以用梯度来描述电荷密度空间分布的非均匀性，即为广义梯度近似（GGA）。其交换关联能表示为：

$$E_{XC}[\rho(r)] = \int \rho(r)\varepsilon_{XC}[\rho(r),|\nabla_\rho(r)|]\mathrm{d}r \tag{4-16}$$

其中，ε_{XC} 是 GGA 的交换−关联能密度。由此 Kohn-Sham 方程中的交换关联势可以表示为：

$$V_{XD}[\rho(r)] = \frac{\delta E_{XC}[\rho(r)]}{\delta\rho(r)} = \frac{\partial\rho(r)\varepsilon_{XC}(r)}{\delta\rho(r)} - \nabla\frac{\partial\rho(r)\varepsilon_{XC}(r)}{\delta\rho(r)} \tag{4-17}$$

GGA 相比于 LDA 来说，减少了断键能的误差，修正了相过渡态障碍，提高了计算精度和准确性。但相比于 LDA 而言，GGA 没有统一或通用的形式，且计算时间也增长。目前，科学家们已经发展了较多的 GGA 泛函形式，如 Perdew-Wang（PW91）和 Perdew-Burke-Emzerhof（PBE）等。其中，GGA-PBE 是目前应用最广泛的，它是一种严格基于量子力学和物理规律推导而来的 GGA 泛函，而且计算精度极高。本书绝大部分交换关联泛函就是使用 GGA-PBE 泛函。

4.1.2.5 基函数与势函数

对 Kohn-Sham 方程进行数值求解时，为使解在周期势中合理可行，且方便计算机编程，需要对连续物理量先进行离散。因此，采用合适的基函数将波函数 $\psi(r)$ 展开。将波函数 $\psi(r)$ 展开后，在处理离子所产生的库仑势场时要考虑原子核及其附近的芯电子的综合效应，因此，要选择合理的势函数方可求解 Kohn-Sham 方程。

A　基函数

常见的基函数有 Slater 函数、Gaussian 函数和平面波（plane-waves）三种。Slater 函数和 Gaussian 函数都是球对称函数，对称中心是原子核。它们的线性组合构成的波函数能用来解析体系的运动微分方程，且它们对应的矩阵元能够在实空间方便地进行微分和积分运算。但是，在结构优化或分子动力学的过程中，原子核的位置会发生移动，这会引起波函数的展开系数发生剧烈变化，降低收敛的效率。

平面波是 DFT 计算中最常用的基函数，本书所有计算都是采用平面波法将基函数展开。平面波是无源场，它们不依赖于原子核坐标，因此在计算原子核受力时更便于处理。同时，平面波可以视为一种无偏的基组，它们总是离域地分布在空间中，而与原子核的位形无关，这提升了平面波基组展开的波函数的计算精度。因此，采用平面波基函数，能大大简化总能的表达式。另外，在实空间对平面波求导等价于在倒空间求积，实空间和倒空间可以通过傅里叶变换联系在一起。在计算过程中，可以通过增加截断能来控制平面波的数目，进而提升计算精度，但这会增大计算机时。本书在计算时对平面波截断能进行收敛性测试，以期获得准确的结果。

B　势函数

势函数分为全电子势和赝势两种。全电子势在计算时考虑所有的核外电子，因此，计算非常耗时。赝势是在芯态电子的附近，用平滑的虚拟势场来代替真实势，价电子处才使用真实势，计算量大大减少。目前，常用的赝势为模守恒赝势（Norm-Conserving Pseudopotential，NCPP）、超软赝势（Ultra-soft Pseudopotential，USPP）及投影缀加波方法（Projector Augmented Wave，PAW）。超软赝势和投影缀加波方法是本书所使用的两种势函数。

模守恒赝势是对离开原子核的真实势对应的波函数类似的模拟，它和真实势的形式，幅度等等都相似，所以称为模守恒。模守恒赝势在实空间与倒空间中均适用，并且能够产生出精确度相当高的电子密度结果，但在描述第二周期非金属元素以及过渡金属元素时，合理区分价电子与芯电子所需要的截断能过高，严重地影响了计算效率。

超软赝势的核心思想是：考虑到仅当紧束缚态电子轨道的大部分处于芯区时，收敛截断能较高，因此，通过引入正交化条件将这部分电子移去，以得到平滑的赝波函数并达到降低收敛截断能的目的。超软赝势仅适用于倒空间，但相比于模守恒赝势，有效地降低了所需要收敛截断能（尤其涉及过渡金属元素时），计算效率大幅度提升。

投影缀加波方法的核心思路是：通过线性变换的方法建立起赝波函数与全电子波函数之间的联系，从而达到平滑全电子波函数的目的。由于投影缀加波法在计算时，无须对芯电子波函数进行处理，并且能够近似地得到价电子的全电子波函数。这不仅大幅度提升了计算效率，而且还能获得精度与全电子方法相媲美的结果。因此，在涉及金属元素与磁性的复杂计算中，投影缀加波法能获得比模守恒赝势和超软赝势更精确的计算结果。

4.2　第一性原理常用的计算软件

目前，基于密度泛函理论有很多优秀的计算软件，如 CASTEP、VASP、Quantum

Espresso、Wien2K 等。这些软件已广泛应用于陶瓷、半导体、金属、纳米薄膜等多种材料，能够计算和分析材料的结构、力学、磁学、光学、热学及动力学等性质。

（1）CASTEP（Cambridge Serial Total Energy Package）是 Materials Studio（MS）软件下的一个基于密度泛函理论的第一性计算量子力学程序。CASTEP 总能量包含动能、静电能和交换关联能三部分，各部分能量都可以表示成密度的函数。电子与电子相互作用的交换和相关效应采用局域密度近似（LDA）和广义密度近似（GGA），静电势只考虑作用在系统价电子的有效势，即模守恒赝势（Norm-conserving）或超软赝势（Ultrasoft）。电子波函数用平面波基组扩展，电子状态方程采用数值求解，电子气的密度由分子轨道波函数构造，计算总能量采用 SCF 迭代。

（2）VASP（Vienna Ab-initio Simulation Package）是维也纳大学开发的一款基于平面波赝势基组商业软件，是计算凝聚态物理和计算材料科学领域主流的商业软件。VASP 通过近似求解 Schrödinger 方程得到体系的电子态和能量，既可以在密度泛函理论（DFT）框架内求解 Kohn-Sham 方程。也可以在 Hartree-Fock（HF）的近似下求解 Roothaan 方程。此外，VASP 也支持格林函数方法（GW 准粒子近似）和密度泛函微扰理论（DFPT）。VASP 在处理多体问题的过程中使用传统的自洽场循环计算电子基态，能够有效、稳定、快速地求解 Kohn-Sham 方程。VASP 使用赝势方法处理离子与电子之间的相互作用，它包含的赝势有：模守恒赝势、超软赝势和投影缀加波。VASP 的交换关联泛函则有 GGA 和 LDA 两种近似方法。

（3）Quantum ESPRESSO（Quantum Open-Source Package for Researchin Electronic Structure，Simulation，and Optimization）是意大利理论物理研究中心开发的一款自由软件。这款软件的构建基于周期性边界条件，可以用来处理无穷大的晶体材料，也适用于一些扩展的非周期性系统。它是基于密度泛函理论，应用平面波基组和赝势方法稳定、快速、准确地求解 Kohn-Sham 方程的计算软件。Quantum ESPRESSO 包括两大模块：CPMD 和 PWSCF。其中，PWSCF 是在 DFT 内采用模守恒赝势、超软赝势或投影缀加平面波法，交换关联泛函则采用 GGA 和 LDA 近似。

（4）Wien2K 是维也纳技术大学材料化学研究所开发的一款基于密度泛函理论计算固体的电子结构的商业软件。Wien2K 采用全势－线性缀加平面波方法（FP-LAPW）方法，可以使用局域（自旋）密度近似或广义梯度近似。Wien2K 是一个基于全电子势计算软件包，并且考虑了相对论效应，因此它是计算精度最高的 DFT 软件之一。同时它还包括声子、自旋极化、轨道极化和光学吸收的特性。

4.3 CASTEP 教程

第一性原理是自量子力学产生以来人们努力从电子运动的角度研究物质结构和性质的一种计算方法。第一性原理计算方法有着半经验方法不可比拟的优势。这种方法只采用 5 个基本物理常数，即电子质量（m_0）、电荷量（e）、普朗克常数（h）、光速（c）、玻尔兹曼常数（kB），而不依赖任何经验参数即可合理预测微观体系的状态和性质，计算出该微观体系电子的波函数和对应的本征能量，从而求得系统的总能量、电子结构以及成键、弹性、稳定性等性质。

MS 是第一性原理计算的一个常用软件，它包括很多计算模块，常用到的是 DMol3 和 CASTEP。CASTEP 是剑桥大学凝聚态物理研究组开发的材料设计及计算软件包，使用平面波基组展开，是一种很经典的平面波赝势计算方法，有很高的精度。CASTEP 程序包可对金属、半导体、陶瓷以及低维材料进行计算模拟。只需要知道材料的晶体结构、原子种类以及原子数目就可以通过赝势平面波方法求解体系能量，运用原子数目和种类来预测包括基态能量、晶格参数、能带结构、态密度、电荷密度、光学性质、弹性常数以及声子谱等性质，还能对过渡态进行计算搜索。CASTEP 程序包的工作为模型构建、参数设置、几何优化、性质计算，性质分析。

4.3.1　CASTEP 界面认识

（1）启动 MS：可以通过桌面快捷方式启动，也可以通过"程序/BIOVIA/Materilas Studio"启动。

（2）打开 MS 弹出以下界面，勾线"Creat a new project"后，单击确定建立一个新的 Project，更改工作文件夹的保存路径和名称，如图 4-1 和图 4-2 所示。也可以勾线"Open an existing project"，打开一个已经建立的 Project。

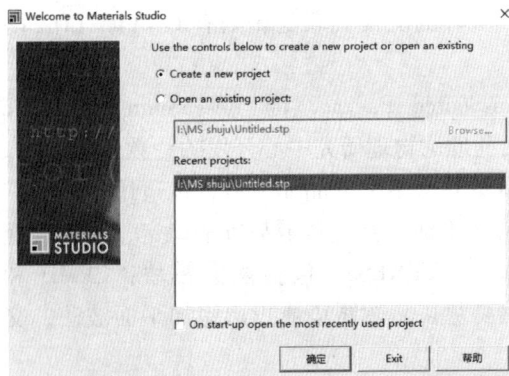

图 4-1　进入 MS 界面　　　　　　　　　图 4-2　建立工作文件夹

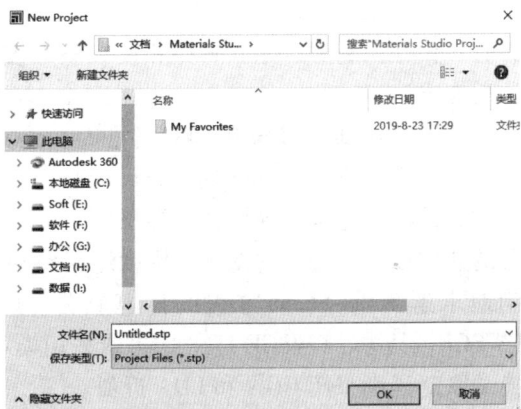

（3）打开 MS 后，界面分为五部分，分别为菜单工具区、3D Viewer、Project 区、Properties 区和 Jobs 区，如图 4-3 所示。3D Viewer 可显示创建或导入 Materials Studio 中的三维模型文档，Project 区展现计算模型和计算结果的文件信息，Properties 区展现模型信息，Jobs 区展现计算状态。

4.3.2　菜单栏和工具栏

Materials Studio 中的命令在 Materials Studio 窗口上部的菜单条中。默认菜单有 File 菜单、Edit 菜单、View 菜单、Modify 菜单、Build 菜单、Tools 菜单、Modules 菜单、Windows 菜单、Help 菜单、Explorers 菜单。常用的菜单命令在工具条中也有。

4.3.2.1　File 菜单

File 菜单包含文件和工程操作的命令，如图 4-4 所示，有打开、保存、导入、导出等命令。

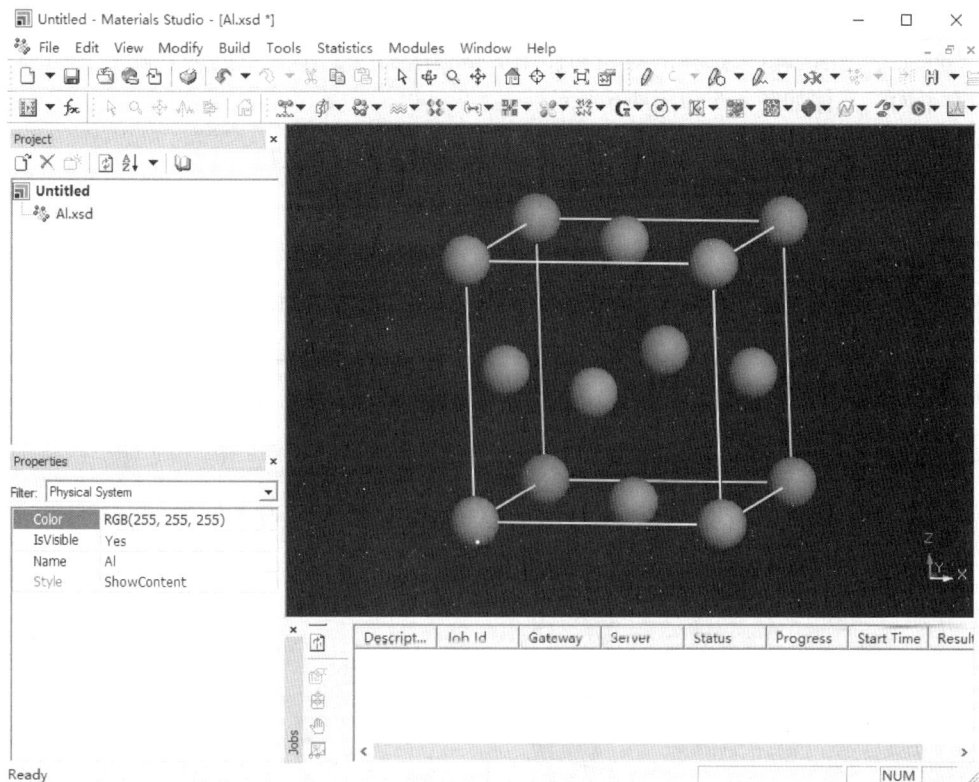

图 4-3　MS 主界面

New Project...	Ctrl+N	打开New Project对话框，可以创建新的工程
Open Project...	Ctrl+O	打开Open Project对话框，可以定位并打开已经创建的工程
Save Project		
New...		
Save	Ctrl+S	在当前工程中保存当前文档
Save As...		在当前工程中以新名字保存当前文档
Import...		可以在当前工程中定位并导入文档
Import URL...		
Export...		可以使用任何MS支持的导出文档格式在当前工程外保存当前文档
Page Setup...		
Print...	Ctrl+P	
Printer Setup...		
Recent Files	▶	
Recent Projects	▶	
Exit	Alt+F4	退出MS

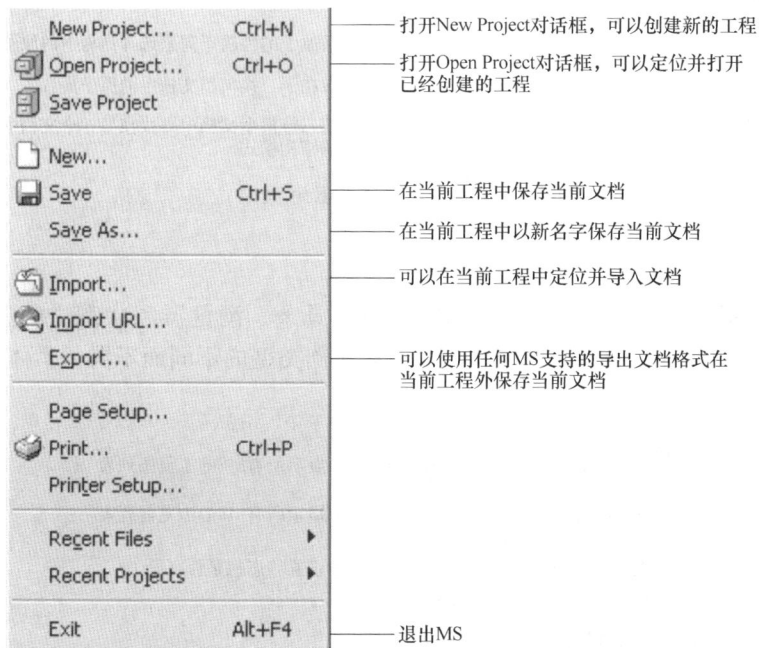

图 4-4　File 菜单常用操作

4.3.2.2　Edit 菜单

Edit 菜单包括编辑被选择的对象和使用剪贴板的命令，本菜单的内容随着文档类型的不同而不同，具体如图 4-5 和图 4-6 所示。

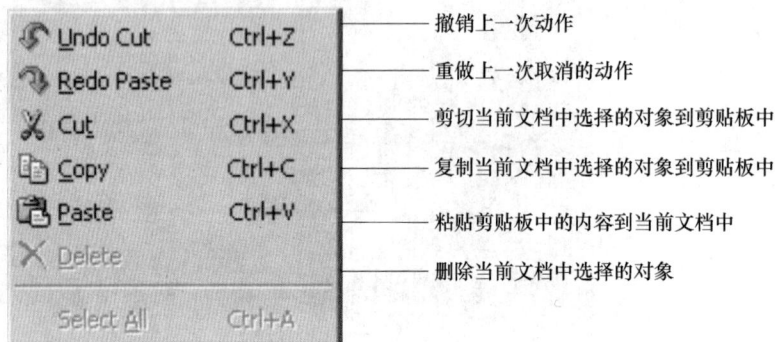

		撒销上一次动作
Undo Cut	Ctrl+Z	— 撒销上一次动作
Redo Paste	Ctrl+Y	— 重做上一次取消的动作
Cut	Ctrl+X	— 剪切当前文档中选择的对象到剪贴板中
Copy	Ctrl+C	— 复制当前文档中选择的对象到剪贴板中
Paste	Ctrl+V	— 粘贴剪贴板中的内容到当前文档中
Delete		— 删除当前文档中选择的对象
Select All	Ctrl+A	

图 4-5　表格文档的 Edit 菜单

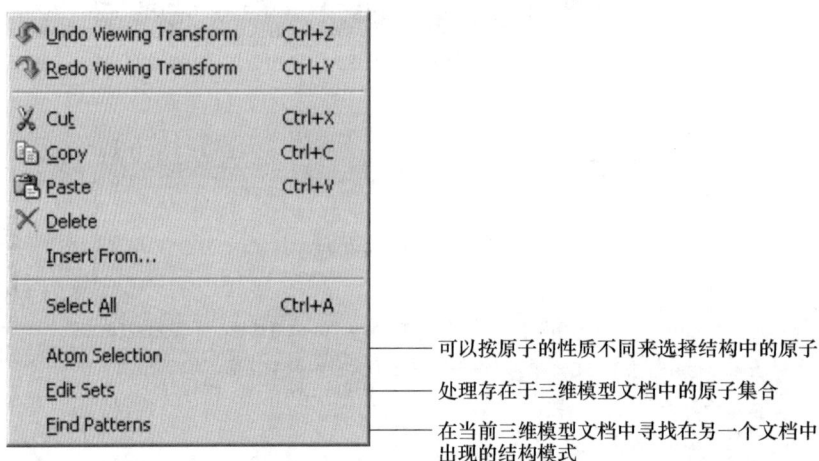

Undo Viewing Transform	Ctrl+Z	
Redo Viewing Transform	Ctrl+Y	
Cut	Ctrl+X	
Copy	Ctrl+C	
Paste	Ctrl+V	
Delete		
Insert From...		
Select All	Ctrl+A	
Atom Selection		— 可以按原子的性质不同来选择结构中的原子
Edit Sets		— 处理存在于三维模型文档中的原子集合
Find Patterns		— 在当前三维模型文档中寻找在另一个文档中出现的结构模式

图 4-6　三维模型文档的 Edit 菜单

4.3.2.3　View 菜单

View 菜单包括改变 MS 的显示外观的命令，工具条、浏览器和状态栏的显示与否和 3D Viewer 的显示参数等，此菜单的内容随着活动文档类型的不同而不同，具体如图 4-7 和图 4-8 所示。

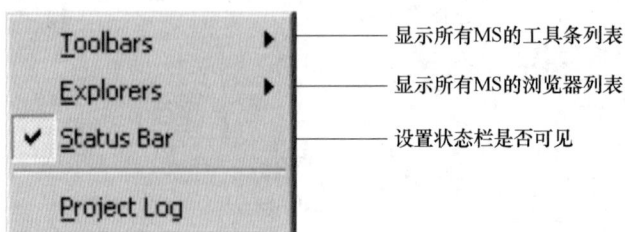

Toolbars	▶	— 显示所有MS的工具条列表
Explorers	▶	— 显示所有MS的浏览器列表
✔ Status Bar		— 设置状态栏是否可见
Project Log		

图 4-7　标准 View 菜单

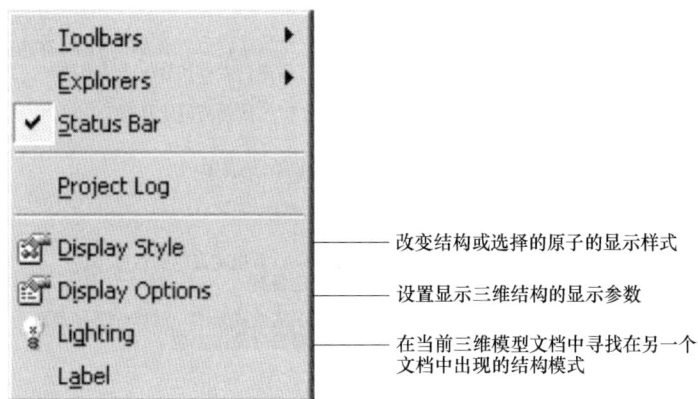

改变结构或选择的原子的显示样式

设置显示三维结构的显示参数

在当前三维模型文档中寻找在另一个
文档中出现的结构模式

图 4-8　三维模型文档 View 菜单

4.3.2.4　Modify 菜单

Modify 菜单包括影响当前窗口显示对象性质的命令，如图 4-9 所示。

打开Element Properties对话框，可以查看编辑元素性质，包括
显示颜色、原子半径和原子质量

打开Charges对话框，可以计算或设置原子电荷，定义电荷基团

打开Edit Constraints对话框，定义原子位置、晶格参数、
相互距离、角度和转矩上的约束

显示常见元素列表和元素周期表，你可以改变选择原子的元素种类

显示不同的原子种类，可以改变所选原子的键种类

显示一系列不同氢键选项，可以改变所选原子的氢键

计算所选原子或整体结构的氢原子数量和位置

图 4-9　Modify 菜单

4.3.2.5　Build 菜单

Build 菜单包含建立高聚物、晶体、表面和分层结构的命令，如图 4-10~图 4-13 所示。

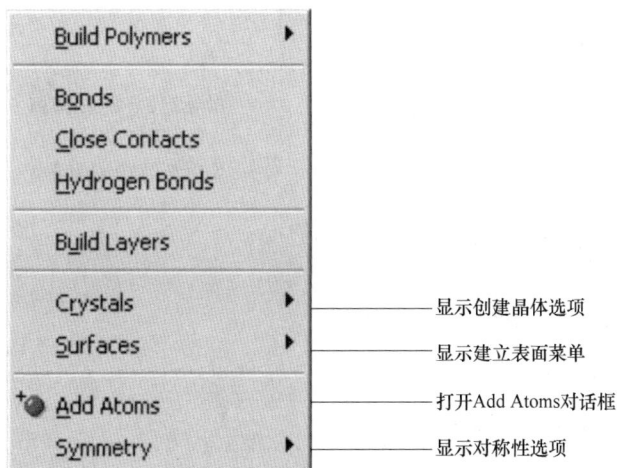

显示创建晶体选项

显示建立表面菜单

打开Add Atoms对话框

显示对称性选项

图 4-10　Build 菜单

Build Crystal... ——— 可以从它们的组成、指定对称性建立
晶体，查看和修改晶格参数

Build Vacuum Slab... ——— 可以从表面创建晶体

图 4-11　Crystals 创建晶体菜单

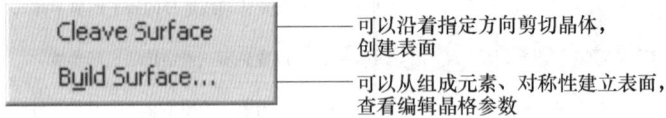

Cleave Surface ——— 可以沿着指定方向剪切晶体，
创建表面

Build Surface... ——— 可以从组成元素、对称性建立表面，
查看编辑晶格参数

图 4-12　Surfaces 建立表面菜单

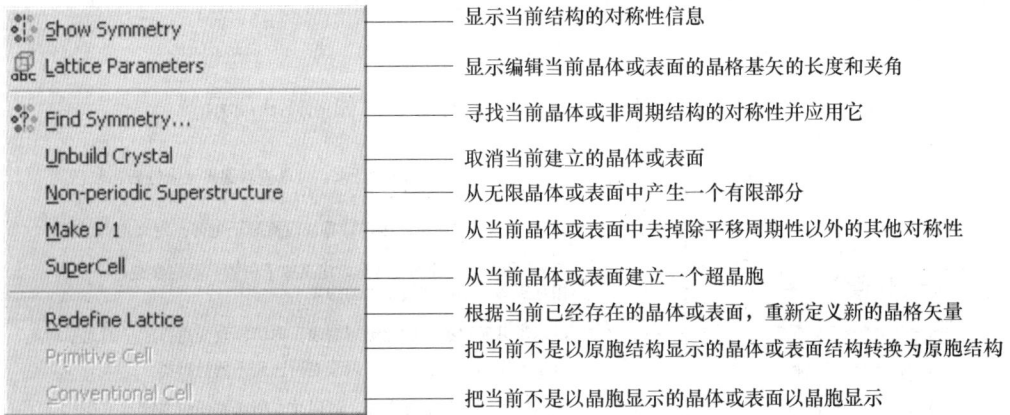

Show Symmetry ——— 显示当前结构的对称性信息

Lattice Parameters ——— 显示编辑当前晶体或表面的晶格基矢的长度和夹角

Find Symmetry... ——— 寻找当前晶体或非周期结构的对称性并应用它

Unbuild Crystal ——— 取消当前建立的晶体或表面

Non-periodic Superstructure ——— 从无限晶体或表面中产生一个有限部分

Make P 1 ——— 从当前晶体或表面中去掉除平移周期性以外的其他对称性

SuperCell ——— 从当前晶体或表面建立一个超晶胞

Redefine Lattice ——— 根据当前已经存在的晶体或表面，重新定义新的晶格矢量

Primitive Cell ——— 把当前不是以原胞结构显示的晶体或表面结构转换为原胞结构

Conventional Cell ——— 把当前不是以晶胞显示的晶体或表面以晶胞显示

图 4-13　Symmetry 显示对称性菜单

4.3.2.6　Tools 菜单

菜单栏中的 Tools 选项常用操作，如图 4-14 所示。

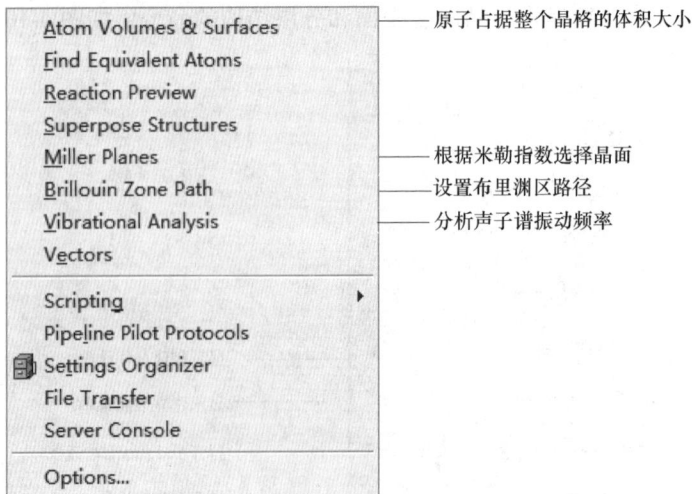

Atom Volumes & Surfaces ——— 原子占据整个晶格的体积大小

Find Equivalent Atoms

Reaction Preview

Superpose Structures

Miller Planes ——— 根据米勒指数选择晶面

Brillouin Zone Path ——— 设置布里渊区路径

Vibrational Analysis ——— 分析声子谱振动频率

Vectors

Scripting　　　　▶

Pipeline Pilot Protocols

Settings Organizer

File Transfer

Server Console

Options...

图 4-14　Tools 中的常用操作

4.3.2.7 Modules 菜单

Modules 菜单提供使用你安装了的 MS 模块的方法，如图 4-15 所示。

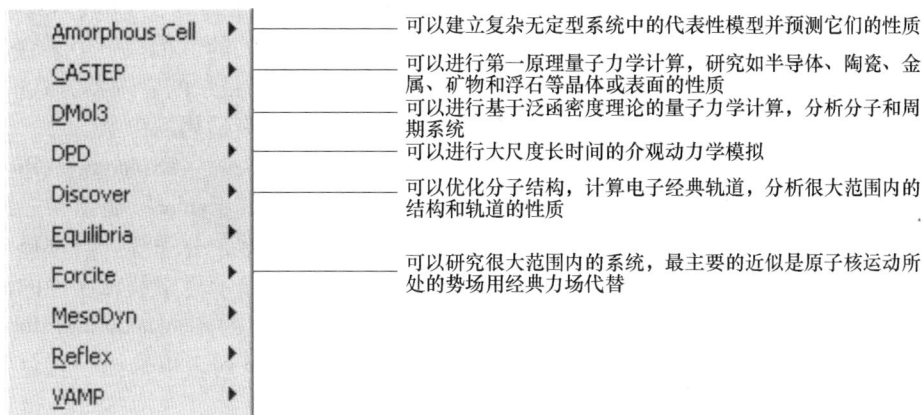

可以建立复杂无定型系统中的代表性模型并预测它们的性质

可以进行第一原理量子力学计算，研究如半导体、陶瓷、金属、矿物和浮石等晶体或表面的性质

可以进行基于泛函密度理论的量子力学计算，分析分子和周期系统

可以进行大尺度长时间的介观动力学模拟

可以优化分子结构，计算电子经典轨道，分析很大范围内的结构和轨道的性质

可以研究很大范围内的系统，最主要的近似是原子核运动所处的势场用经典力场代替

图 4-15　Modules 模块菜单

4.3.2.8 Window 菜单

Window 菜单包括组织显示打开文档窗口的命令，如图 4-16 所示。

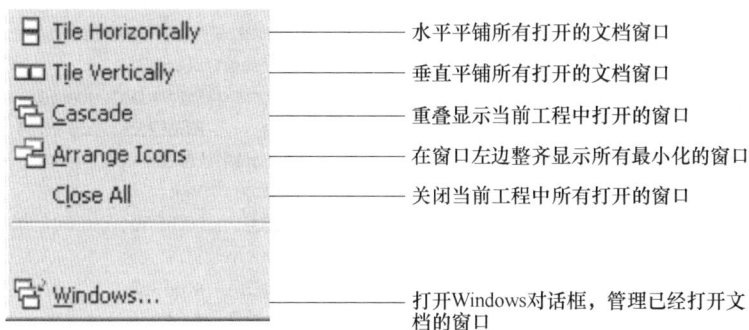

水平平铺所有打开的文档窗口

垂直平铺所有打开的文档窗口

重叠显示当前工程中打开的窗口

在窗口左边整齐显示所有最小化的窗口

关闭当前工程中所有打开的窗口

打开Windows对话框，管理已经打开文档的窗口

图 4-16　Window 菜单

4.3.2.9 Help 菜单

Help 菜单包括获得 MS 帮助系统或其他在线信息的命令，如图 4-17 所示。

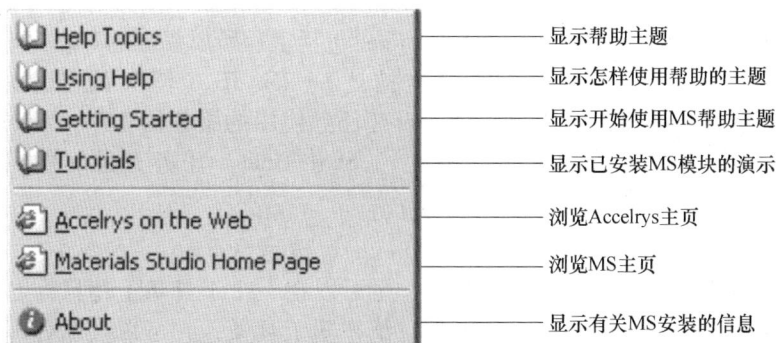

显示帮助主题

显示怎样使用帮助的主题

显示开始使用MS帮助主题

显示已安装MS模块的演示

浏览Accelrys主页

浏览MS主页

显示有关MS安装的信息

图 4-17　Help 菜单

4.3.2.10   Explorers 菜单

MS 集成了几个管理器，包括 Project Explore、Properties Explore、Job Explore。Project Explore 在 MS 启动时默认打开的，如图 4-18 所示。可以通过菜单命令：View→Explorers→Project Explorer 控制它的显示。Project Explorer 是组织逻辑上有关的文档成一个集合，称之为工程。它包括一个工程管理明理的快捷工具条，和工程文档和目录的管理器方式的视图。在一项上面用鼠标右键单击，显示工程管理器快捷菜单，包含所有适用的命令。

MS 启动时默认不显示 Properties Explorer，可以通过 View→Explorers→Properties Explorer 菜单命令控制它的显示与否，如图 4-19 所示。Properties Explorer 显示在三维文档或图形文档中选定的对象的属性。对象包括图形标记、原子、键、分子等。当选择多个对象时，显示它们的共同属性。可以通过双击属性列表中适当的显示栏来编辑属性的值。双击时，显示一个对话框，键入新值。对话框的类型根据属性的不同而不同。Properties Explorer 顶部的 Filter 显示活动文档中选定对象的类型。从 Filter 列表中选择一直对象类型后 Properties Explorer 就只显示那类对象的性质。

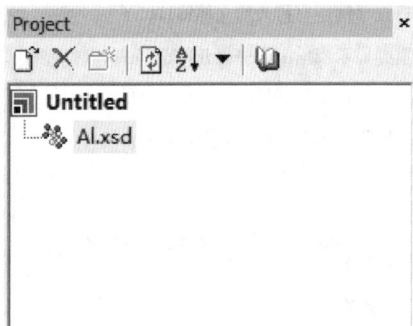

图 4-18   Project Explorer 工程管理器   图 4-19   Properties Explorer 性质管理器

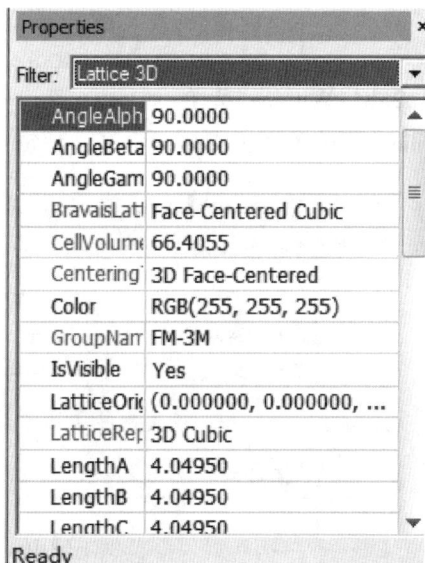

MS 启动时默认不显示 Job Explorer，可以通过 View→Explorers→Job Explorer 菜单命令控制它的显示，如图 4-20 所示。Job Explorer 提供轻松管理工程任务功能，可以使用任务管理器查看操作属于此工程的任务。Job Explorer 包括工程所属任务的列表，不同列显示任务的不同信息，Description（任务的文本描述）、Job ID（任务的唯一的识别码）、Gateway（运行此任务的机器及端口）、Server（任务使用的服务器程序）、Status（任务状态）、Progress（任务以百分比显示的进度）、Start Time（任务开始时的日期和时间）Results folder（结果将要保存到的目录）。

4.3.2.11   工具条

通过 View 菜单可以关闭或显示工具条，也可以在一个工具条上用鼠标右键单击显示快捷菜单来控制菜单条的显示。图 4-21 是三维视图工具条，它可以操纵处理显示在三维窗口中的对象。

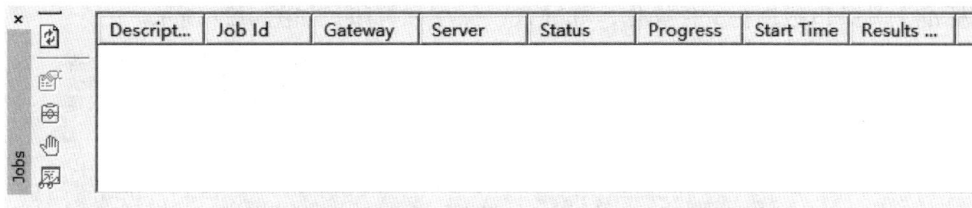

图 4-20 Job Explorer 任务管理器

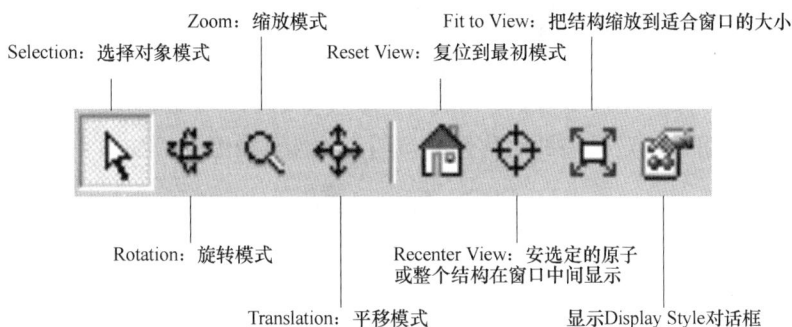

图 4-21 三维视图工具条

原子和键工具条用来添加和操纵原子、键、闭环和氢键，如图 4-22 所示。

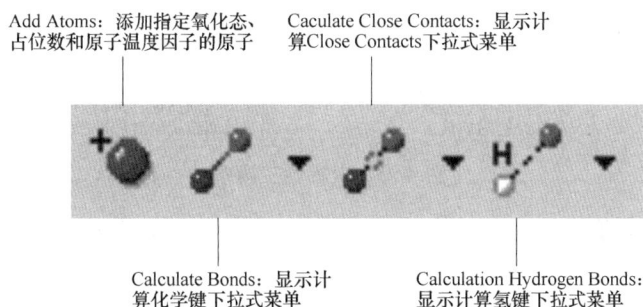

图 4-22 原子和键工具条

图 4-22 彩图

模块工具条提供了已经安装的模块的命令，如图 4-23 所示。

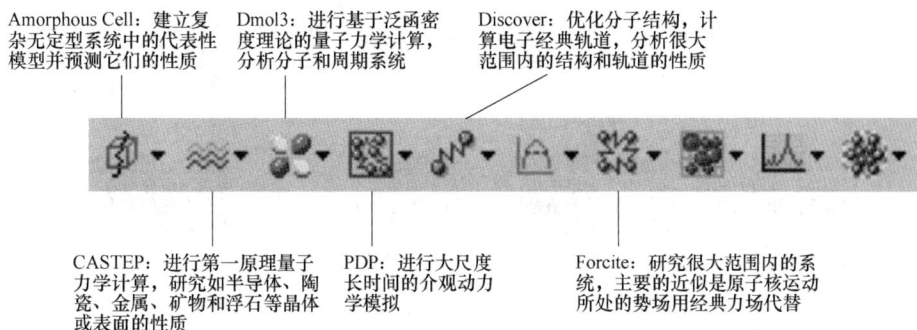

图 4-23 模块工具条

标准工具条包括进行文件操作，如导入、保存和打印，如图 4-24 所示。

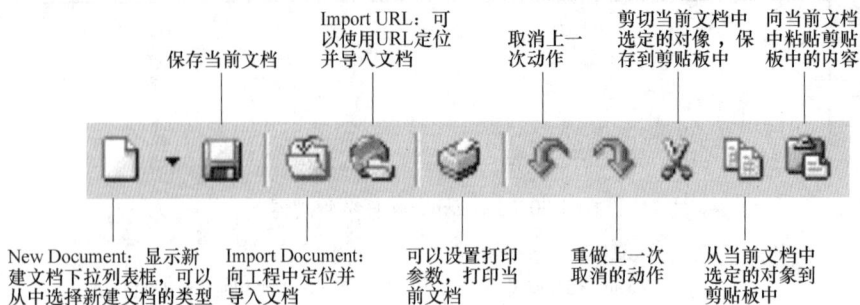

保存当前文档　　Import URL：可以使用URL定位并导入文档　　取消上一次动作　　剪切当前文档中选定的对像，保存到剪贴板中　　向当前文档中粘贴剪贴板中的内容

New Document：显示新建文档下拉列表框，可以从中选择新建文档的类型　　Import Document：向工程中定位并导入文档　　可以设置打印参数，打印当前文档　　重做上一次取消的动作　　从当前文档中选定的对象到剪贴板中

图 4-24　标准工具条

对称性工具条可以确定模型的对称性并应用对称性到模型上，如图 4-25 所示。

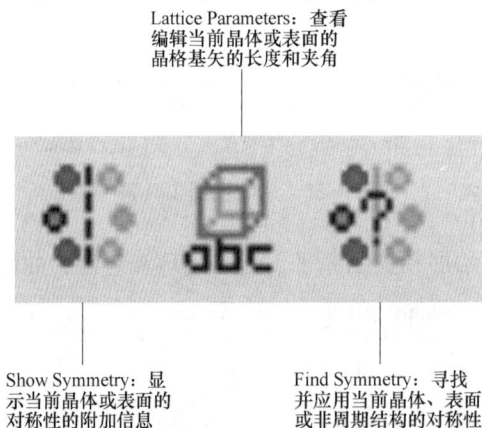

Lattice Parameters：查看编辑当前晶体或表面的晶格基矢的长度和夹角

Show Symmetry：显示当前晶体或表面的对称性的附加信息　　Find Symmetry：寻找并应用当前晶体、表面或非周期结构的对称性

图 4-25　对称性工具条

图 4-25 彩图

体积可视化工具条提供有关建立和显示等值面和体积型数据（场）切片的工具，如图 4-26 所示。

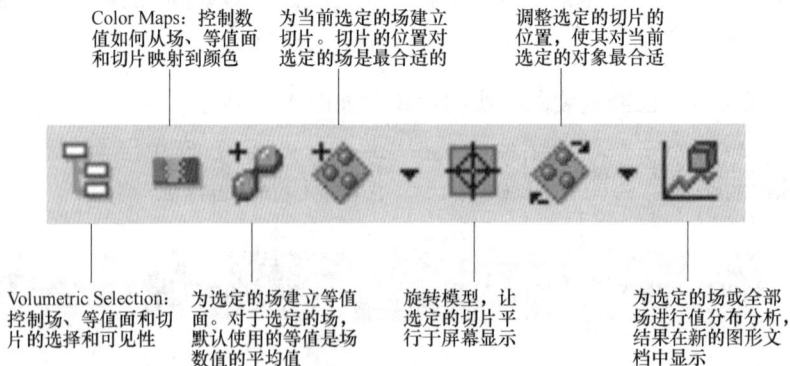

Color Maps：控制数值如何从场、等值面和切片映射到颜色　　为当前选定的场建立切片。切片的位置对选定的场是最合适的　　调整选定的切片的位置，使其对当前选定的对象最合适

Volumetric Selection：控制场、等值面和切片的选择和可见性　　为选定的场建立等值面。对于选定的场，默认使用的等值是场数值的平均值　　旋转模型，让选定的切片平行于屏幕显示　　为选定的场或全部场进行值分布分析，结果在新的图形文档中显示

图 4-26　体积可视化工具条

4.3.3　三维建模

Materials Studio 建模有三种方法：一是从程序自带的各种晶体及有机模型中导入；二

是从晶体结构数据库中导入；三是手动建模。从晶体结构数据库中导入的方法，可以通过无机晶体数据库（ICSD）中查找并导出晶体结构 .cif 文件，再将其导入 Materials Studio 软件中。手动建模则需要查阅文献资料，掌握构建的晶体结构的晶格参数、空间群及原子坐标等。下面以 $PbTiO_3$ 为例介绍一下手动建模的具体流程。

（1）建立 3D Atomistic Document。打开 MS 后，选择 File → New → 3D Atomistic Document，模型显示区域出现建模背景，操作如图 4-27 所示。

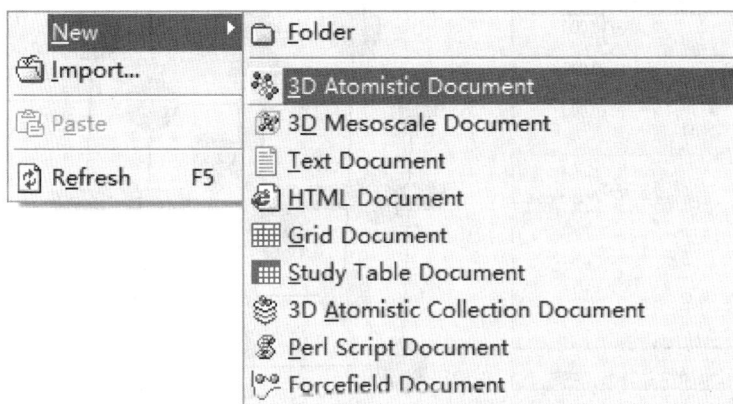

图 4-27 建模背景操作

（2）构建晶格。在菜单栏中选择 Build → Crystal → Build Crystal 命令，在弹出 Build Crystal 对话框中分别在 Space Group 和 Lattice Parameters 命令下设置空间群和晶格常数。单击 Enter group 输入 221，按下 TAB 按钮。空间群信息更新为 Pm-3m 空间群。由于是立方晶系，系统默认 $\alpha = \beta = \gamma = 90°$，晶格常数 $\alpha = b = c = 3.971$。选择 Lattice Parameters 标签栏，把值从 10.00 变为 3.971。单击 Build 按钮，如图 4-28 所示。

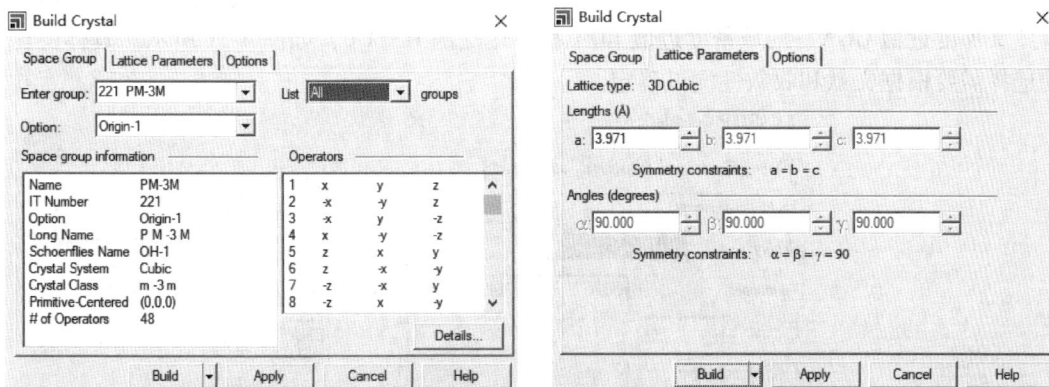

图 4-28 晶格构建

（3）添加原子。在菜单栏中选择 Build → Add Atoms 命令，出现添加原子对话框，选择元素并输入坐标，执行 Add 命令。Pb、Ti、O 原子的坐标分别为 （0.0，0.0，0.0）、（0.5，0.5，0.5）、（0.5，0.5，0.0），构建的晶胞结构如图 4-29 所示。

（4）修饰模型。在模型显示区域单击鼠标右键，选择 Display Style 可以更改晶格和原子颜色以及原子显示方式，选择球棍模型显示。选择 Display Options 可更改模型背景，选择 Lighting 可以调节原子亮度，选择 Lable 可以给原子添加标签，如图 4-30 所示，深灰色小球是 Pb 原子，灰色小球是 Ti 原子，红色小球是 O 原子。

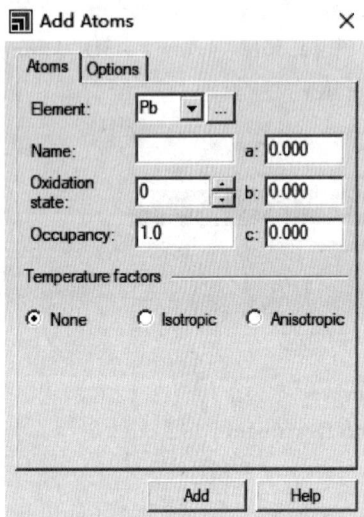

图 4-29 添加原子操作   图 4-30 修饰模型及效果   图 4-30 彩图

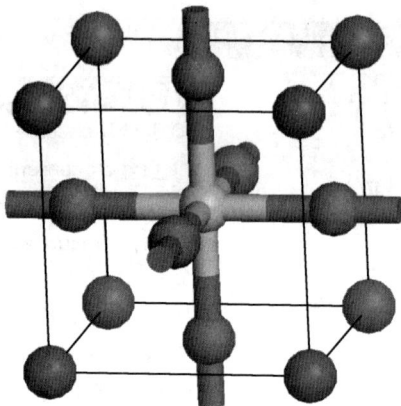

4. 3. 4 单点能计算

（1）本例及以下计算均以 PbTiO$_3$ 为例。打开计算模型，单击 Castep 模块，执行 Calculation 命令，弹出计算命令对话框。

（2）在 Setup 页面的 Task 栏中选择 Energy；在 Quality 选项选择 Fine 或 Ultra-fine，也可以自定义，计算精度越高计算时间越长。在 Functional 中选择交换关联泛函，常用泛函有广义梯度近似 GGA、局域密度近似 LDA 和杂化泛函 HSEO6，如图 4-31 所示。具体泛函的选择需要根据文献和收敛性测试确定。

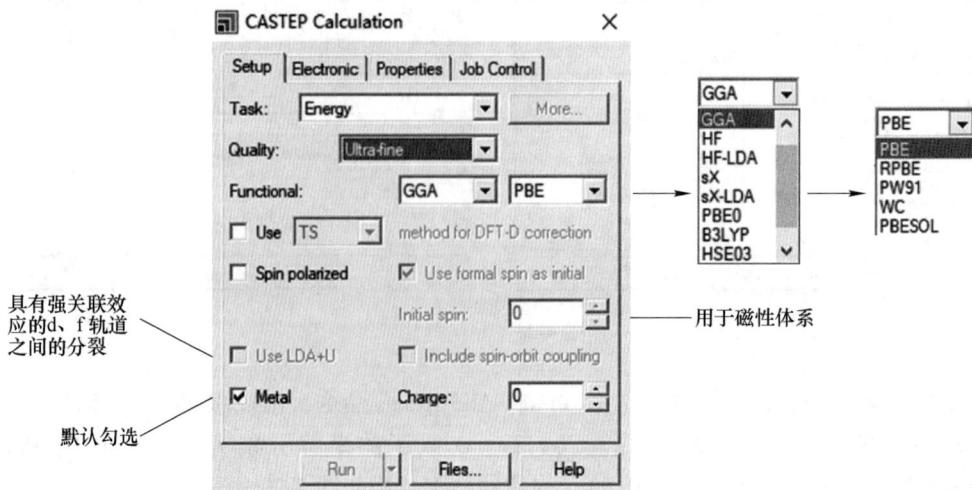

图 4-31 Setup 页面计算任务和参数

（3）在 Electronic 选项中，Energy cutoff、SCF tolerance 和 K-point set 都选择 fine；单击 More，Basis 中，可以选择自定义的截断能（Use custom energy cutoff），本书设置为 600 eV，SCF 设置的收敛精度设置为 $1.0e^{-6}$，K-point（K 点）自定义设置为 $6*6*6$；Potentials 的 Scheme 选择超软赝势（Ultrasoft），自定义的截断能一定要大于单原子势能的最大值（即大于 340 eV）。软件页面如图 4-32 所示。

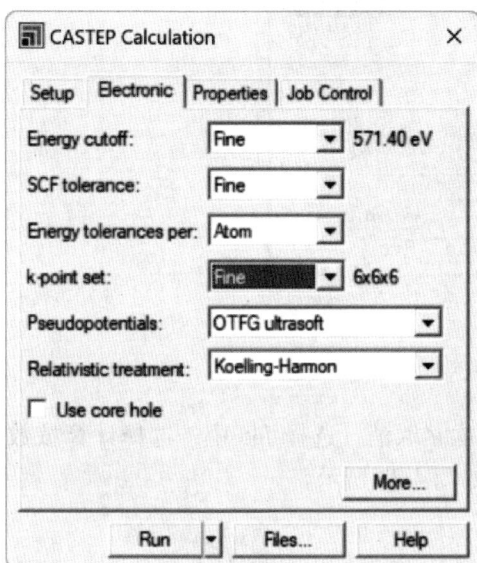

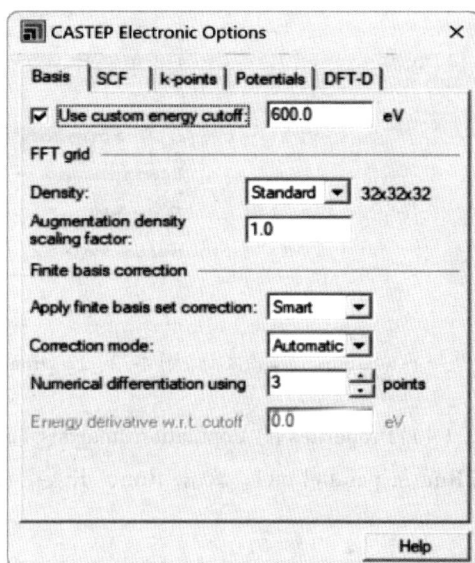

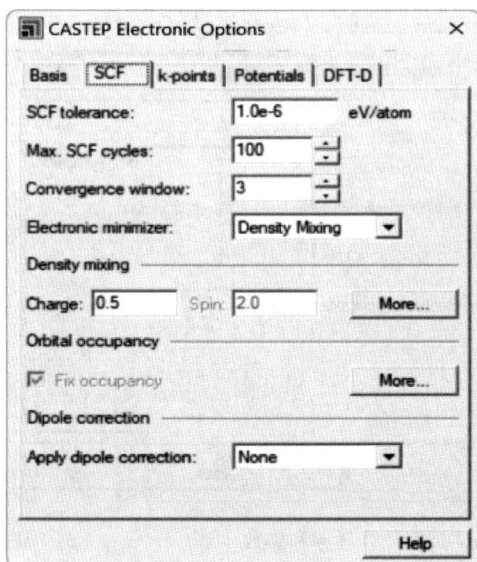

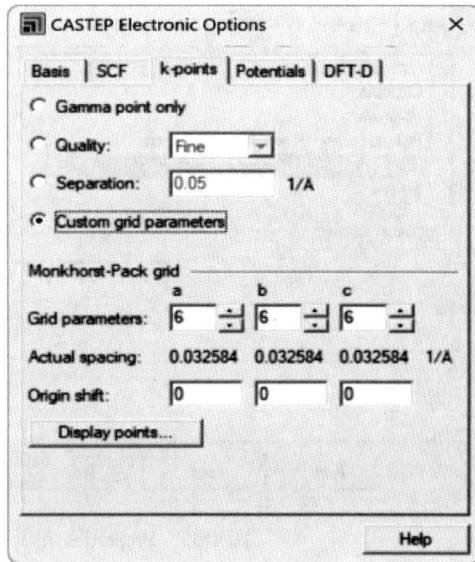

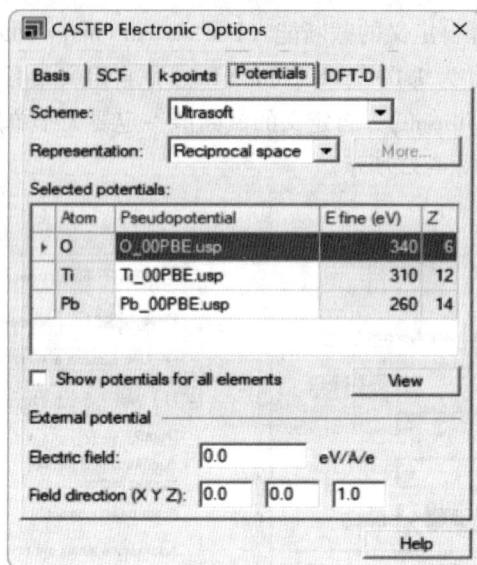

图 4-32　Electronic 页面计算任务和参数

（4）Properties 的 Population analysis 前的方框 ✔ 取消，选择 Job 中，选择计算核数为 4（Run in parallel on）。单击 Run，开始计算，如图 4-33 所示。

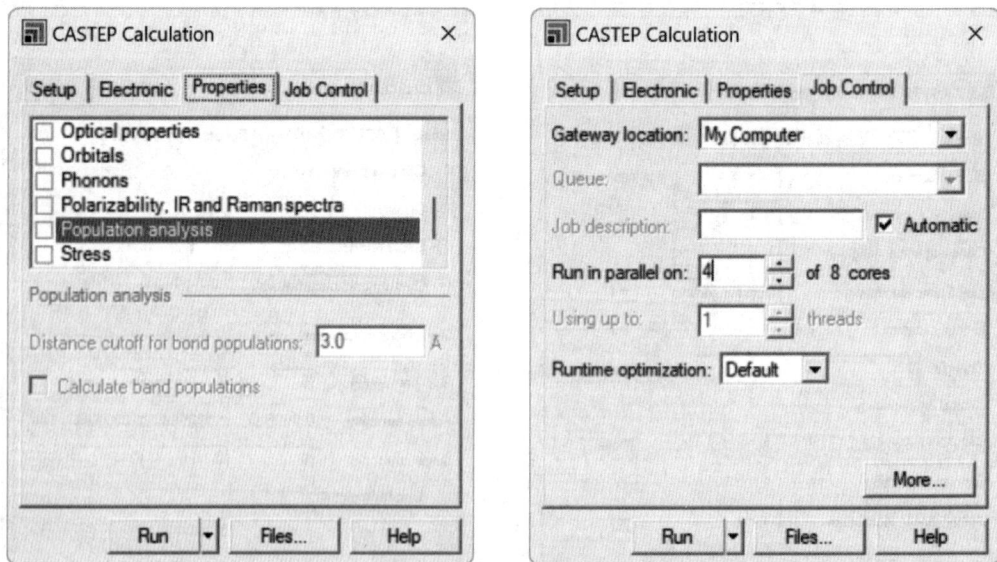

图 4-33　Properties 和 Job Control 页面计算任务和参数

（5）运行完成后，在 Project Explore 工程管理器中单击新生成后缀名为 .castep 的文件，"Ctrl+F" 组合键，输入 Final energy，$PbTiO_3$ 的单点能为 -4578.1688 eV，如图 4-34 所示。

```
12    -4.57816883E+003    8.27134879E+000    1.32206463E-007         4.
13    -4.57816883E+003    8.27147541E+000    5.07640424E-008         4.
--------------------------------------------------------------------

Final energy, E                = -4578.168834013      eV
Final free energy (E-TS)       = -4578.168834013      eV
(energies not corrected for finite basis set)

NB est. OK energy (E-0.5TS)    = -4578.168834013      eV
```

图 4-34 单点能的计算结果

4.3.5 几何优化

（1）对结构进行几何优化的目的是寻找最稳定结构的模型（能量最低）。

（2）打开需要计算的结构模型，单击 Castep，单击 calculation，在 Setup 页面的 Task 栏中选择 Geometry Optimization，在 More 对话框中勾选；在 Quality 选项选择 Fine 或 Ultrafine，计算精度越高计算时间越长。

（3）"Electronic""Properties" 和 "Job" 的参数等其他参数与单点能计算一致，不再重复。单击 Run，运行几何优化。

（4）运行结束后，会生成一些文件，其中 $PbTiO_3$. xsd 为几何优化后的稳定结构。打开 $PbTiO_3$. xsd 可以看见几何优化后稳定结构的晶格参数和角度，如图 4-35 所示。相比于未几何优化的结构，优化后的晶胞参数会发生变化，如果优化后的晶胞参数与实验的晶胞参数相差 2% 以内，说明结构合理。可以进行下一步的性质计算。

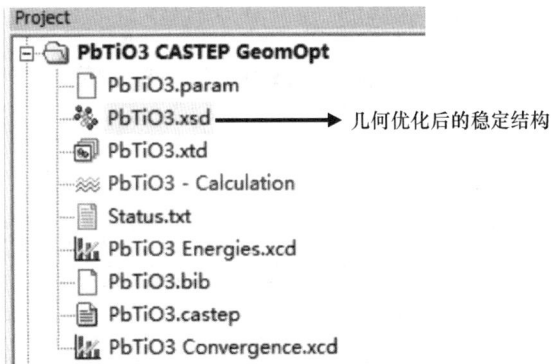

图 4-35 几何优化后生成的文件

4.3.6 电子结构计算

（1）选择几何优化后的稳定结构模型（$PbTiO_3$. xsd），单击 Castep，单击 calculation。

（2）在 Setup 页面的 Task 栏中选择 Properties，Properties 下勾选上 "Band structure" 和 "Density of states"，在 "Density of states" 选项中同时勾选 "Calculation PDOS" 来计算分态密度。其他参数与 4 单点能计算的参数一致。单击 Run，如图 4-36 所示。

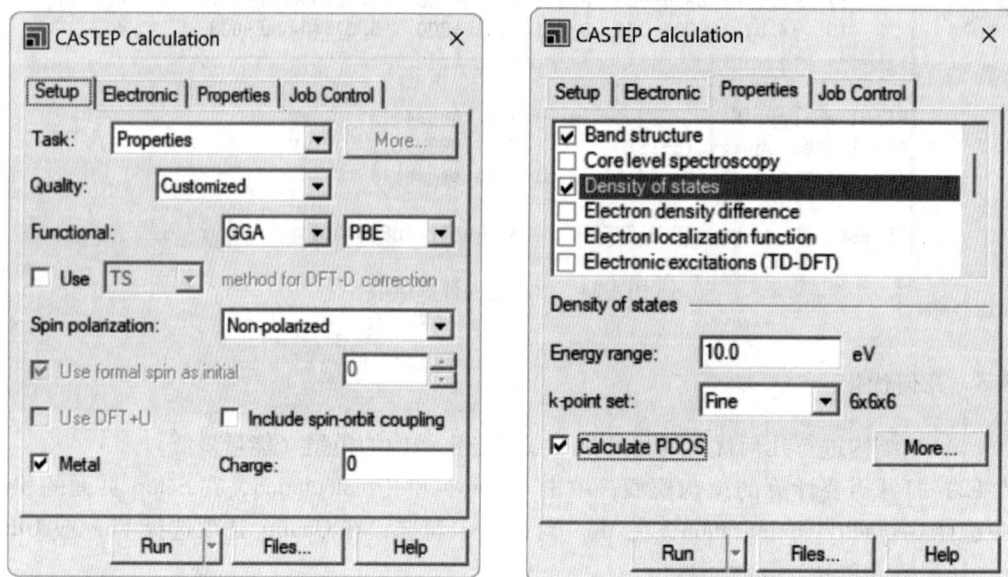

图 4-36   能带结构和态密度计算任务参数

（3）计算结束后，打开优化后的稳定结构模型（PbTiO$_3$.xsd），单击 Castep，单击 Analysis，选择 Band structure，单击 View，则出现能带结构图，如图 4-37 和图 4-38 所示。

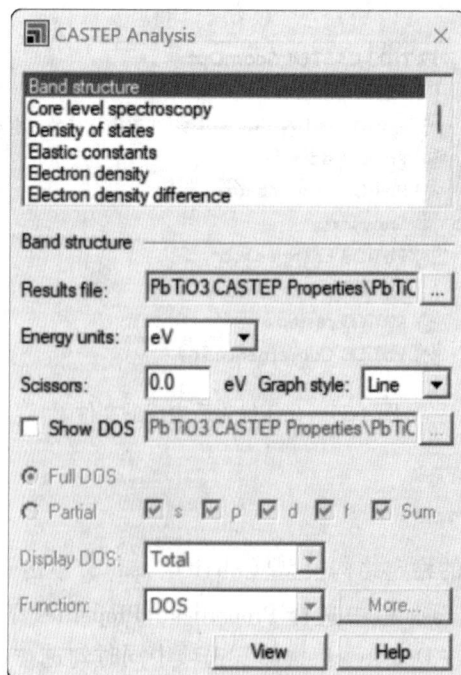

图 4-37   能带结构输出结果过程图

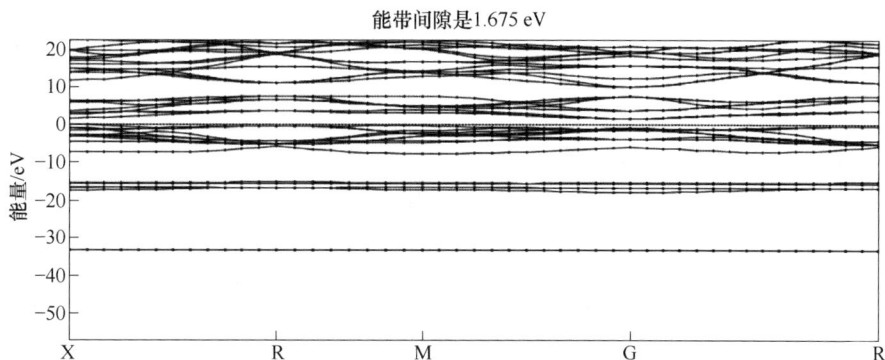

图 4-38　能带结构图

（4）打开优化后的稳定结构模型（PbTiO₃.xsd），单击 Castep，单击 Analysis，选择 Density of states，选择 Full DOS，单击 View，则出现总态密度图，如图 4-39 和图 4-40 所示。

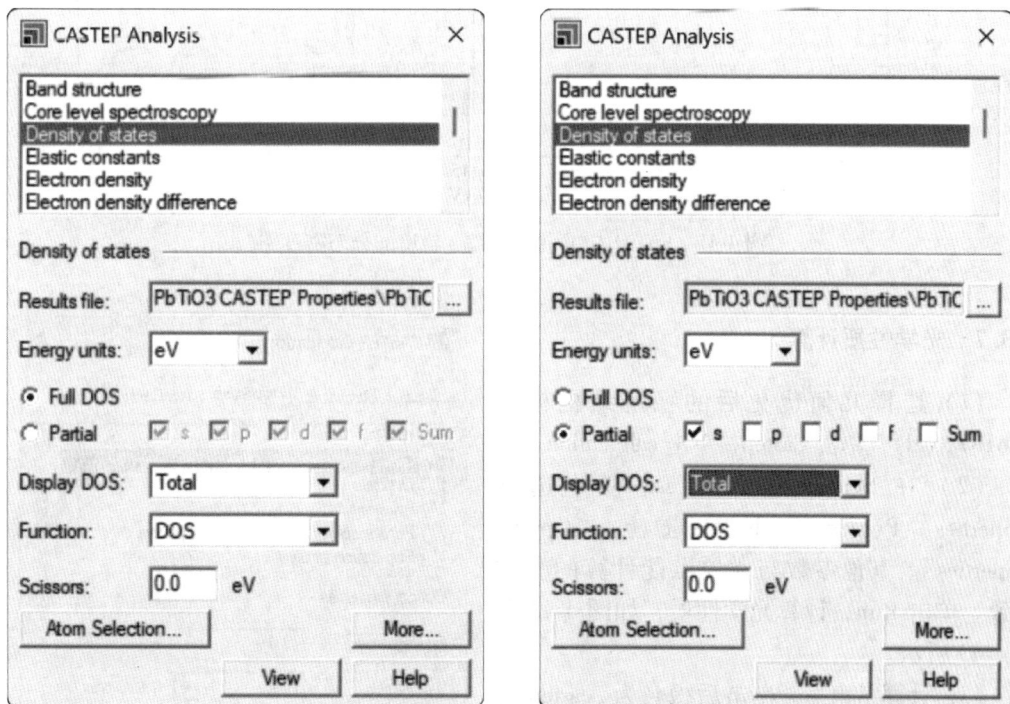

图 4-39　总态密度和分态密度输出结果过程图

（5）打开优化后的稳定结构模型（PbTiO₃.xsd），选中 O 原子，单击 Castep，单击 Analysis，选择 Density of states，选择 Partial DOS，选择 s 轨道，单击 View，则出现 O 的 2 s 轨道，如图 4-41 所示。同理，可计算其他轨道的分态密度。

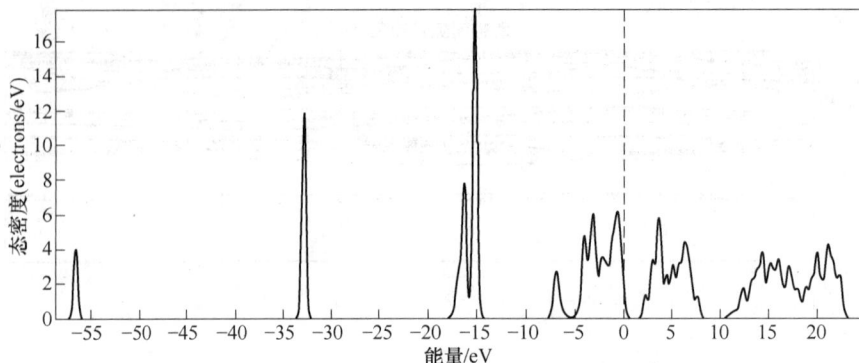

图 4-40 PbTiO$_3$的总态密度图

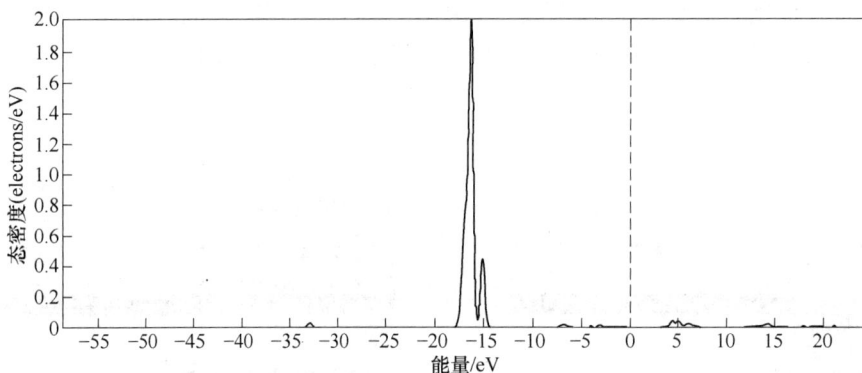

图 4-41 PbTiO$_3$中 O 原子的 2 s 轨道的分态密度图

4.3.7 光学性质计算

（1）选择几何优化后的稳定结构模型（PbTiO$_3$. xsd），单击 Castep，单击 calculation。

（2）在 Setup 页面的 Task 栏中选择 Properties，Properties 下勾选上" Optical properties"。其他参数与 4 单点能计算的参数一致。单击 Run，计算光学性质，如图 4-42 和图 4-43 所示。

（3）计算结束后，单击后缀名为 . castep 的输出文件，单击 Castep，单击 Analysis，选择 Optical properties，Function 中选择 absorption（也可以选择其他光学性质，如介电常数、反射率、吸收系数和能量损失函数等），Unit 选择 eV 为横坐标（可以选择 eV、cm^{-1} 和 nm），单击 calculate，再单击 View，出现想要的光学性质，如图 4-44 和图 4-45 所示。

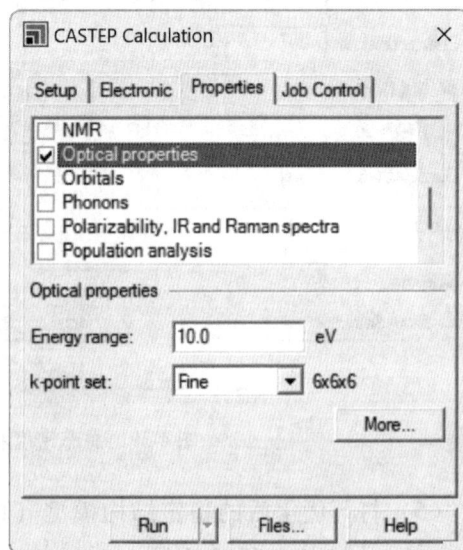

图 4-42 光学性质计算任务参数

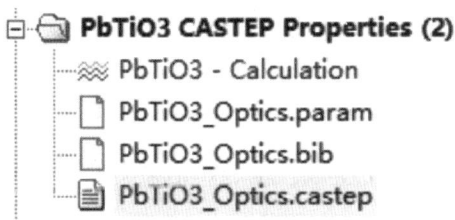

图 4-43　计算光学性质后生成的文件　　　图 4-44　光学性质输出结果过程图

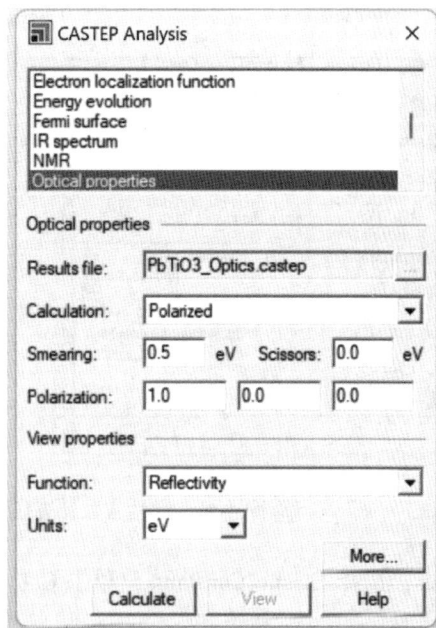

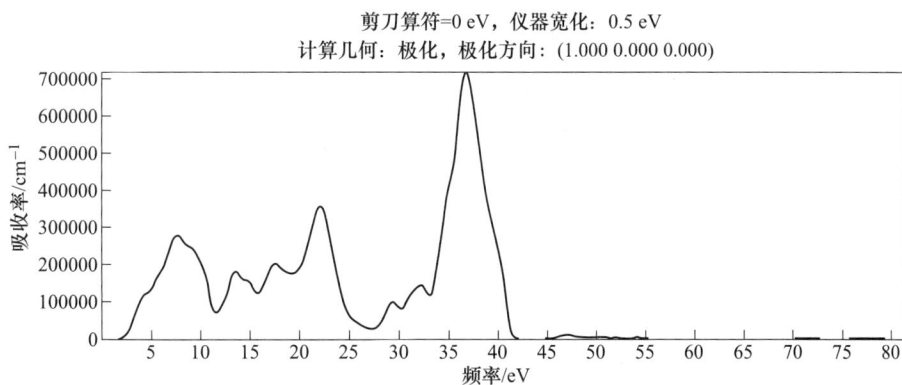

剪刀算符=0 eV，仪器宽化：0.5 eV
计算几何：极化，极化方向：(1.000 0.000 0.000)

图 4-45　PbTiO$_3$ 的吸收能谱

4.3.8　弹性常数计算

（1）选择几何优化后的稳定结构模型（PbTiO$_3$. xsd），单击 Castep，单击 calculation。

（2）在 Setup 页面的 Task 栏中选择 Elastic Constants。其他参数与 4 单点能计算的参数一致。单击 Run，计算弹性常数，如图 4-46 所示。

（3）计算结束后，打开弹性常数计算后的模型（后缀名为 . xsd），单击 Castep，单击

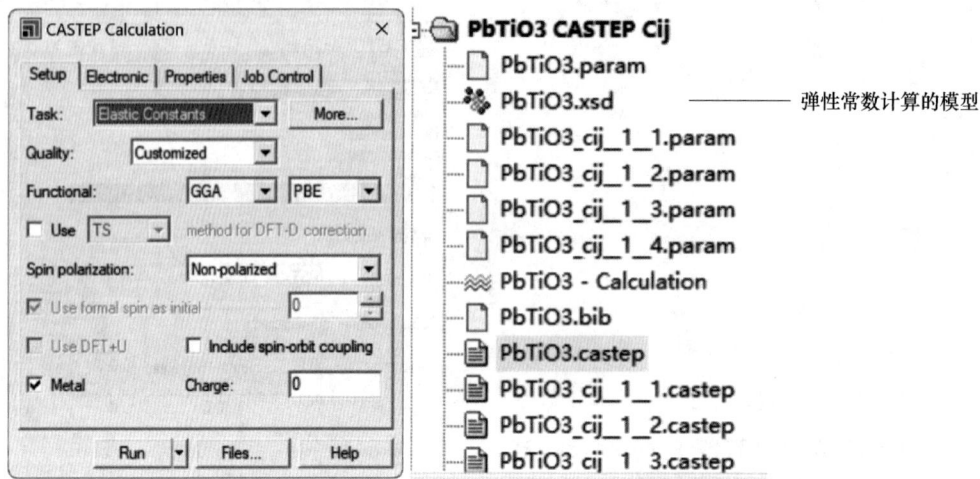

图 4-46　弹性常数计算任务参数和计算完成后的输出文件

Analysis，选择 Elastic Constants，单击 Calculation。马上生成一个 . txt 结果文件，如图 4-47 所示。

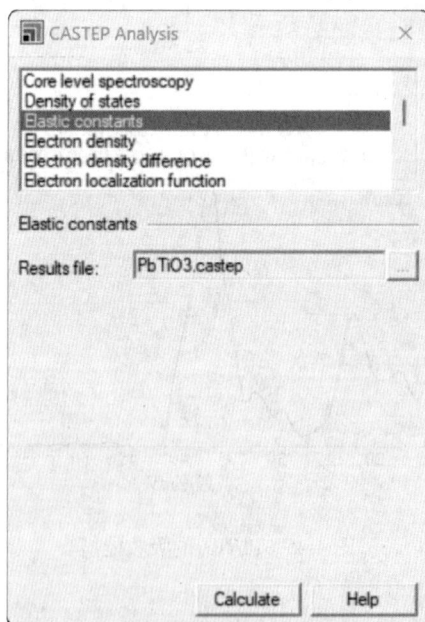

图 4-47　计算弹性常数的输出结构过程图

打开 txt 文件，"Ctrl+F"快捷键检索"Elastic Stiffness Constants"，得到弹性常数结果，如图 4-48 所示。

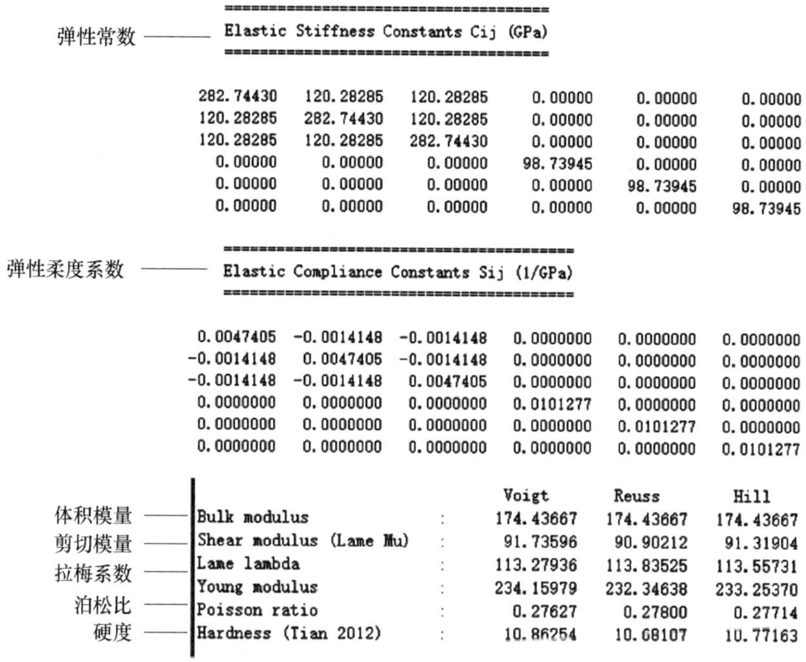

弹性常数 ————
```
==================================================
Elastic Stiffness Constants Cij (GPa)
==================================================

282.74430   120.28285   120.28285    0.00000    0.00000    0.00000
120.28285   282.74430   120.28285    0.00000    0.00000    0.00000
120.28285   120.28285   282.74430    0.00000    0.00000    0.00000
  0.00000     0.00000     0.00000    98.73945    0.00000    0.00000
  0.00000     0.00000     0.00000     0.00000   98.73945    0.00000
  0.00000     0.00000     0.00000     0.00000    0.00000   98.73945
```

弹性柔度系数 ————
```
==================================================
Elastic Compliance Constants Sij (1/GPa)
==================================================

 0.0047405   -0.0014148   -0.0014148    0.0000000    0.0000000    0.0000000
-0.0014148    0.0047405   -0.0014148    0.0000000    0.0000000    0.0000000
-0.0014148   -0.0014148    0.0047405    0.0000000    0.0000000    0.0000000
 0.0000000    0.0000000    0.0000000    0.0101277    0.0000000    0.0000000
 0.0000000    0.0000000    0.0000000    0.0000000    0.0101277    0.0000000
 0.0000000    0.0000000    0.0000000    0.0000000    0.0000000    0.0101277
```

		Voigt	Reuss	Hill
体积模量 ——	Bulk modulus :	174.43667	174.43667	174.43667
剪切模量 ——	Shear modulus (Lame Mu) :	91.73596	90.90212	91.31904
拉梅系数 ——	Lame lambda :	113.27936	113.83525	113.55731
	Young modulus :	234.15979	232.34638	233.25370
泊松比 ——	Poisson ratio :	0.27627	0.27800	0.27714
硬度 ——	Hardness (Tian 2012) :	10.86254	10.68107	10.77163

图 4-48　弹性常数输出结果

4.4　实例应用

　　钛酸铅（$PbTiO_3$）是一种 ABO_3 型钙钛矿氧化物材料。由于介电常数大，具有铁电、压电和热释电效应，引起了学者们的研究兴趣。因此，$PbTiO_3$ 被广泛应用于许多领域，如滤波器、大容量计算机存储单元和红外传感器等。$PbTiO_3$ 在室温下呈四方对称（P4mm），在 763 K（居里温度）以上转变为立方状态（Pm-3m）。重要的是，传统的 $PbTiO_3$ 陶瓷很难成功烧制。当烧结温度冷却到居里温度时，容易出现微裂纹，但添加一些掺杂剂可以抑制裂纹的产生。在 $PbTiO_3$ 的制备和退火过程中，掺入新元素可以改变微观结构与质子之间的相互作用，从而调整其性能。

　　四方 $PbTiO_3$ 的带宽为 3.0~4.5 eV，只能利用太阳光中的紫外线（UV）部分（占太阳能的 4%），很难更有效地发挥其自身的光学特性。幸运的是，可以通过掺杂一些元素来提高 $PbTiO_3$ 的吸收效率。迄今为止，其他非金属（如 B 元素）的掺杂尚未见报道，B 原子和 N 原子的掺杂对四方 $PbTiO_3$ 的稳定性、电子结构和光学特性的影响也尚不清楚。

　　基于第一性原理计算，研究了本征四方、B 掺杂和 N 掺杂四方 $PbTiO_3$ 的结构、电子和光学特性。此外还比较了本征、B 和 N 掺杂四方 $PbTiO_3$ 在可见光能量范围内的光学特性，研究其在可见光中的吸收效率。

4.4.1　结构弛豫

　　表 4-1 列出了本征、B 和 N 掺杂的四方 $PbTiO_3$ 计算的晶格常数和形成焓。由于 B 原子

和 N 原子的相对原子半径（0.82 和 0.75）大于 O 原子的相对原子半径（0.74），且 B 原子和 N 原子的电负性（2.04 和 3.04）小于 O 原子的电负性（3.44）。掺杂 B(N) 原子后，B(N) 原子与 Ti 原子间的原子轨道重叠程度减弱，导致体系体积增大。

表 4-1　计算本征、B 掺杂和 N 掺杂四方 PbTiO$_3$ 晶格常数、形成焓和带隙

项目	a/Å	b/Å	c/Å	晶胞体积/Å	ΔH_f/eV	带隙
本征	3.838	3.838	4.811	70.88	-12.22	2.02
硼掺杂	3.887	3.788	4.929	72.58	-11.17	0.56
氮掺杂	3.816	3.839	4.877	71.45	-11.65	0.43

注：1 Å = 0.1 nm。

4.4.2　形成能分析

晶体稳定性与形成焓有关。一般来说，形成焓小于零，体系就稳定。体系的形成焓 ΔH_f 可用公式计算：

$$\Delta H_f(\mathrm{PbTiO}_{(24-x)/8}X_{x/8}) = \frac{1}{8}\big[E_{\text{total}}(\mathrm{Pb}_8\mathrm{Ti}_8\mathrm{O}_{24-x}X_x) - 8E_{\text{iso}}(\mathrm{Pb}) - 8E_{\text{iso}}(\mathrm{Ti}) -$$
$$(24-x)E_{\text{iso}}(\mathrm{O}) - xE_{\text{iso}}(X) \big] \tag{4-18}$$

其中，X 是 B 原子或 N 原子，x 是掺杂原子数，E_{total} 是单位晶胞的总能量，E_{iso} 是元素中单个原子的能量。

表 4-1 列出了本征、B 和 N 掺杂的四方 PbTiO$_3$ 计算的形成能。本征、B 掺杂和 N 掺杂的四方 PbTiO$_3$ 的计算形成焓分别是 -12.22 eV，-11.17 eV 和 -11.65 eV。三个体系的形成焓均为负值，其中本征 PbTiO$_3$ 的形成焓的绝对值最大，这说明本征 PbTiO$_3$ 最容易形成。

4.4.3　电荷差分密度分析

电子差分密度图能更好地显示体系的电荷分布和成键特性，本征、B 掺杂和 N 掺杂的 PbTiO$_3$ 的电子密度差，如图 4-49 所示。蓝色和红色分别代表电荷密度的增加和减少，从蓝色到红色表示电荷密度从高到低的变化。对于图 4-49（a），Ti 原子附近的电荷密度较小，而 O$_2$ 原子附近的电荷密度较大且呈球形均匀分布，Ti-O$_2$ 原子形成了较强的共价键。O$_4$ 原子的电荷密度大致呈球形，但靠近 Ti$_1$ 原子一侧的 O$_4$ 原子的电荷密度较高，而靠近 O$_4$ 原子一侧的 Ti$_1$ 原子的电荷密度较低，这是因为电子从 O-2p 态转移到了 Ti-3d 态，Ti$_1$ 原子周围的电荷密度降低，这表明 O$_4$ 原子具有很强的电负性，Ti$_1$ 和 O$_4$ 原子之间具有一定的离子性。掺杂 B 原子后，B 原子附近的电荷密度趋于接近 Ti 原子。与本征 PbTiO$_3$ 相比，Ti 原子附近的电荷密度下降得更多，这说明 Ti-B 键的离子特性强于 Ti-O 键。掺杂 N 原子后，N 原子附近的电荷密度是有规律的，N 原子与 Ti 原子间的电子云重叠，表明 Ti-N 键为共价键。此外，我们发现图 4-49（d）中 Pb$_5$-O$_{13}$ 和 Pb$_5$-O$_{14}$ 键具有共用电子对，因此本征 PbTiO$_3$ 的 Pb-O 键是共价键。

4.4.4　电子结构分析

为了研究 B 掺杂和 N 掺杂体系对四方 PbTiO$_3$ 电子结构的影响，分别计算了本征体系和掺杂体系的能带结构和态密度（DOS），如图 4-50 和图 4-51 所示。因为半导体的特性主

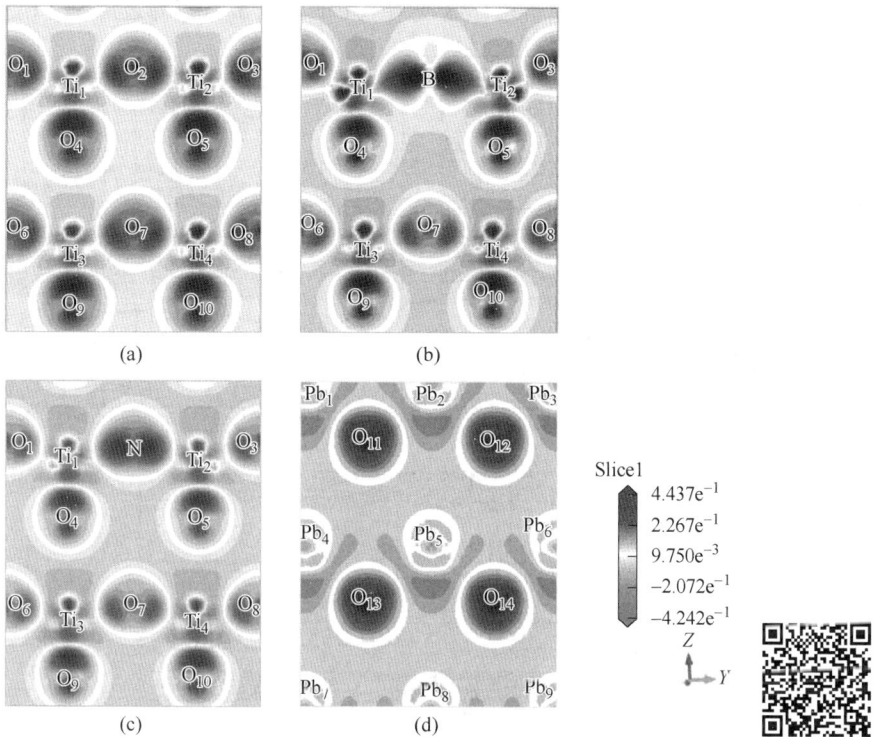

图 4-49　电荷差分密度图计算结果

（a）本征；（b）B 掺杂；（c）N 掺杂 PbTiO$_3$（110）面；（d）本征 PbTiO$_3$（001）面

要由费米级附近的电子决定，所以只分析费米级附近的能带和 DOS。水平虚线代表费米能级。价带最大值（VBM）位于布里渊区的 Γ 点，而导带最小值（CBM）位于 X 点，因此本征 PbTiO$_3$ 是一种间接带隙半导体。计算得出的带隙为 2.020 eV，它小于实验值 3.6 eV，这是因为 GGA 普遍存在低估带隙值的问题，但本书只是比较了掺杂前后各种体系之间的相对关系，对结果的准确性没有影响。结合图 4-50（a），可以看出本征 PbTiO$_3$ 的 CBM 主要由 Ti-3d 态贡献，VBM 主要由 O-2p 态贡献，其中混合了少量 Pb-6s 和 Ti-3d 态。在 −7.36 ~ −6.71 eV 的能量范围内有一个非常平坦的能带，主要由 Pb-6s 态组成。它具有很强的局域特征，在 DOS 光谱上表现为一个尖锐的峰值，说明本征 PbTiO$_3$ 具有一定的离子键特征。在 −4.55 至 0 eV 的能量范围内，Ti-3d 和 O-2p 轨道有很强的重叠，形成成键分子轨道，表现出典型的共振杂化特征，这与通过电荷差分密度图分析的 Ti-O 键的共价特征相对应。

　　图 4-50（b）（c）和图 4-51（b）（c）分别显示了 B 掺杂和 N 掺杂 PbTiO$_3$ 的能带结构和 DOS。B 掺杂和 N 掺杂 PbTiO$_3$ 的带隙分别为 0.56 eV 和 0.43 eV。与本征掺杂的 PbTiO$_3$ 相比，由于新杂质水平的存在，带隙宽度明显减小，且能带更密集。对于 B 掺杂 PbTiO$_3$，VBM 和 CBM 都位于布里渊区的 U 点，说明 B 掺杂 PbTiO$_3$ 是直接带隙半导体。在 0.23 ~ 0.61 eV 的能量范围内发现了几个由 B-2p 轨道组成的新杂质带。对于 N 掺杂系统，VBM 位于布里渊区的 Γ 点，VBM 位于 T 点，这表明 N 掺杂系统是间接带隙半导体。在 0.23 ~ 0.61 eV 的能量范围内，存在一个由 N-2p 态组成的自旋向上的能带，该能带具有一定的带宽，这意味着它参与了成键，从图 4-50（c）中可以看出，N 和 Ti 形成了共价键，即 B 掺

杂和 N 掺杂体系都存在新的杂质态，这使得 CB 中的电子更容易过渡到 VB。

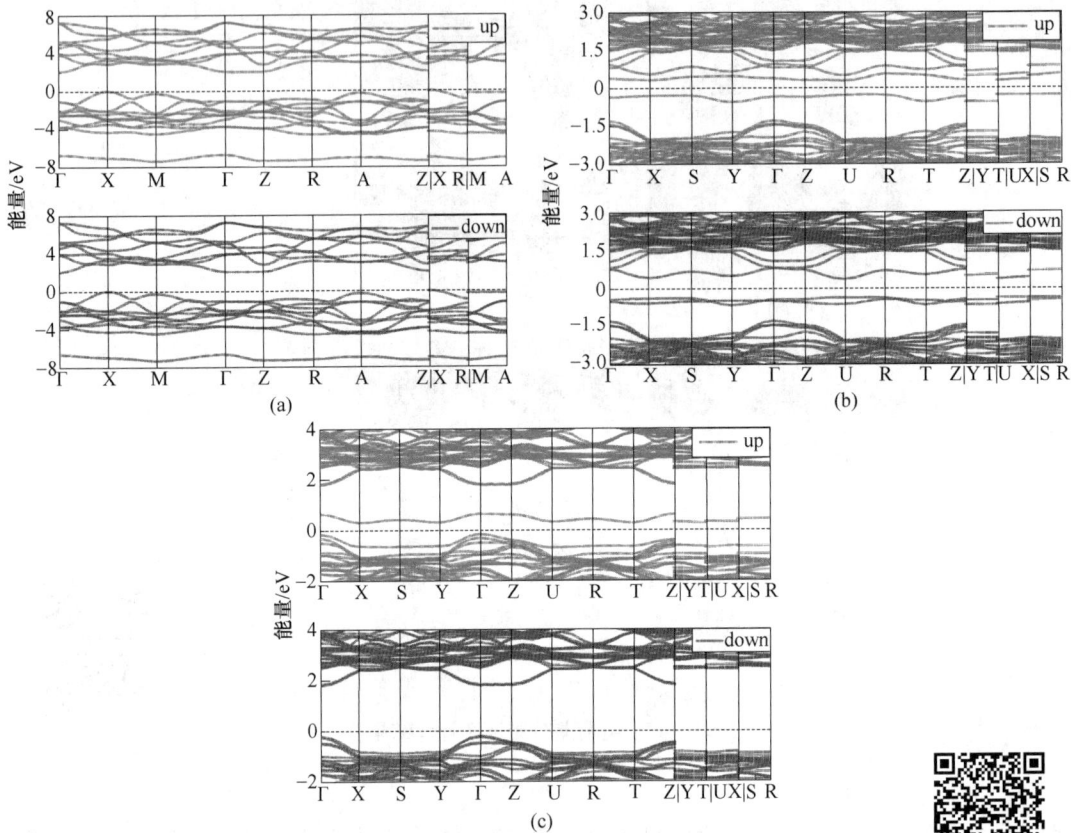

(a)

(b)

(c)

图 4-50　PbTiO₃ 计算的能带结构

（a）本征；（b）B 掺杂；（c）N 掺杂

图 4-50 彩图

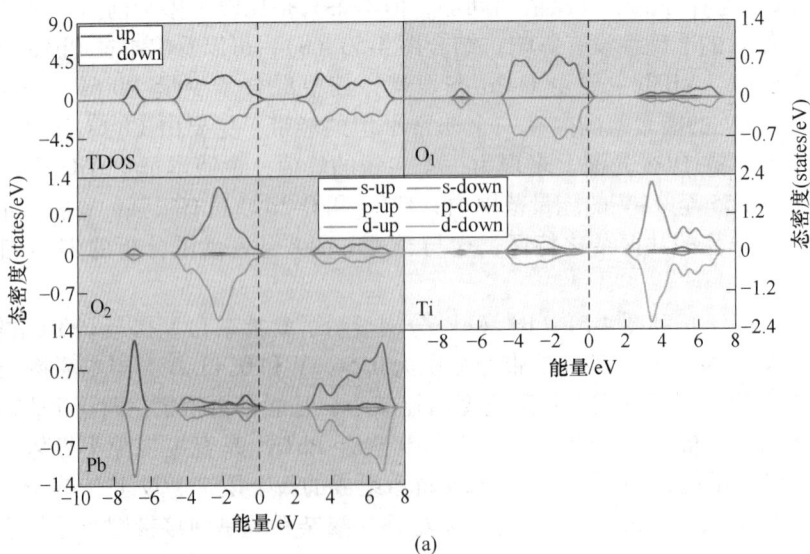

(a)

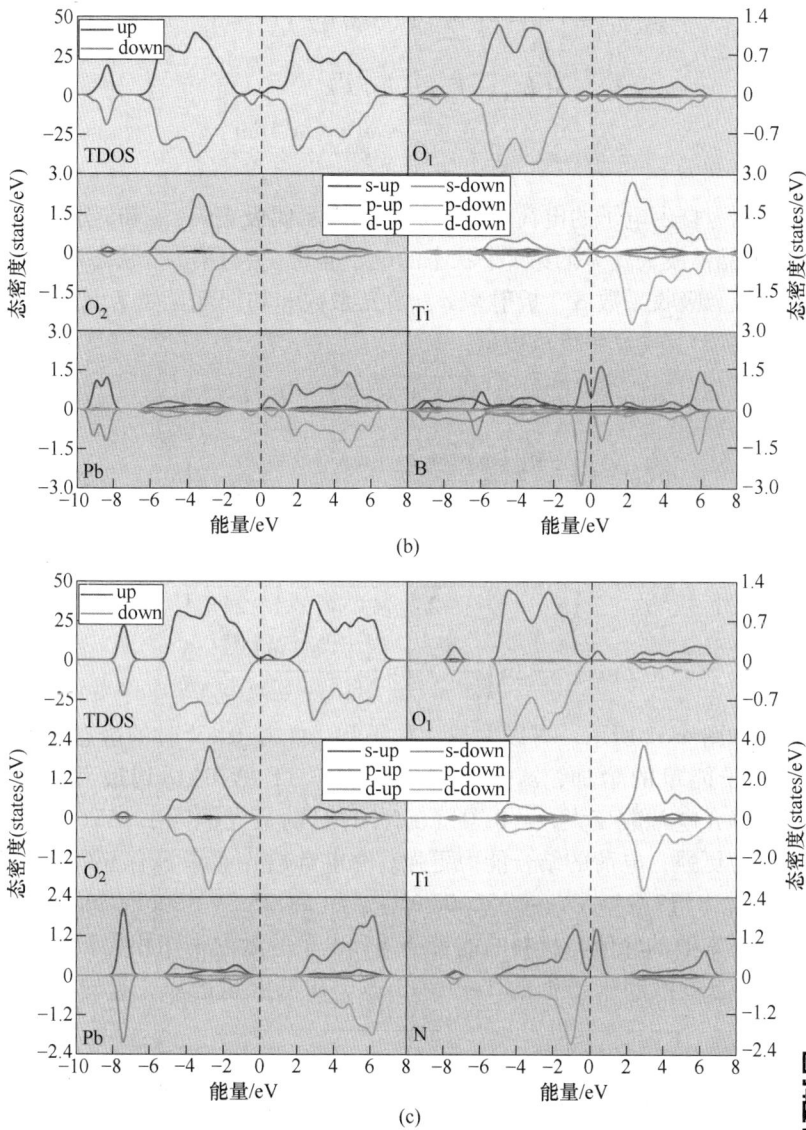

图 4-51　PbTiO$_3$总态密度和分态密度

（a）本征；（b）B 掺杂；（c）N 掺杂

图 4-51 彩图

4.4.5　光学性质分析

所有固体材料的光学特性都可以用介电常数来详细表达。它解释了能结构与介电常数之间的关系，是电子转变过程与固体电子结构之间的桥梁，可用式（4-19）定义：

$$\varepsilon(\omega) = \varepsilon_1(\omega) + i\varepsilon_2(\omega) = (n(\omega) + ik(\omega))^2 \tag{4-19}$$

其中，$\varepsilon_1(\omega)$ 和 $\varepsilon_2(\omega)$ 分别为复介质函数的实部和虚部；$n(\omega)$ 和 $k(\omega)$ 分别为折射率和消光系数，$\varepsilon_2(\omega)$ 可以通过选择规则从占位波函数和非占位波函数之间的动量矩阵元素中计算出来，$\varepsilon_1(\omega)$ 可以通过克拉默-克罗尼格关系从 $\varepsilon_2(\omega)$ 得到，见式（4-20）：

$$\varepsilon_2(\omega) = \left(\frac{4\pi^2 e^2}{m^2 \omega^2}\right) \sum_{i,j} \int_k \langle i|M|j\rangle^2 f_i(1-f_i) \times$$
$$\delta(E_{j,k} - E_{i,k} - \omega) d^3k \tag{4-20}$$

$$\varepsilon_1(\omega) = 1 + \frac{2}{\pi} P \int_0^\infty \frac{\omega' \varepsilon_2(\omega') d\omega'}{\omega'^2 - \omega^2} \tag{4-21}$$

其中，e 和 m 分别为自由电子的电荷量和质量；M 表示偶极矩阵；i 和 j 分别为初始状态和最终状态；$E_{i,k}$ 为晶体波矢量 k 的第 i 个状态的电子能量；f_i 为第 i 个状态的费米分布函数；P 表示积分的主值。吸收系数 α、折射率 n、消光系数 k 和损耗函数 L 可由介电函数推导得出，可用式（4-22）~式（4-25）表示：

$$\alpha(\omega) = \left[2\left(\sqrt{\varepsilon_1^2(\omega) + \varepsilon_2^2(\omega)} - \varepsilon_1(\omega)\right)\right]^{\frac{1}{2}} \tag{4-22}$$

$$n(\omega) = \left(\frac{\sqrt{\varepsilon_1(\omega)^2 + \varepsilon_2(\omega)^2}}{2} + \frac{\varepsilon_1(\omega)^2}{2}\right)^{\frac{1}{2}} \tag{4-23}$$

$$k(\omega) = \left(\sqrt{\frac{\varepsilon_1(\omega)^2 + \varepsilon_2(\omega)^2}{2}} - \frac{\varepsilon_1(\omega)^2}{2}\right)^{\frac{1}{2}} \tag{4-24}$$

$$L(\omega) = -\operatorname{Im}\left(\frac{1}{\varepsilon(\omega)}\right) = \frac{\varepsilon_2(\omega)}{\varepsilon_1^2(\omega) + \varepsilon_2^2(\omega)} \tag{4-25}$$

介电函数，如图 4-52 所示。可以发现，本征 $PbTiO_3$ 在 0 eV 时的静态介电常数 $\varepsilon_1(0)$ 为 6.57。随着光子能量的增加，ε_1 开始增大，在 3.11 eV 时达到最大值 10.05。掺杂 B(N) 原子后，静介电常数变大，$\varepsilon_1 B(0)(\varepsilon_1 N(0))$ 的最大值为 12.55(13.03)，说明掺杂体系的极化能力更强，电荷的结合能力更强。介电常数的虚部 ε_2 有五个显著的峰值，分别为 A(5.81 eV)、B(13.94 eV)、C(22.08 eV)、D(28.25 eV) 和 E(36.54 eV)。主峰 A 的峰值最高。介电常数的峰值与材料的能带结构和电子的激发密切相关。主峰 A 源于电子从占据的 O-2pVB 态过渡到未占据的 Ti-3d CB 态。在低能量区域，ε_2 的值几乎为零。然

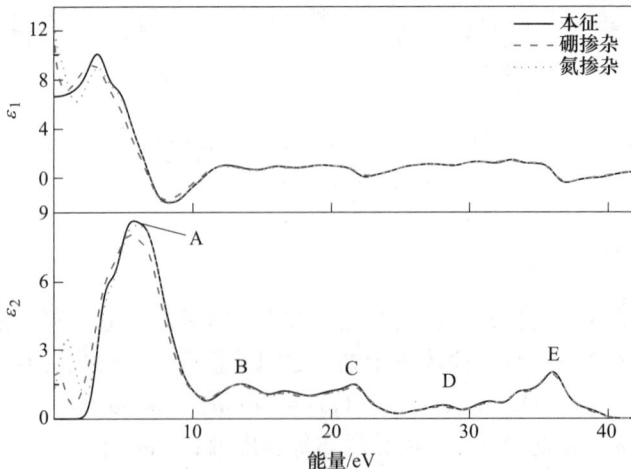

图 4-52 本征、B 掺杂和 N 掺杂 $PbTiO_3$ 的介电函数

图 4-52 彩图

而，B 掺杂和 N 掺杂的 PbTiO₃的 ε_2 在低能区都有一个峰值。从能带结构和 DOS 光谱分析可知，这是由于形成了 B-2p 杂质态和 N-2p 杂质态。

图 4-52 显示了 0~1200 nm 范围内计算得出的吸收系数。当波长达到 155 nm 时，本征 PbTiO₃的吸收系数达到 252409 cm⁻¹ 的峰值。相比之下，B 掺杂 PbTiO₃的峰值与本征 PbTiO₃峰值几乎相同，而 N 掺杂的 PbTiO₃峰值甚至比本征 PbTiO₃峰值更小，如图 4-53 所示。这意味着 B 掺杂和 N 掺杂体系无法有效改善波长小于 250 nm 的紫外线区域的光吸收性能。值得注意的是，本征 PbTiO₃在波长大于 569 nm 时的吸收系数几乎为零，这意味着本征 PbTiO₃在波长大于 569 nm 时始终是透明的，因为这部分光子的范围正好在禁带之内。与本征 PbTiO₃相比，B 掺杂和 N 掺杂的 PbTiO₃体系在可见光和近红外区域具有更高的光吸收系数。

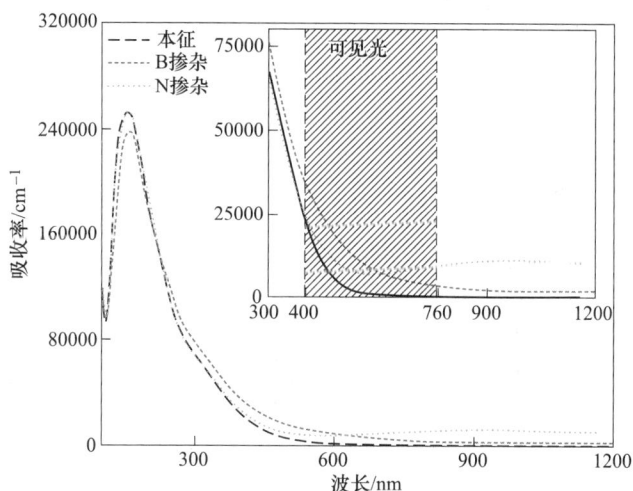

图 4-53　本征、B 掺杂和 N 掺杂 PbTiO₃的吸收系数随波长的变化情况

图 4-53 彩图

能量（0~42 eV）和波长（0~1200 nm）范围内的折射率，如图 4-54 所示。本征、B

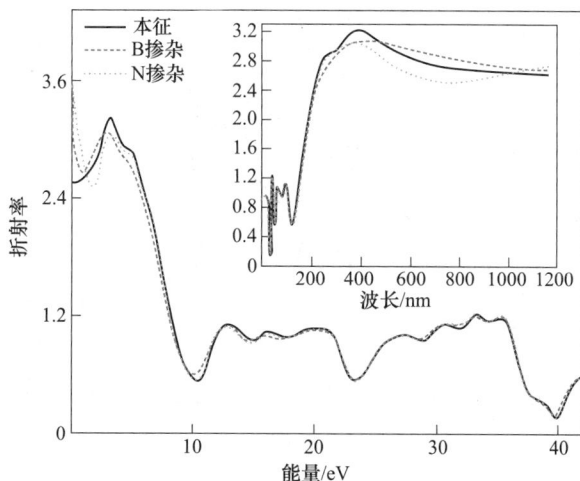

图 4-54 彩图

图 4-54　本征、B 掺杂和 N 掺杂 PbTiO₃的折射率

掺杂和 N 掺杂 $PbTiO_3$ 的静态折射率 $n(0)$ 分别为 2.56、3.55 和 3.61。折射率与介电函数的实部相对应。与本征 $PbTiO_3$ 相比，B 掺杂和 N 掺杂 $PbTiO_3$ 的静态折射率更大，且本征、B 掺杂和 N 掺杂 $PbTiO_3$ 的折射率变化趋势与实部变化趋势基本一致。

　　图 4-55 中绘制了本征、B 掺杂和 N 掺杂 $PbTiO_3$ 的消光系数。频率小于 1.03 eV 范围的本征 $PbTiO_3$ 的消光系数 $k(\omega)$ 为零，这与我们计算的吸收函数的吸收边（1.03 eV）一致。在低能量范围内，掺 B（掺 N）$PbTiO_3$ 的消光系数有一个附加峰，它来自 O-2p、B-2p（N-2p）和 Ti-3d 态之间的电子跃迁。

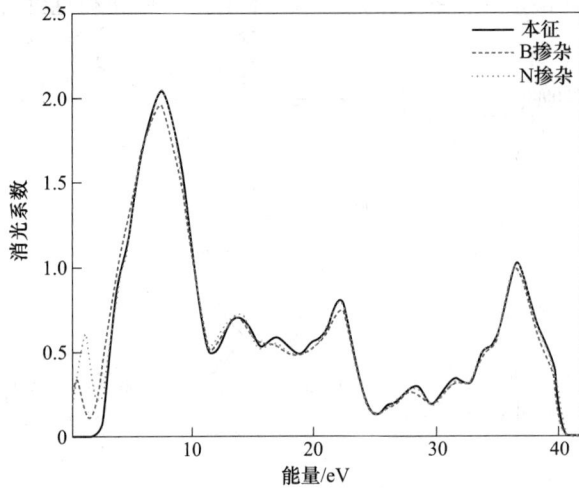

图 4-55　本征、B 掺杂和 N 掺杂 $PbTiO_3$ 的消光系数

图 4-55 彩图

　　图 4-56 显示了能量损失函数，他指的是电子通过均匀介电固体材料时的能量损失。

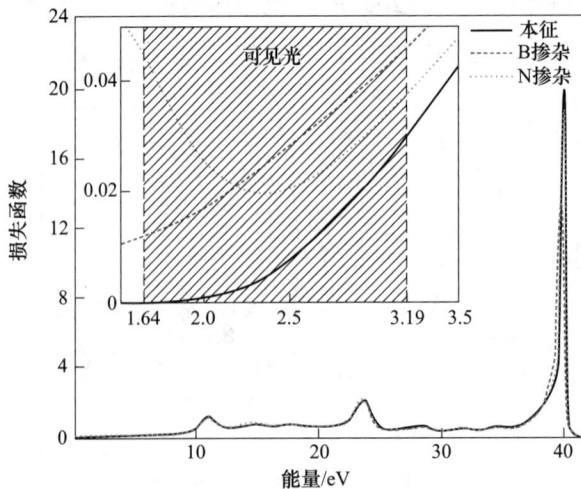

图 4-56　本征、B 掺杂和 N 掺杂 $PbTiO_3$ 的能量损失函数与能量的关系

图 4-56 彩图

本征、B 掺杂和 N 掺杂的 $PbTiO_3$ 都有三个峰值，能量损失最大的峰值约为 41.1 eV，它们对应于等离子体边缘的能量。另外两个峰值分别在 11.0 eV 和 23.6 eV 附近。在可见光（1.64 至 3.19 eV）范围内，B 掺杂和 N 掺杂的 $PbTiO_3$ 的能量损失大于本征 $PbTiO_3$，但三种体系的能量损失都很小。

4.4.6 弹性常数分析

四方 $PbTiO_3$ 具有 6 个独立的弹性常数，即 C_{11}、C_{33}、C_{44}、C_{66}、C_{12}、C_{13}。表 4-2 列出了四方 $PbTiO_3$ 的弹性常数（C_{ij}）。对于四方晶系，其力学稳定性判据为：

$$C_{11} > 0, \ C_{33} > 0, \ C_{44} > 0, \ C_{66} > 0;$$

$$(C_{11} - C_{12}) > 0, \ (C_{11} + C_{33} - 2C_{13}) > 0;$$

$$2C_{11} + C_{33} + 2C_{12} + 4C_{13} > 0 \tag{4-26}$$

表 4-2 $PbTiO_3$ 的弹性常数 C_{ij}　　　　　　　　　　（GPa）

名称	C_{11}	C_{33}	C_{44}	C_{66}	C_{12}	C_{13}
$PbTiO_3$	252.9	59.1	72.6	100.7	106.1	71.1

依据以上力学稳定性判据，可以看出四方 $PbTiO_3$ 满足力学稳定性判据，则表明四方 $PbTiO_3$ 为力学稳定的。表 4-3 列出了不同压力下四方 $PbTiO_3$ 的体模量 B、剪切模量 G、杨氏模量 E 和泊松比 ν。弹性模量可根据弹性常数通过 Voigt-Reuss-Hill 近似推算出来，其计算公式如下：

表 4-3 $PbTiO_3$ 的体模量 B、剪切模量 G、杨氏模量 E 和泊松比 ν

名称	B/GPa	G/GPa	E/GPa	ν
$PbTiO_3$	87.76	56.91	140.38	0.23

$$B_V = (1/9)[2(C_{11} + C_{12}) + 4C_{13} + C_{33}]$$

$$G_V = (1/30)[M + 3C_{11} - 3C_{12} + 12C_{44} + 6C_{66}]$$

$$B_R = C^2/M$$

$$G_R = 15/[18B_V/C^2 + 6/(C_{11} - C_{12}) + 6/C44 + 3/C_{66}]$$

$$C^2 = (C_{11} + C_{12})C_{33} - 2C_{13}^2$$

$$M = C_{11} + C_{12} + 2C_{33} - 4C_{13}$$

$$E = 9GB/(3B + G)$$

$$\nu = (3B - 2G)/(6B + 2G)$$

$$B = (B_V + B_R)/2$$

$$G = (G_V + G_R)/2 \tag{4-27}$$

其中，体模量 B 表示材料的抗体积变形能力，数值越大材料越不容易压缩。剪切模量 G 定义为剪应力与切应变的比值，用于衡量抗剪切应变的能力。杨氏模量 E 一般是用来衡量固体材料的刚度。泊松比 ν 是指材料在单向受拉或受压时，横向正应变与轴向正应变的绝对值的比值；泊松比越大，说明晶体的可塑性越好。$PbTiO_3$ 在不同压力下的体模量和杨氏模量均高于剪切模量，表明剪切模量是影响 $PbTiO_3$ 结构稳定性的关键因素。

5 利用 Highscore 实现物相结构分析

HighScore 是荷兰帕纳科公司推出的一款专门用于 XRD 物相分析的软件，其操作简单方便，功能多。它结合了物相鉴定、Rietveld 精修和晶体学分析。此外，它包含了大量的数据可视化、数据处理和编辑的可能性，并可读取几乎所有的衍射文件格式。参数集、用户批次和命令行界面可实现高度定制和典型任务的自动化。用户界面完全可以随意配置。

5.1 HighScore 软件安装和数据库的启用

5.1.1 软件安装

首先下载 HighScore 软件安装包，下载完成后，打开安装包保存位置。找到 SETUP 文件，右键单击 SETUP，此时会出现弹出框，然后选择以管理员身份运行。会出现如图 5-1（a）所示的弹框，单击 Install HighScore Plus。然后再单击 Next，接着出现如图 5-1（b）所示的弹框，选择 I accept the terms in the license agreement，然后单击 Next。随后出现如图 5-1（c）所示的弹框，填好用户名和机构后，单击 Next。再接着出现图 5-1（d）所示的弹框，可单击 Change 来改变软件安装路径，然后单击 Next。然后选择 Install，再单击 Finish，即可完成 Highscore 软件的安装。

5.1.2 数据库的启用

由于软件附带的参考卡片数据库很小，无法满足需求，因此，需要添加新的数据库。双击桌面上的 HighScore Plus 图标后，会出现如图 5-2（a）所示的软件界面。然后单击菜单栏中 Customize 菜单，再单击其下拉菜单 Manage Databases，出现如图 5-2（b）所示的 Manage Databases 对话框。其添加数据库的方式有三种，第一种是单击右下方的 Add HighScore Database，直接添加所需要的数据库；如果在不知道数据库储存位置的情况下，可以选择第二种方式，即单击 Search for databases，通过对磁盘的搜索来寻找数据库；如果自己想创建数据库，可单击 Create new empty database。需要注意的是，数据库的储存路径不能带有中文字符，否则软件无法读取到数据库。

当数据库填入后，需要勾选上 Use 复选框，会出现如图 5-3 所示的对话框，窗口下半部显示一个饼图，其上标示了该数据库中的卡片总数。随后单击 OK，即可完成数据库的启用。

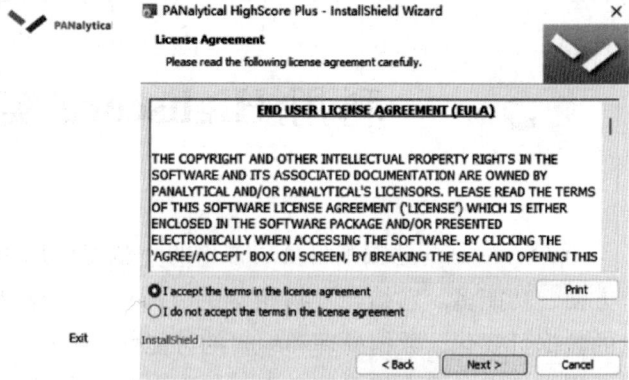

(a)   (b)

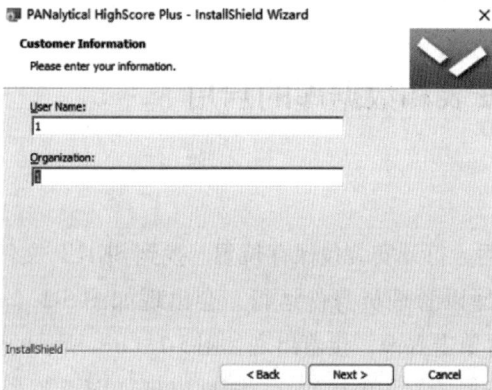

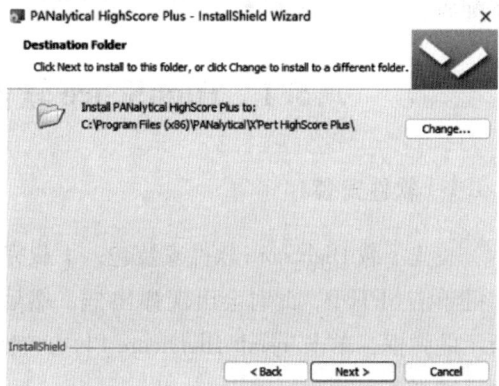

(c)   (d)

图 5-1   HighScore 安装界面

(a)

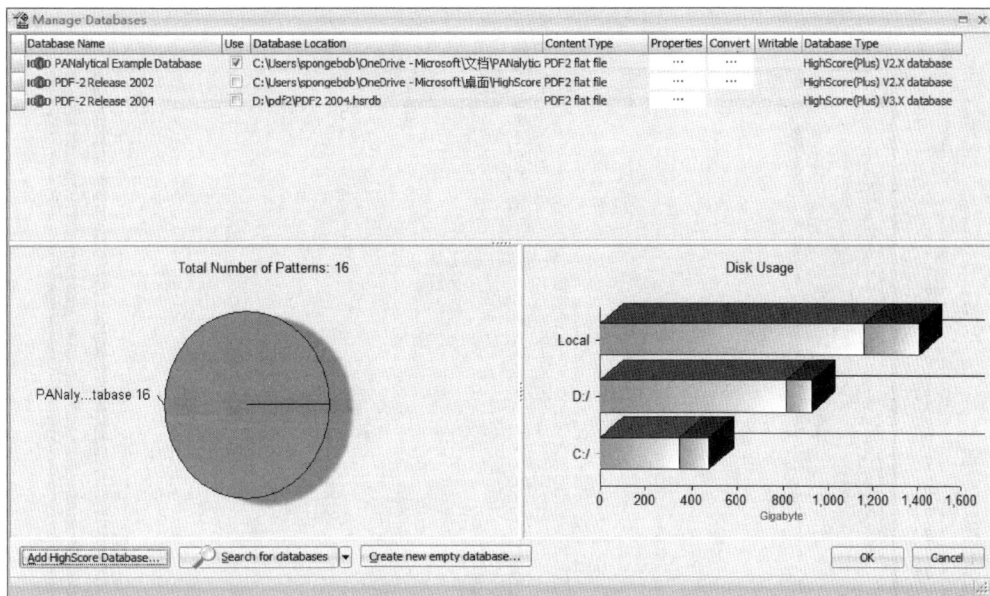

(b)

图 5-2　添加数据库前的状态

（a）HighScore Plus 初始界面；（b）Manage Databases 对话框

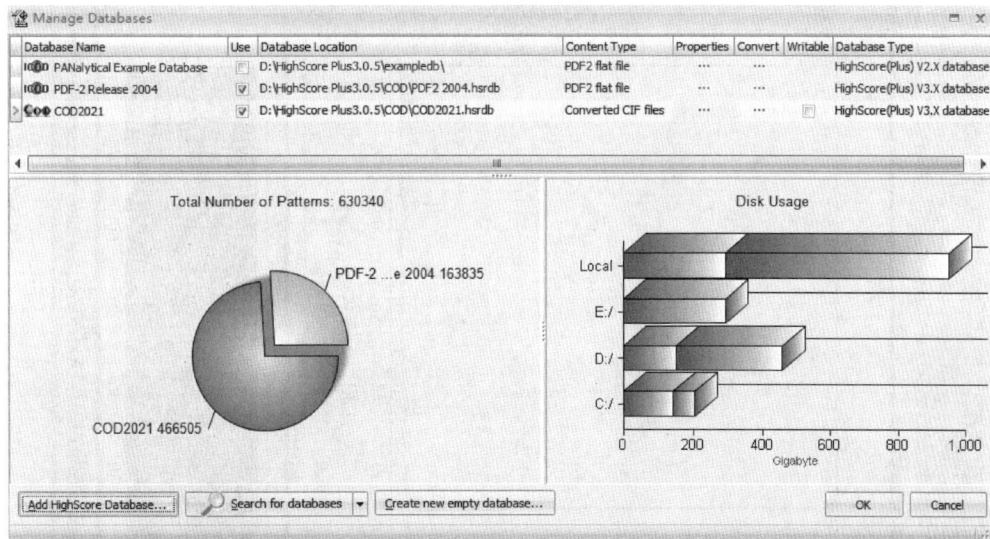

图 5-3　添加数据库后的 Manage Databases 对话框

5.2　软件界面介绍

双击桌面上的 HighScore Plus 图标，即可进入 HighScore Plus 主窗口。然后选择菜单栏中 File 菜单下的 Open 命令，会弹出一个读入文件的对话框。选择需要打开的文件，即可把所需要的文件读入到主窗口并显示出来，出现如图 5-4 所示的 HighScore Plus 文档窗口。其窗口由菜单栏、标签栏、工具栏、状态栏、基础图形窗格、辅助图形窗格和列表窗格组成。

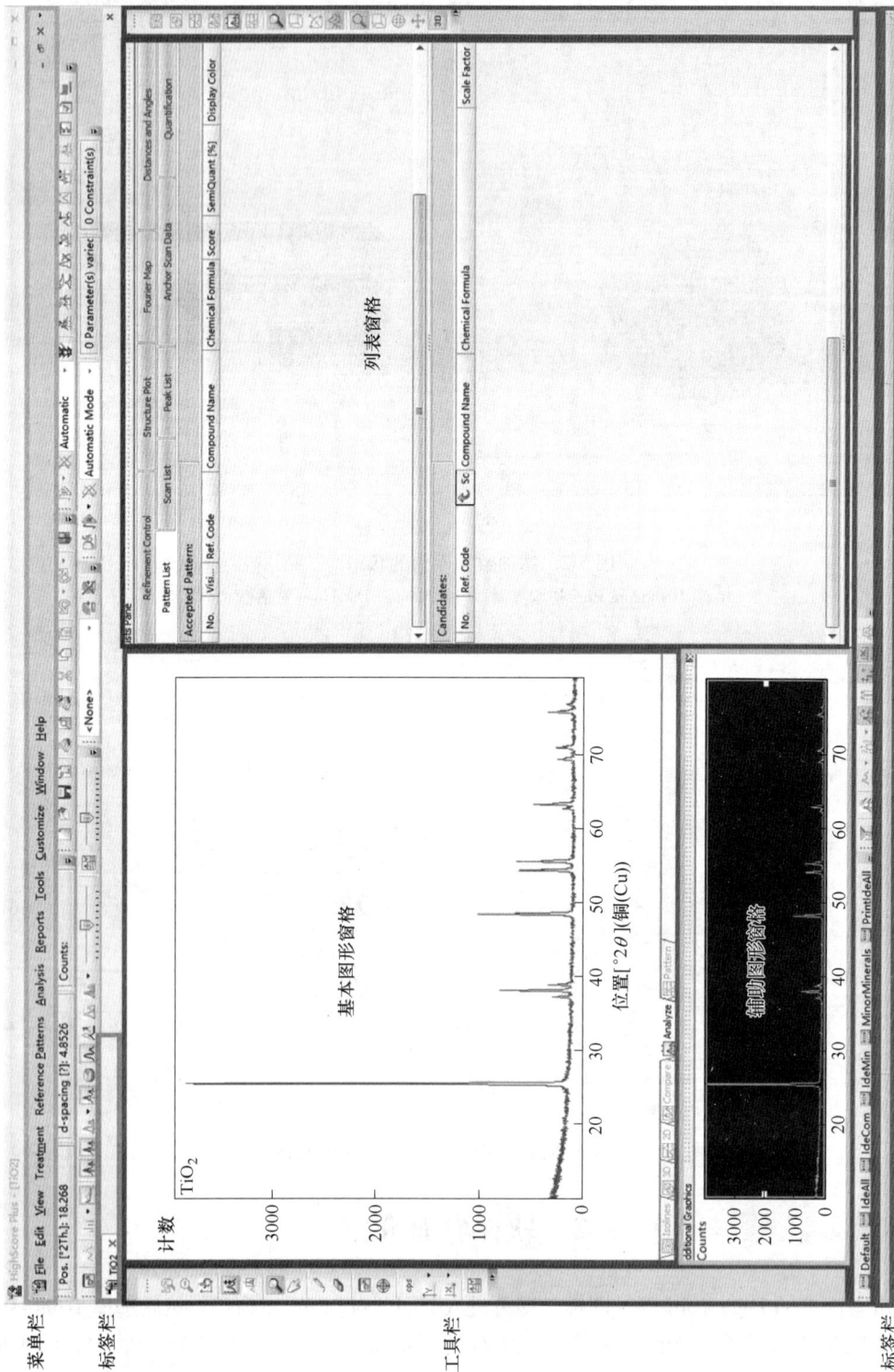

图 5-4　HighScore Plus 文档窗口

5.2.1 菜单栏

在菜单栏中，包含的菜单有 File（文件）、Edit（编辑）、View（视图）、Treatment（处理）、Reference Patterns（参考模式）、Analysis（分析）、Report（报告）、Tools（工具）、Customize（自定义）、Window（窗口）和 Help（帮助）。

5.2.1.1 File 菜单

单击菜单栏中的 File 菜单，出现如图 5-5 所示的下拉菜单。该菜单主要用于对文件进行导入、新建、格式转换及导出。在 File 菜单中，其下拉菜单分别有 New（新建）、Open（打开）、Open all XRDML from（打开文件夹中所有 XRDML 文件）、Insert（插入）、Close（关闭）、Save Document（保存文件）、Save As（另存为）、Save as Initial HPF（另存为初始 HPF）、Graphic Page Setup（设置页面）、Print Graphics（打印图形）、Print Preview（打印预览）、Graphic Print Setup（打印设置）、Send To（发送到）、Properties（属性）、Exit（退出）。其中，New 命令用来产生一个空白的文档；Insert 命令可以在原有花样的基础上再插入一个新的花样，两个衍射花样会出现在同一个窗口里，便于它们之间的比较；Save As 命令可以将当前窗口中显示的图谱数据以各种格式进行保存。

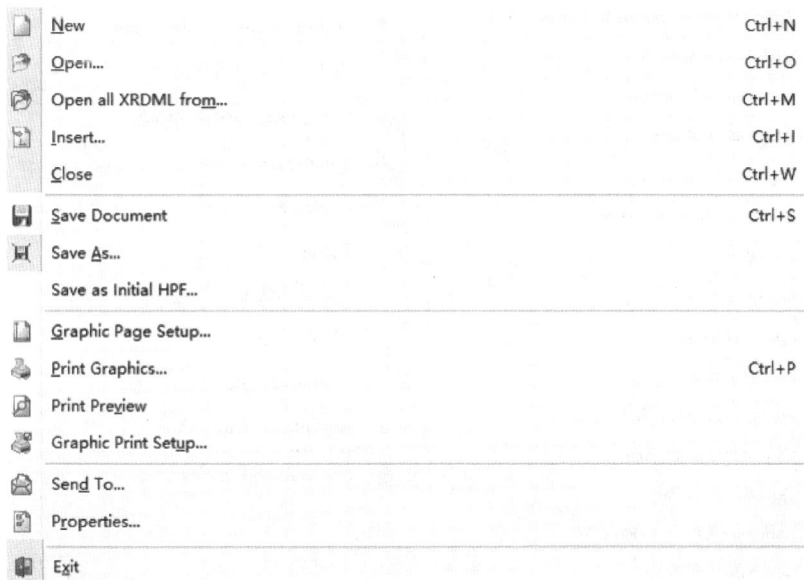

New		Ctrl+N
Open...		Ctrl+O
Open all XRDML from...		Ctrl+M
Insert...		Ctrl+I
Close		Ctrl+W
Save Document		Ctrl+S
Save As...		
Save as Initial HPF...		
Graphic Page Setup...		
Print Graphics...		Ctrl+P
Print Preview		
Graphic Print Setup...		
Send To...		
Properties...		
Exit		

图 5-5 File 的下拉菜单

5.2.1.2 Edit 菜单

单击菜单栏中的 Edit 菜单，出现如图 5-6 所示的下拉菜单。Edit 菜单的下拉菜单分为 7 个部分，分别为 Can't Undo（无法撤销）、Can't Redo（无法重做）、Cut（剪切）、Copy（复制）、Paste（粘贴）、Delete（删除）、Select All（全选）。

5.2.1.3 View 菜单

单击菜单栏中的 View 菜单，出现如图 5-7 所示的下拉菜单。该菜单用于对软件界面进行设置。在 View 菜单的下拉菜单中，有 Bring Object Inspector to Front（将对象检查器置于顶层）、Lock Pane Positions（锁定窗口位置）、Panes Default Setting（窗口默认设置）、Reset all Toolbars（重置所有工具栏）、Document Tabs（文档选项卡）、Additional Graphics Pane（附加图形窗口）、Lists Pane（列表窗口）、Scan List Pane（扫描数据窗口）、Peak List Pane（峰值列表窗口）、Pattern List Pane（PDF 数据窗口）、Anchor Scan Data Pane（原始数据窗口）、Object Inspector Pane（目标检测窗口）、Quantification Pane（定量分析窗口）、Refinement Control Pane（精修数据窗口）、Structure Plot Pane（结构图窗口）、Fourier Map Pane（傅里叶图窗口）、

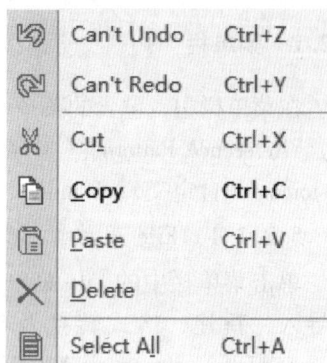

图 5-6　Edit 的下拉菜单

Distances and Angles Pane（键长和键角窗口）、Candidates Dendrogram（候选树枝图）、View Tabset（主图下面的功能键）、Desktop（桌面设置）、Toolbars（工具条）、Cursor Mode（指针模式）、Display Mode（显示模式）、Main Graphics（主图）、Additional Graphics（附图）、Set Manual Ranges（手动设置范围）、Zoom Previous（缩放上一页）、Zoom Out（退出放大）、Maximize Main Graphics（最大化主图形）。

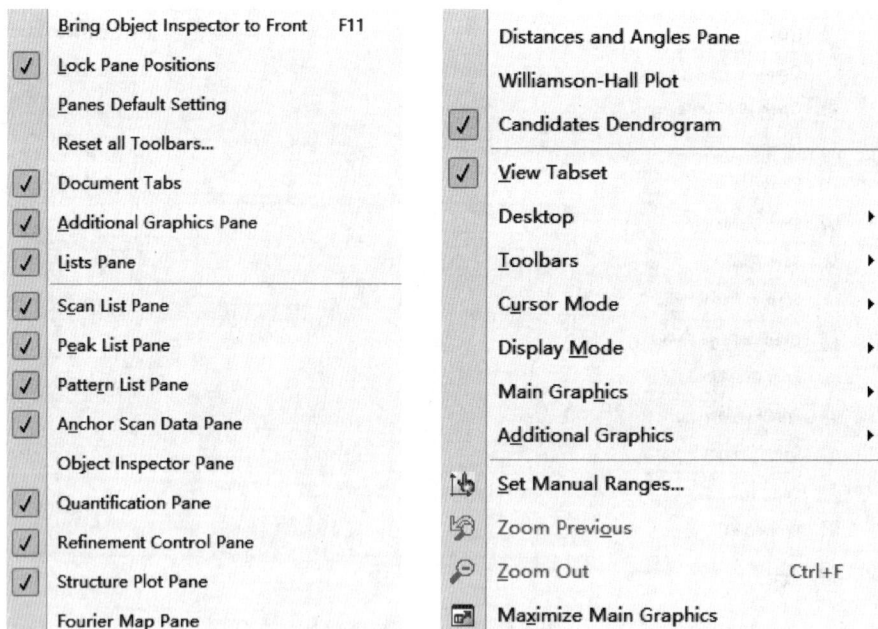

图 5-7　View 的下拉菜单

5.2.1.4　Treatment 菜单

单击菜单栏中的 Treatment 菜单，出现如图 5-8 所示的下拉菜单。该菜单用于对衍射峰进行处理。在 Treatment 菜单的下拉菜单中，有 Determine Background（确定背景）、Delete Background（删除背景）、Search Peaks（寻峰）、Profile Fit（峰形拟合）、Delete Calculated Profile（删除计算峰形）、Strip K-Alpha2（剔除 Kα2 峰）、Smooth（平滑）、Fourier Filter（傅里叶滤波器）、Corrections（校正）、Clip Range（角度范围调整）、Insert

Peak（插入峰）、Adjust to Anchor（调整基数点）、Merge Scans（合并文件）。其中，Determine Background 命令用于剔除背景信号后的各衍射峰净强度与标准卡片中的峰强进行比较；Search Peaks 命令用于找到衍射峰的峰位，并预估其峰强及峰宽，以便之后进行物相分析或指标化。Insert Peak 命令用于当衍射峰漏选时，进行手动加峰。

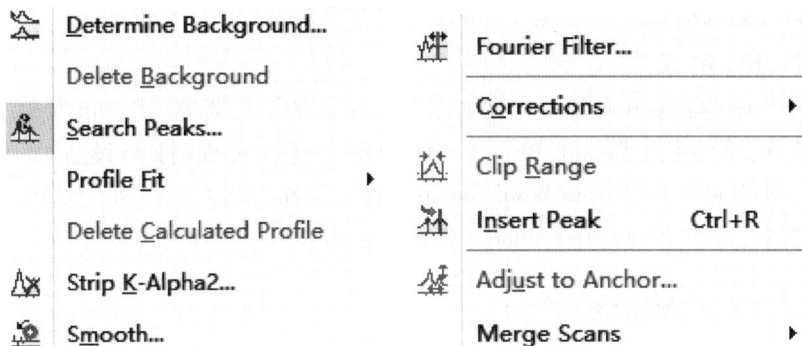

	Determine Background...		Fourier Filter...
	Delete Background		Corrections ▶
	Search Peaks...		Clip Range
	Profile Fit ▶		Insert Peak　Ctrl+R
	Delete Calculated Profile		Adjust to Anchor...
	Strip K-Alpha2...		Merge Scans ▶
	Smooth...		

图 5-8　Treatment 的下拉菜单

5.2.1.5　Reference Patterns 菜单

单击菜单栏中的 Reference Patterns 菜单，出现如图 5-9 所示的下拉菜单。在 Reference Patterns 菜单的下拉菜单中，有 Retrieve Pattern by（检索花样）、Create User Pattern（创建用户花样）、Edit User Pattern（编辑用户花样）、Delete User Pattern from Database（从数据库中删除用户花样）、Save Pattern List as Subset（将花样保存在子集中）、Load Subset to Pattern List（将子集载入花样表中）、Load Subset to Candidate List（将子集载入候选表中）、Convert Pattern to Phase（将花样转换为相位）、Reset all Manual Scales and Shifts（重置所有手动坐标）、Remove All Patterns（移除所有花样）、Add all CIF's of Folder to Database（将文件夹的所有 CIF 文件添加到数据库中）。

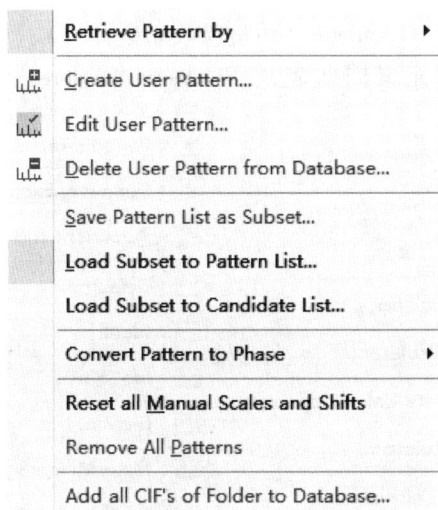

	Retrieve Pattern by ▶
	Create User Pattern...
	Edit User Pattern...
	Delete User Pattern from Database...
	Save Pattern List as Subset...
	Load Subset to Pattern List...
	Load Subset to Candidate List...
	Convert Pattern to Phase ▶
	Reset all Manual Scales and Shifts
	Remove All Patterns
	Add all CIF's of Folder to Database...

图 5-9　Reference Patterns 的下拉菜单

5.2.1.6　Analysis 菜单

单击菜单栏中的 Analysis 菜单，出现如图 5-10 所示的下拉菜单。该菜单用于对物相进行分析。Analysis 菜单的下拉菜单分为 6 个部分，分别为 Cluster Analysis（聚类分析）、Start Autoscaler（启动自动缩放程序）、Search & Match（物相检索）、Crystallography（结晶学）、Rietveld（结构精修）、Charge Flipping（电荷反转）。

5.2.1.7　Report 菜单

单击菜单栏中的 Report 菜单，出现如图 5-11 所示的下拉菜单。Report 菜单的下拉菜单分为 5 个部分，分别为 Report Page/Print Setup（报告页面/打印设置）、Create RTF Report（建立 RTF 报告）、Create Word Report（建立 Word 报告）、Create HTML Report（建立 HTML 报告）、Edit Report Definition（编辑报告内容）。

图 5-10　Analysis 的下拉菜单	图 5-11　Report 的下拉菜单

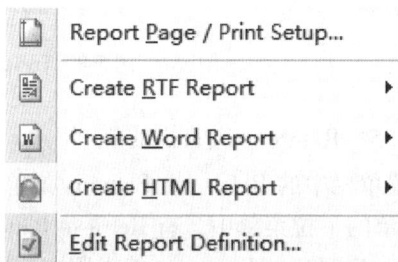

5.2.1.8　Tools 菜单

单击菜单栏中的 Tools 菜单，出现如图 5-12 所示的下拉菜单。在 Tools 菜单的下拉菜单中，有 Spectral Lines（光谱线）、Label Peaks（标定峰）、Set Peak Status（设置峰的状态）、Peak Calculator（峰值计算器）、Bragg Calculator（布拉格计算）、Alpha/Beta Calculator（α/β 计算）、MAC Calculator（质量吸收系数计算）、Scherrer Calculator（谢乐公式计算）、Periodic Table（元素周期表）、Symmetry Explorer（对称性搜寻）、Run User

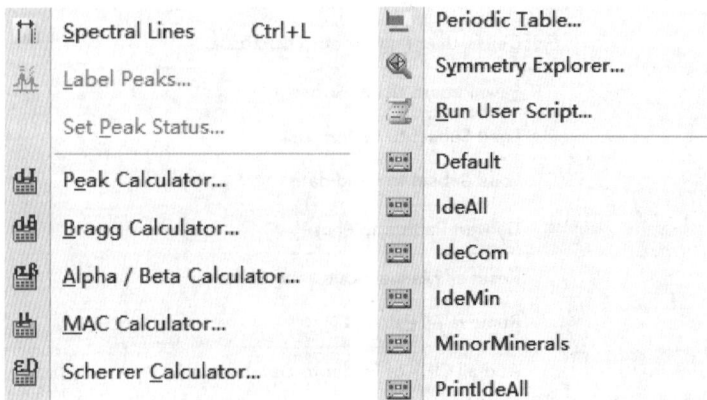

图 5-12　Tools 的下拉菜单

Script（运行用户脚本）、Default（物相自动默认检索）、IdeAll（物相自动全部检索）、IdeCom（物相自动普通检索）、IdeMin（物相自动矿物检索）、MinorMinerals（少量自动矿物检索）、Printlde All（打印所有的）。

5.2.1.9 Customize 菜单

单击菜单栏中的 Customize 菜单，出现如图 5-13 所示的下拉菜单。在 Customize 菜单的下拉菜单中，有 Document Settings（文档设置）、Apply Template（应用模板）、Program Settings（程序设置）、Manage Databases（管理数据库）、Defaults（仪器默认值）、File Associations（文件联系）、Import User Settings（输入用户设置）、Export User Settings（输出用户设置）、Import Parameters（输入参数）、Edit Header/Footer（编辑标题/页题）、Edit Parameter Sets（编辑参数设置）、Edit User Batches（编辑用户批处理程序）。其中，Manage Databases 命令可对数据库进行修改。

图 5-13　Customize 的下拉菜单

5.2.2　工具栏

5.2.2.1 Standard Toolbar（标准工具栏）

Standard Toolbar（标准工具栏）如图 5-14 所示，包括 New（新建）、Open（打开）、Save Document（保存文档）、Insert（插入）、Print Graphics on Microsoft Print to PDF（在 Microsoft 上将图形打印为 PDF）、Display Print Preview（显示打印预览）、Setup Graphic Print（设置图形打印）、Cut（剪切）、Copy（复制）、Paste（粘贴）、Can't Undo（无法撤销）、Can't Redo（无法重做）、Exit（退出）。其中，New 可以用快捷键 Ctrl+N，Open 可以用快捷键 Ctrl+O，Save Document 可以用快捷键 Ctrl+S，Insert 可以用快捷键 Ctrl+I，Print Graphics on Microsoft Print to PDF 可以用快捷键 Ctrl+P，Cut 可以用快捷键 Ctrl+X，Copy 可以用快捷键 Ctrl+C，Paste 可以用快捷键 Ctrl+V，Can't Undo 可以用快捷键 Ctrl+Z，Can't Redo 可以用快捷键 Ctrl+Y。

图 5-14　标准工具栏

5.2.2.2 XRD Toolbar（XRD 工具栏）

XRD Toolbar（XRD 工具栏）如图 5-15 所示，包括 Fit Profile（曲线拟合）、Stop Profile

Fit（停止曲线拟合）、Profile Fit Mode（曲线拟合模式）、Edit Automatic Profile Fit Steps（编辑自动曲线拟合步骤）、Search Peaks（寻峰）、Insert Peak（插入峰）、Determine Background（确定背景）、Strip K-Alpha2（剔除 Kα2 峰）、Smooth（平滑）、Correct for Outliers（校正异常值）、Clip Range（角度范围调整）、Fourier Filter（傅里叶滤波器）、Label Peaks（标记峰）、Program Settings（程序设置）、Edit Report Definition（编辑报告定义）、Periodic Table（周期表）。其中，Insert Peak 可以用快捷键 Ctrl+R。

图 5-15　XRD 工具栏

5.2.2.3　Display Mode（显示模式工具栏）

Display Mode（显示模式工具栏）如图 5-16 所示，包括 Maximize Main Graphics（最大化主图形）、Display Data Points（显示数据点）、Set Display of Peaks（设置峰值显示）、Show Background（显示背景）、Show Reference Patterns（显示参考模式）、Show Explained Features（显示功能说明）、Show Residue（显示残留）、Show Selected Candidate（显示选定的候选）、Show Quantification Chart（显示量化图）、Show Calculated Profile（显示计算峰形）、Show Selected Phase Profile（显示选择的物相峰形）、Show Individual Peak Profiles（显示单个峰形）、Individual Profiles Fill Style（单个峰形填充样式）、Individual Peak Profile Blending Factor（单个峰形弯曲因子）、Document Settings（文档设置）、Change Display Font Size（更改显示字体大小）。

图 5-16　显示模式工具栏

5.2.2.4　Rietveld Toolbar（Rietveld 工具栏）

Rietveld Toolbar（Rietveld 工具栏）如图 5-17 所示，包括 Start Pattern Simulation（开始模式模拟）、Start Rietveld Refinement（开始 Rietveld 精修）、Stop Rietveld Refinement（停止 Rietveld 精修）、Refinement Mode（精修模式）、Parameter(s) varied（参数变化）、Constraint(s)（约束）。

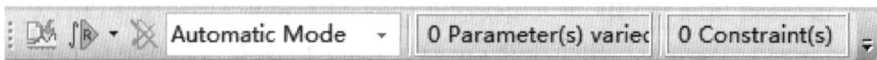

图 5-17　Rietveld 工具栏

5.2.2.5　Tool Palette（坐标缩放工具栏）

Tool Palette（坐标缩放工具栏）如图 5-18 所示，包括 Zoom Previous（缩放上一页）、Zoom Out（缩小）、Set Manual Ranges（设置手动范围）、Automatic Scale（自动缩放）、Zoom Intensity（缩放强度）、Switch to Zoom Mode（切换到缩放模式）、Switch to Select Mode（切换到选择模式）、Switch to Write Text Mode（切换到写入文本模式）、Switch to

Erase Text Mode（切换到擦除文本模式）、Maximize Main Graphics（最大化主图形）、Show Hairline Cursor（显示发际线光标）、Counts/second（计数/秒）、Y-Axis（Y 轴）、X-Axis（X 轴）、Edit Document Settings（编辑 文档设置）。

图 5-18　坐标缩放工具栏

5.2.2.6　Batches Toolbar（批处理工具栏）

Batches Toolbar（批处理工具栏）如图 5-19 所示，包括 Default（物相自动默认检索）、IdeAll（物相自动全部检索）、IdeCom（物相自动普通检索）、IdeMin（物相自动矿物检索）、MinorMinerals（少量自动矿物检索）、PrintIdeAll（打印所有的）。

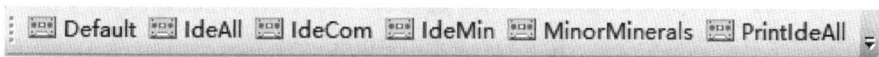

图 5-19　批处理工具栏

5.2.2.7　Pattern Toolbar（卡片工具栏）

Pattern Toolbar（卡片工具栏）如图 5-20 所示，包括 Restrictions（限制条件）、Execute Search & Match（执行搜索和匹配）、Select Data Source（选择数据源）、Select Scoring Scheme（选择评分方案）、Auto Residue（自动残留）、Allow Pattern Shift（允许模式偏移）、Match Intensity（匹配强度）、Track Graph（轨迹图）。

5.2.2.8　Desktop（窗口布局工具栏）

Desktop（窗口布局工具栏）如图 5-21 所示，包括 Desktop Name（桌面名称）、Save Desktop（保存桌面）、Delete Desktop（删除桌面）。

图 5-20　卡片工具栏

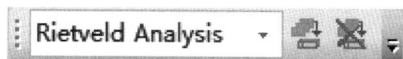

图 5-21　窗口布局工具栏

5.2.3　显示窗格

5.2.3.1　Main Graphics（基础图形窗格）和 Additional Graphics（辅助图形窗格）

当软件载入一个扫描文件时，Main Graphics（基本图形窗格）里的 Analyze View（分析视图）会显示完整的锚定扫描谱图，如图 5-22 所示。

在 Additional Graphics（辅助图形窗格）里则显示 Zoom overview（缩放总览视图），如图 5-23 所示。

当对衍射数据进行物相检索和匹配后，衍射分析文档将发生多处改变，如图 5-24 所示。在基本图形窗格里的分析视图中将显示该参考卡片的峰位线（有时称作柱状图）。在辅助图形窗格中也将显示柱状图。此外，在列表窗格里的 Pattern List（卡片列表）标签页中，将显示检索得到的参考卡片的概要信息。

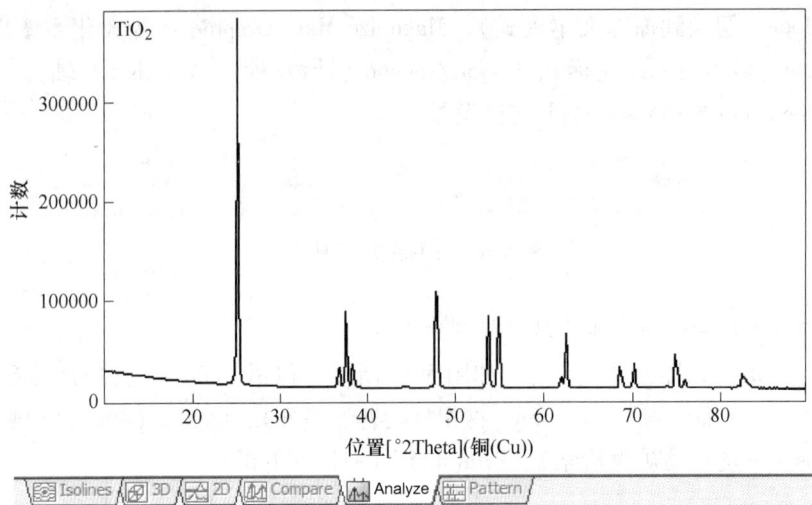

图 5-22　基本图形窗格

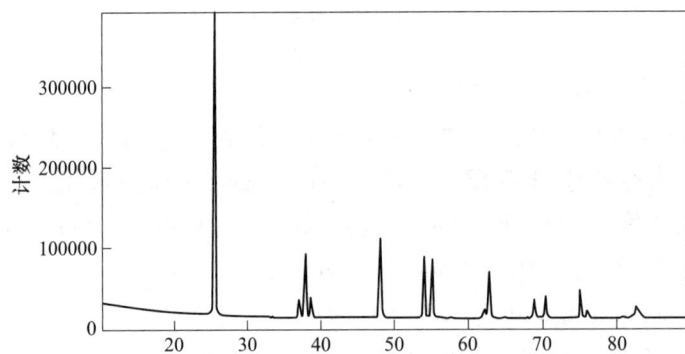

图 5-23　辅助图形窗格

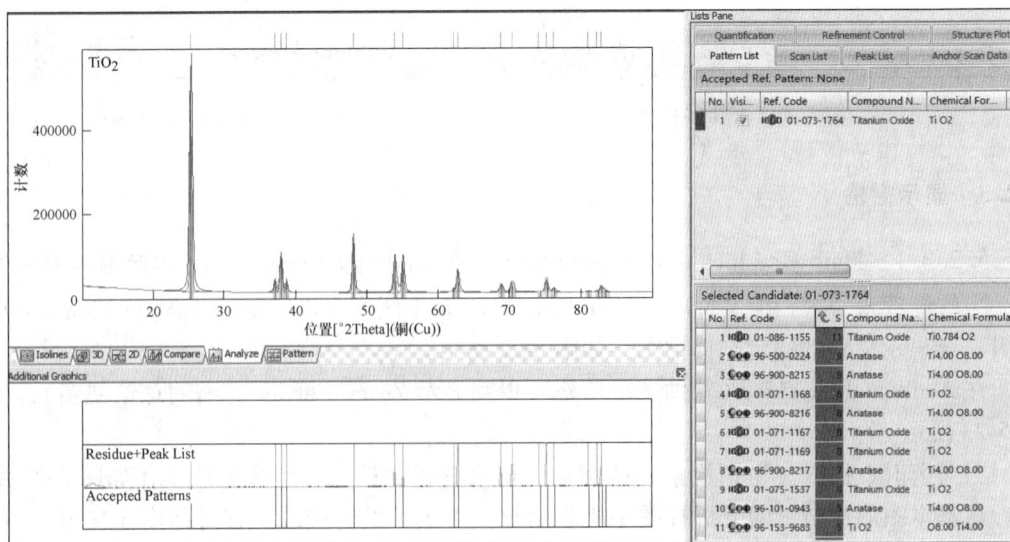

图 5-24　进行物相匹配和检索后的文档窗口

5.2.3.2 Lists Pane（列表窗格）

列表窗格可以通过菜单 View 下 Lists Pane 的勾选与否，来显示或隐藏整个列表窗格。列表窗格中的各标签页也可通过对 View 菜单中的相应各项的勾选与否，来进行显示或隐藏。其中 Williamson-Hall Plot 整合在 Peak List 标签页中，Candidates Dendrogram 整合在 Pattern List 标签页中。

在列表窗格中（见图 5-25）的标签页分别有 Pattern List（卡片列表）、Scan List（扫描列表）、Peak List（衍射峰列表）、Anchor Scan Data（锚定扫描数据）、Quantification（定量饼图）、Refinement Control（精修控制）、Structure Plot（晶格结构图）、Fourier Map（傅里叶图）、Distances and Angles（键长键角）、Object Inspector（对象属性）。

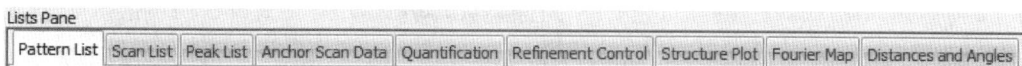

图 5-25　列表窗格中的标签页

5.3　物 相 分 析

5.3.1　数据导入

若软件未打开，双击桌面上的 HighScore Plus 图标后，即可进入 HighScore Plus 软件界面。然后选择菜单栏中 File 菜单下的 Open 命令，会弹出一个如图 5-26 所示的窗口。再选择需要打开的文件，即可将所需要的文件读入到主窗口并显示出来，出现如图 5-4 所示的界面。

图 5-26　Open 窗口

5.3.2　确定背景

选择菜单栏中 Treatment 菜单下的 Determine Background 命令或者单击 XRD 工具栏中的确定背景按钮，会出现如图 5-27 所示的确定背景窗口，并自动确定一条亮绿色的背景线，显示在基本图形窗格中。从窗口里可以看见有三种确定背景的方式，分别是自动模式（Automatic）、手动模式（Manual）、寻峰算法（By Search Peaks）。其中，自动模式采用 Sonneveld & Visser 迭代近似法，每隔 N 个数据点计算一个背景基点，基点的直线段连接即成背景线；手动模式则是完全手动地设置背景线的基点；寻峰算法是在没有峰的地方算背景，然后将这些片段用直线段连接成完整的背景线。大多数情况下，通过自动模式来确定背景就可满足我们的正常需求。

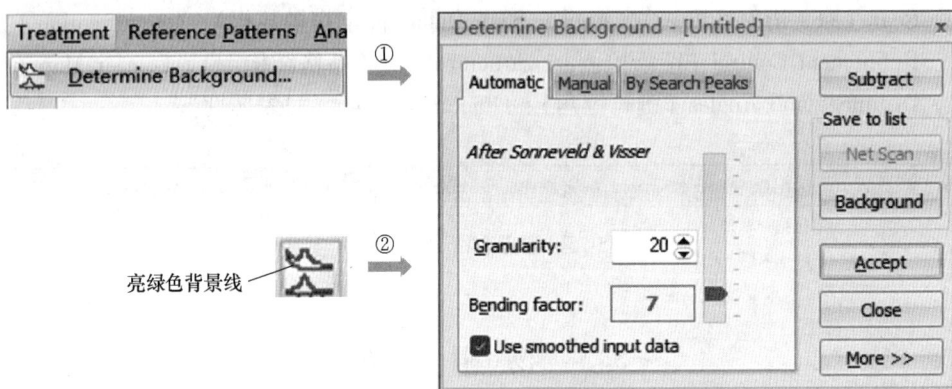

图 5-27　Determine Background 窗口

在自动模式下有两个可调整的参数：一种是间隔尺寸（Granularity），它表示设置隔多少个数据点计算为一个背景基点；另一种是弯曲系数（Bending factor），它表示设置背景线的曲率，数值越大，背景线就越往上凸起。当调整参数时，图谱中亮绿色的背景线会发生相应的变化。通过调整参数数值，确定其背景线合适时，则可以单击对话框右侧的 Accept，来接受这条背景线。需要注意的是，未寻峰之前切勿扣除背景，背景的扣除将改变计数统计，将会导致较差的寻峰结果。

5.3.3　寻峰

选择菜单栏中 Treatment 菜单下的 Search Peaks 命令，或者将鼠标光标移动到图谱位置，然后单击鼠标右键选择 Search Peaks，再或者单击 XRD 工具栏中的寻峰按钮，就会出现如图 5-28 所示的寻峰窗口。其寻峰方式有两种：一种是平滑峰顶点法（Top of smoothed

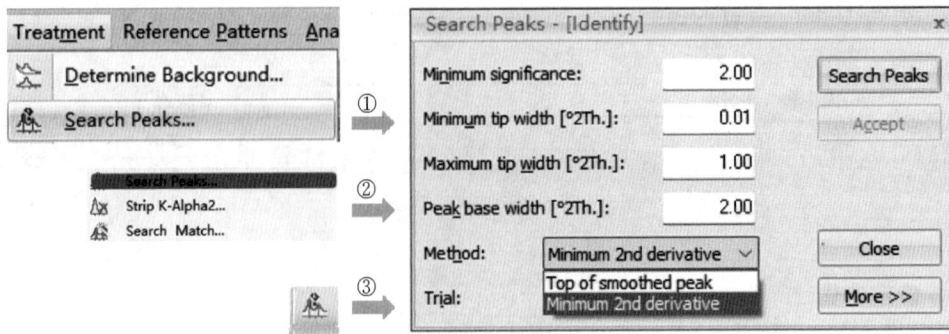

图 5-28　寻峰窗口

peak），即在后台平滑衍射峰后，用抛物线拟合峰顶最强的几个点，以抛物线轴线位置作为峰位；另一种最小二阶导数法（Minimum 2nd derivative），它基于 Savitsky & Golay 的算法计算衍射峰的二阶导数，然后取其最小点的位置作为峰位。这两种寻峰方式，平滑峰顶点法定的位置更加准确，但要分辨重叠严重的峰，使用最小二阶导数法更为合适，一般常用最小二阶导数法。

当单击 Search Peaks 按钮后。探测到的衍射峰将标示在基本图形（Main Graphics）内部及黑框上面，其中橙色实线表示 Kα1 和 Kαmixed 峰，橙色虚线表示 Kα2 峰。未被参考卡片匹配上的峰上面会有一个小"V"符号（当设置了峰标线显示在黑框上方）。同时还会生成一个预览色（蓝色）显示的计算谱线，如图 5-29 所示。然后单击 Accept 按钮接受该寻峰结果。单击列表窗格中的 Peak List（衍射峰列表）标签页。该标签页将显示所有探到的衍射峰的详细信息，Kα2 波长的衍射峰将以灰色背景显示。若寻峰结果中有以噪声标为峰时，可以手动删除其峰标线；若寻峰结果中有峰漏掉，可以手动将其标出。

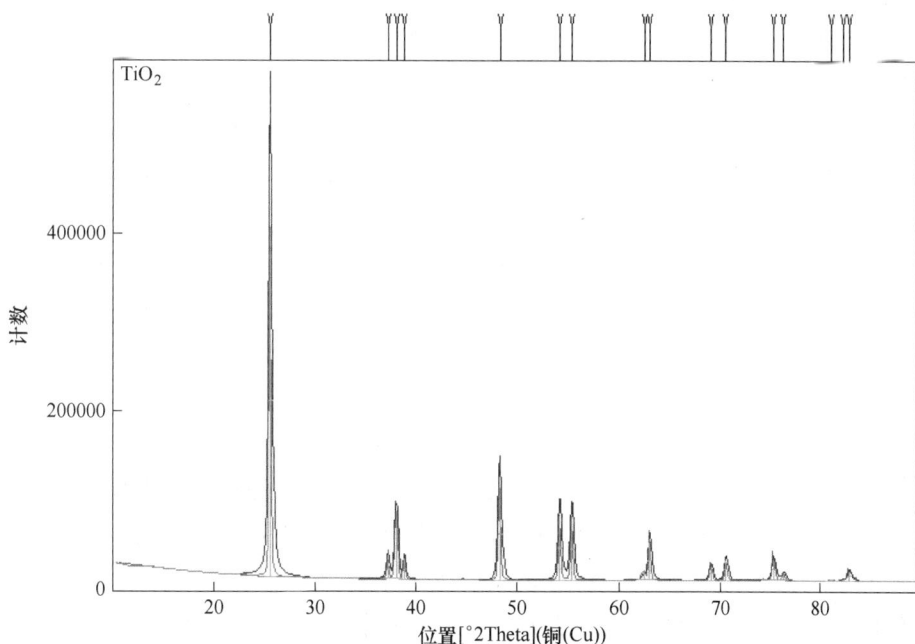

图 5-29 锚定扫描及预览的衍射峰和计算谱线

图 5-29 彩图

5.3.4 物相鉴定

选择菜单栏中 Analysis 菜单下的 Search & Match 命令，再单击 Execute Search & Match，或者将鼠标移至基本图形窗格内，用鼠标右键单击选择 Search & Match，再或者单击卡片工具栏中的 Search & Match Reference Patterns，即可打开如图 5-30 所示的搜索和匹配对话框。在对话框中有三类参数：（1）限制条件（Restrictions），取符合限制条件的卡片与测量谱图比较；（2）比较参数（Parameters），卡片与谱图比较如何评判匹配度的参数；（3）自动匹配（Automatic），自动选取符合条件的卡片为匹配卡片。大多数情况下，比较参数和自动匹配选择软件默认，即可满足正常需求。

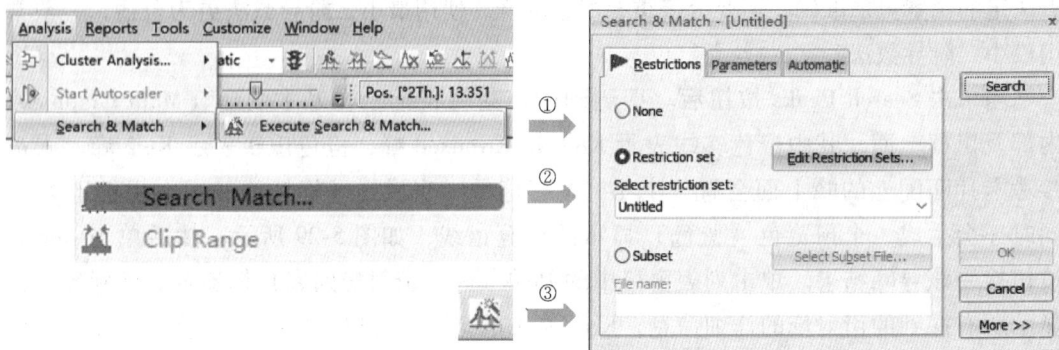

图 5-30　搜索和匹配对话框及其打开步骤

在 Restrictions 标签页里，会出现三个选项。如果在不知道样品信息的情况下，可以选择无规则（None），将数据库中所有卡片与测量谱图进行比较。若有子集文件，可选择子集（Subset）。如果在已知样品某些信息的情况下，可选择限制集（Restriction Set）来缩小卡片范围。单击 Edit Restriction Sets 后，会出现如图 5-31（a）所示的对话框。在对话框中会出现 Subfiles（子集）、Chemistry（化学）、Quality（质量）、Crystallography（结晶学）和 Strings（字符串）选项卡，可以按照这些选项卡来设置自己的需求。大多数情况下，会选择 Chemistry 选项卡对化学元素范围进行限定来缩小卡片的范围。单击 Chemistry 选项卡中的 Periodic Table，会出现如图 5-31（b）所示的对话框。由于本次演示的样品含有 Ti 和 O 元素，故先单击 Select all 将元素周期表中所有元素对应位置都显示为红色（红色表示没有这种元素），然后再分别单击 Ti 和 O 元素对应的位置，使其变为绿色（绿色表示这 2 个元素都有），如图 5-31（c）所示。然后单击 OK，再点 Close。

按照自己需求设置完参数后，单击右上方的 Search，软件将从数据库中读取符合限制规则的参考卡片与测量数据进行比较，并按比较参数的设定计算出各卡片的匹配度得分，按照其得分高低进行排序，如图 5-32 所示；若设置了自动匹配，还会将符合自动匹配条件的一些候选卡片自动拖到已接受卡片列表中。然后单击 OK 以接受匹配检索的结果。

接下来是通过手动来进行物相判断，按照得分从高到低，单击鼠标左键单击候选卡片列表中卡片，此时在基本图形窗格和辅助图形窗格中都会出现淡蓝色的峰标线，如图 5-33 所示。

将参考卡片与测量谱图进行比对，若发现样品中存在某个物相，则可将该物相的卡片从候选卡片列表中拖到已接受卡片列表中，将参考卡片与测量数据进行详细比对。同时可以对在接受卡片列表中的参考卡片进行双击鼠标左键，来查看该参考卡片详细信息，以检查所接受的物相是否符合所给样品的信息，如图 5-34 所示。

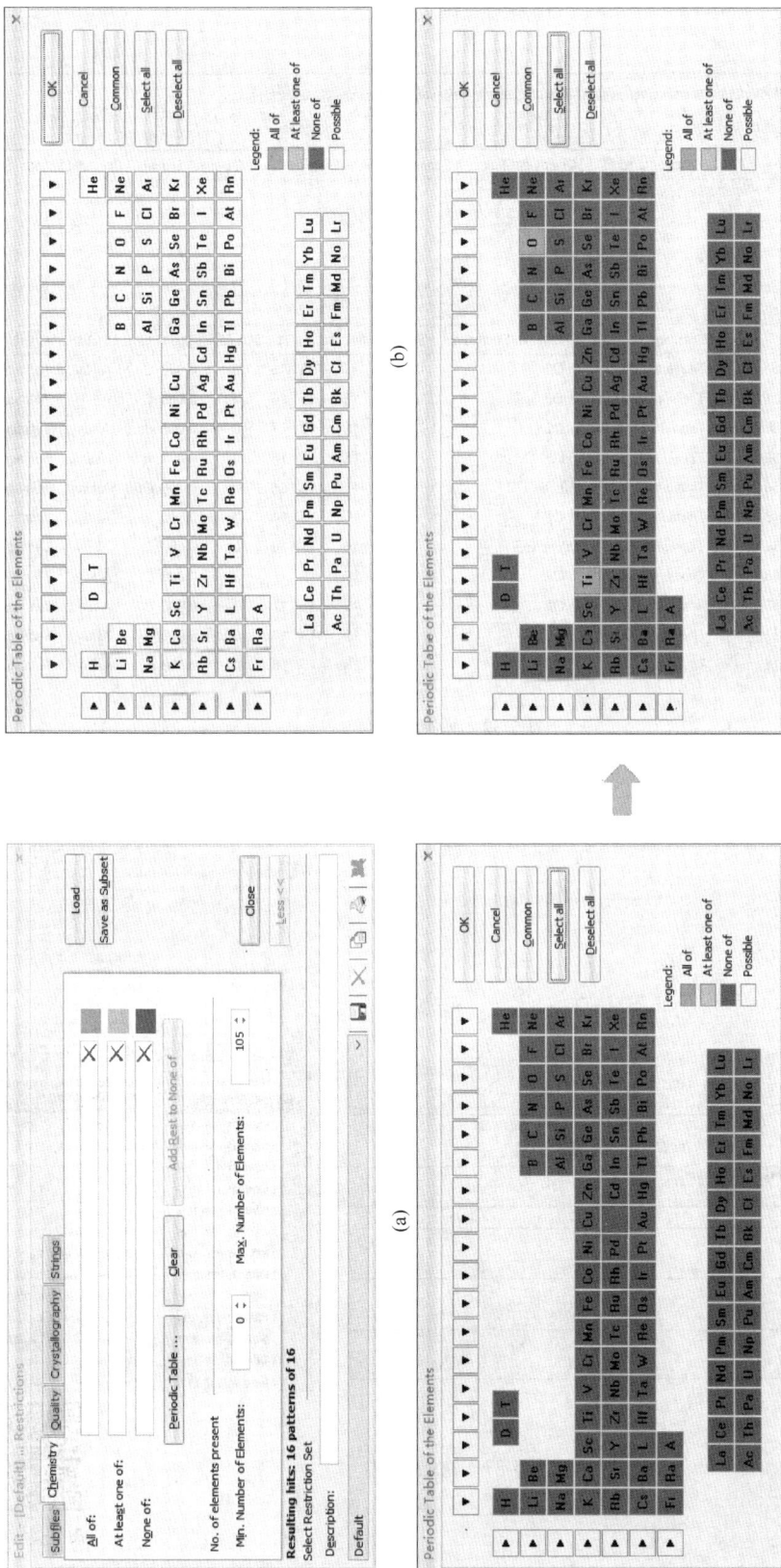

(a)

(b)

(c)

图 5-31 限制集编辑对话框

(a) Chemistry 选项卡;(b) 元素周期表;(c) 选择元素后的元素周期表

图 5-31 彩图

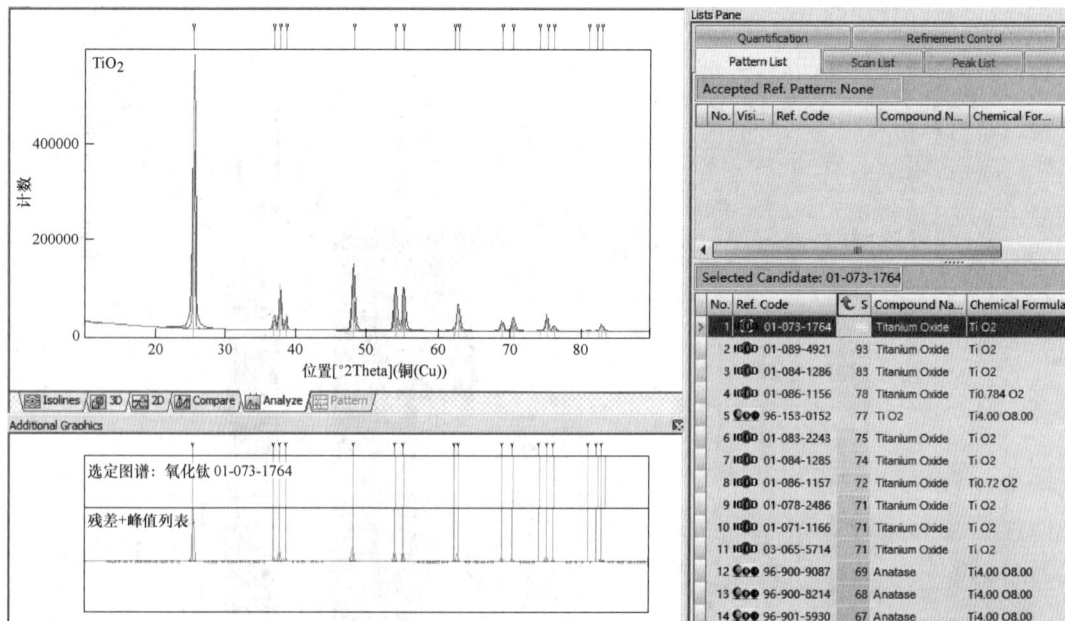

No.	Ref. Code	🕐	S	Compound Na...	Chemical Formula	Scale...	ML	N...	TL	SUL	Displac...	Q	Subfil...	Cryst. Syst.
1	ICDD 01-073-1764		97	Titanium Oxide	Ti O2	0.925	15	15	16	0	0.000	C	Alloy,...	Tetragonal
2	ICDD 01-089-4921		94	Titanium Oxide	Ti O2	0.918	15	15	16	0	0.000	C	Alloy,...	Tetragonal
3	ICDD 01-084-1286		81	Titanium Oxide	Ti O2	0.851	15	15	17	0	0.000	C;...	Alloy,...	Tetragonal
4	COD 96-153-0152		81	Ti O2	Ti4.00 O8.00	0.884	15	15	16	0	0.000	=	User I...	Tetragonal
5	ICDD 01-086-1156		80	Titanium Oxide	Ti0.784 O2	0.888	15	15	16	0	0.000	C	Alloy,...	Tetragonal
6	ICDD 01-083-2243		79	Titanium Oxide	Ti O2	0.905	15	15	16	0	0.000	C	Alloy,...	Tetragonal
7	ICDD 01-086-1157		74	Titanium Oxide	Ti0.72 O2	0.864	15	15	16	0	0.000	C	Alloy,...	Tetragonal
8	ICDD 01-071-1166		74	Titanium Oxide	Ti O2	0.825	15	15	16	0	0.000	C	Alloy,...	Tetragonal
9	ICDD 01-084-1285		73	Titanium Oxide	Ti O2	0.822	15	15	17	0	0.000	C	Alloy,...	Tetragonal
10	ICDD 01-078-2486		73	Titanium Oxide	Ti O2	0.821	15	15	18	0	0.000	C	Alloy,...	Tetragonal
11	ICDD 03-065-5714		73	Titanium Oxide	Ti O2	0.827	15	15	16	0	0.000	C	Alloy,...	Tetragonal

图 5-32　检索结果

图 5-33　物相匹配

图 5-33 彩图

Reference Pattern: 01-073-1764

Name and formula

Reference code:	01-073-1764
Mineral name:	Anatase, syn
Compound name:	Titanium Oxide
Empirical formula:	O_2Ti
Chemical formula:	TiO_2

Crystallographic parameters

Crystal system:	Tetragonal
Space group:	I41/amd
Space group number:	141
a (?):	3.7760
b (?):	3.7760
c (?):	9.4860
Alpha (°):	90.0000
Beta (°):	90.0000
Gamma (°):	90.0000
Calculated density (g/cm^3):	3.92
Volume of cell (10^6 pm^3):	135.25
Z:	4.00

图 5-34 显示参考卡片详细信息

5.4 Rietveld 精修

通过将参考卡片与测量数据进行详细比对后，需要选择与测量谱图匹配较好且含有元素坐标的参考卡片进行 Rietveld 精修。如果参考卡片中没有元素坐标信息，就无法进行 Rietveld 精修。当选择好所需的参考卡片，将其拖入接受卡片列表中，然后右键单击参考卡片，会出现如图 5-35（a）所示的下拉菜单。选择 Convert Pattern to Phase（将模式转换为相位），将其加载到 Refinement Control 标签页。此时在基本图形窗格中会出现物相百分比，如图 5-35（b）所示。为了方便后续分析，需要将辅助图形窗格图形显示改为 Difference Plot（差值图），将鼠标移至辅助图形窗格区域，然后单击右键选择 Show Graphics（显示图形），再选择 Difference Plot 即可。当打开 Refinement Control（精修控制）标签页时，可以看见之前将参考卡片转换的物相，如图 5-35（c）所示。如果衍射数据中存在多个物相，需要对主量相和微量相进行判断。在精修时，需要先对主量相进行精修，然后再对微量相进行精修。一般精修，先选定自动精修模式，再选定手动精修模式。

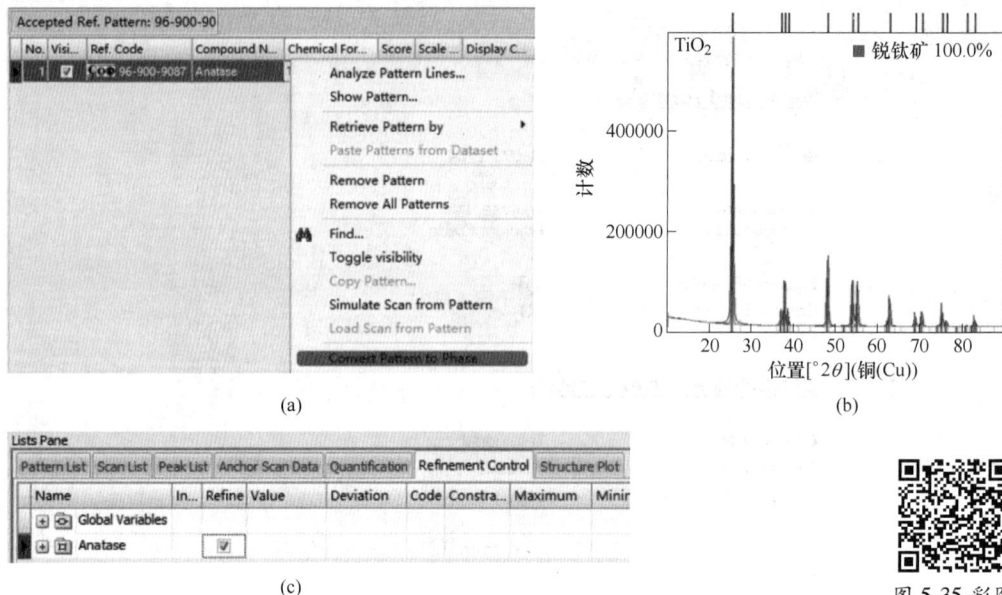

(a)

(b)

(c)

图 5-35 彩图

图 5-35　Rietveld 精修操作菜单和图形窗格

（a）接受卡片列表右键弹出的下拉菜单；（b）选择 Convert Pattern to Phase 后的基本图形窗格；
（c）选择 Refinement Control 后的图形窗格

5.4.1　自动精修

单击 Analysis 菜单下的 Rietveld，然后单击 Start Rietveld Refinement，再选择 Default；或者单击 Rietveld 工具栏中 Start Rietveld Refinement 的下拉菜单 Default，即可启动自动精修，如图 5-36 所示。

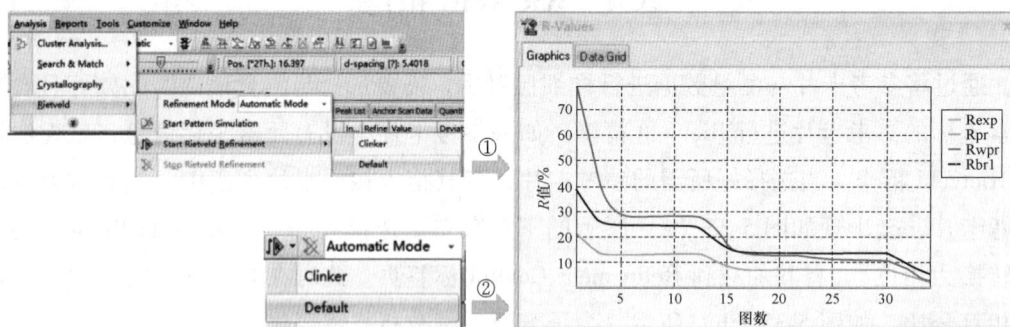

图 5-36　自动精修启动方式

图 5-36 彩图

当精修结束后，可打开列表窗格中的 Refinement Control（精修控制）标签页，双击 Global Variables（全局参量）来打开它的 Object Inspector（对象属性）窗格。展开 Agreement Indices（判断因子）部分，通过查看 R expected 项、R profile 项、Weighted R profile 项和 Goodness of Fit 项的值，来判断精修拟合效果。一般 R expected 项、R profile 项和 Weighted R profile 项的值要求小于 10，Goodness of Fit 项的值要求小于 2。

5.4.2   手动精修

当自动精修后拟合效果不太好时，可进行手动精修。单击 Rietveld 工具栏中 Rietveld refinement Mode，选择 Manual Mode；或者单击 Analysis 菜单下的 Rietveld，将 Rietveld refinement Mode 选择为 Manual Mode，即可更换精修模式。打开 Refinement Control 标签页，单击 Global Variables 前的"+"，可以如图 5-37（a）所示 Global Variables 的选项。对于无标定量分析，只需要对背景线进行修正。单击 Background Polynomial 前"+"，会弹出如图 5-37（b）所示背景线对象窗口。其常用背景线确定的方式有两种，一种是 Polynomial，另一种是 Use available background，一般选择 Polynomial。选择勾选 Use Extended Background Terms，会出现很多扩展背景系数，如图 5-37（c）所示。按实际要求对背景系数进行勾选，然后再次进行精修。

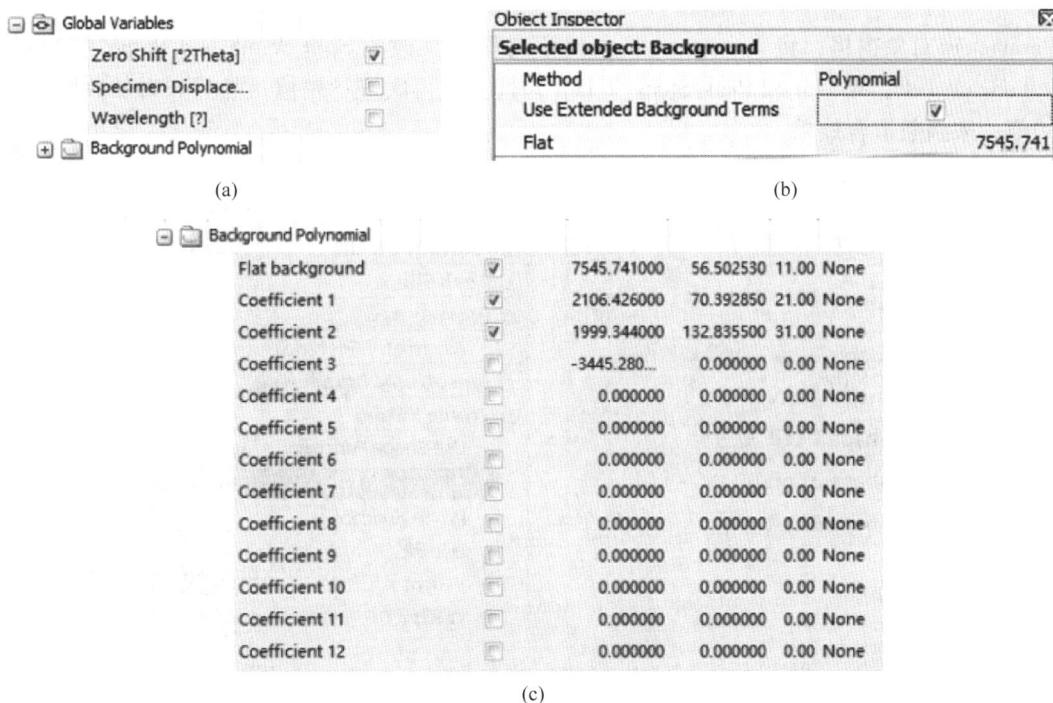

(a)

(b)

(c)

图 5-37   精修控制选项

（a）Global Variables 选项；（b）背景线对象窗口；（c）扩展背景系数

对全局参量修正完后，接下来是对各个物相进行修正。如图 5-38 所示，当物相中存在择优取向时，需要勾选 Preferred Orientation，然后在 Preferred Orientation 对象窗口输入指定的晶向指数，再进行精修。当衍射数据是在非常温条件测试得到的，需要勾选 B overall，然后进行精修。常温测得的数据不需要对温度因子进行修正。

接下来是对峰形轮廓造成的偏差进行修正，单击 Profile Variables 前的"+"，出现如图 5-39（a）所示的各参数。在衍射数据中许多衍射峰并不是对称峰形，因此需要对不对称型进行修改，单击 Profile Variables，会弹出如图 5-39（b）所示的 Profile Variables

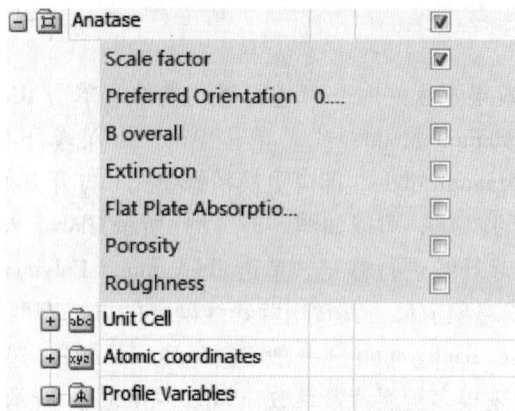

图 5-38　单击物相弹出的各选项

Parameters 对象窗格，将 Asymmetry Type（不对称型）改为 Split Width and shape。同时将 U Left、V Left、W Left 和 Peak Shape 1 Left 勾选上，再次进行精修。然后查看其判断因子的值，来判断拟合效果。

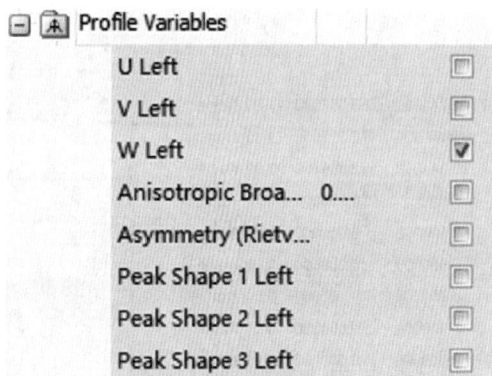

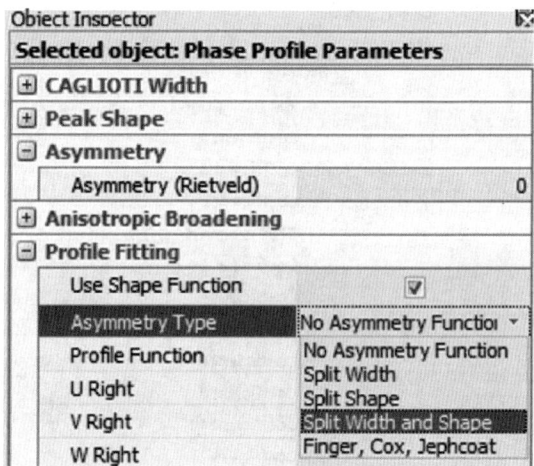

(a)   (b)

图 5-39　峰形轮廓参数

（a）Profile Variables 下的各参数；（b）Profile Variables Parameters 对象窗格

6 利用 EndNote 实现文献管理

6.1 EndNote 简介

在信息化爆炸的 21 世纪，科技日新月异，对科技的开发和利用能够从根本上提高国家和个人的核心竞争力。在科研探索过程中，科技的发展给广大的科研人员带来了极大的便利，尤其在信息挖掘和利用方面。文献是科研信息来源的载体和媒介，科技的发展极大地提高了文献信息管理和分析的能力。EndNote 软件是 Thomson Reuters 公司发布的全球最受欢迎的文献管理软件，其强大的信息检索功能能够提高科研工作者获取信息、管理信息和分析挖掘信息的能力；其强大的文献管理功能能够帮助使用者提高管理文献、获取信息的效率。另外，在撰写论文时，该软件能够自动产生参考文献清单，并依投稿期刊标准格式编排，大大节省研究人员撰写及整理文献的时间。因此，作为一名科研工作者，学习并掌握这样一款软件是非常必要的。本部分将以 EndNoteX5 版本为例，从功能介绍入手，理论联系实际，循序渐进地讲述如何在科研工作中使用这款软件。

6.1.1 EndNote 功能介绍

6.1.1.1 EndNote 软件的工作原理

EndNote 首先需要建立一个本地数据库，以 . enl 为扩展名。数据即参考文献及相关文件，可以通过以下途径获得：

（1）检索网上数据库，筛选信息；

（2）利用软件，联网检索；

（3）手工操作，创建数据库。

然后将不同的数据整合到一起，自动剔除重复的信息。同时可以方便地进行数据库的检索。当数据库（即 EndNote 个人图书馆）建立后，便可以保存个人所需的各种参考文献。包括文本、图像、表格、方程式等。在撰写论文和报告的同时，可以很方便地管理参考文献的格式，还可以非常方便地做笔记等。

EndNote 的构架主要包括数据库的建立、数据库的管理和数据库的应用三个方面，将在以后的章节具体介绍。

6.1.1.2 EndNote 软件的基本概念

在 EndNote 软件使用过程中会频繁地接触到以下基本概念，掌握这些概念有助于软件的应用。

（1）Library：EndNote 数据库。这是 EndNote 用来在本地存储参考文献信息的文件，即为 Database. 扩展名为 . enl(EndNote Library 之意)。

（2）Reference：参考文献，一条参考文献就是 EndNote 数据库内的一条记录，每一个

Library 由许多 Reference 组成。

（3）Reference Type：参考文献类型，如常用的 Journal Article（杂志文章）、Book（书籍）等。

（4）Import Filter：导入滤镜。这是将文献检索结果导入 EndNote 数据库时所用的过滤软件，由于每个文献数据库的输出数据格式都不一样，导入数据时应根据文献数据库选择对应的 Filter，才能将检索结果正确导入 EndNote 数据库。

（5）Output Style：输出样式，即参考文献在 Word 文本内的引用格式和文章末尾参考文献清单的格式。

6.1.1.3 EndNote 软件的功能

EndNote 在使用时首先可作为一个检索工具，它具有强大的在线检索功能，且本身带几百个在线文献库或网上图书馆的链接，方便随时检索文献。其次，EndNote 也可以根据个人需要对存储的参考文献进行编辑、重新排列及修改调整。在论文写作需要插入参考文献时，利用 EndNote 中的命令或 Word 中 EndNote 插件的命令按钮，能够将相应文献插入 Word 文档内，按照选定的式样（Style），逐一或者成批生成文末参考文献清单。EndNote 还可以在论文写作过程中，按拟投稿期刊要求的格式，自动调整引文的格式。总结来看，EndNote 的功能主要体现在个人数据库的建立及管理和撰写论文两个方面。

A 个人数据库的建立及管理

（1）按课题内容建立自己的数据库，随时检索收集到的所有文献，进行一定的统计分析。

（2）通过检索结果，准确调出需要的 PDF 全文、图片、表格等。

（3）根据不同课题更新创建不同的数据库，并随时可以检索、更新、编辑。

（4）将不同课题的数据库与工作人员共享。

（5）将不同来源的数据整合，自动筛选并删除重复的信息。

B 撰写论文

（1）可随时从 Word 文档中调阅，检索相关文献，并将重要的文献自动按照期刊要求的格式编排插入正在撰写论文的参考文献处。

（2）可以很快地找到相关的图片、表格等，将其按照期刊要求的格式插入论文相应的位置。

（3）方便查找文献，可以把自己读过的参考文献全部输入 EndNote 中，这样在查找的时候就非常方便。

（4）参考文献库一旦建立，对文章中的引用进行增、制、改以及位置调整都会自动重新排好序。在转投其他期刊时，文章中引用处的形式（如数字标号外加中括号的形式，或者作者名加年代的形式等）以及文章后面参考文献列表的格式都可自动随意调整。而且参考文献很多情况下可以直接从网上下载导入库中。

（5）依据模板自行设定输出格式。

6.1.1.4 EndNote X9 新增功能

EndNote X9 是由 Clarivate Analytics（科睿唯安）公司发行的基于个人计算机使用的参考文献管理工具，其主要作用是帮助用户以数据库的形式有效组织、管理已获取的文献信息，方便查看已有的文献信息，同时还是研究者写作、出版和共享的有效工具。EndNote X9 的新功能简述如下：

（1）通过带有 Web of Science 订阅的引文报告确定一组参考文献的影响和相关性；

（2）在 Web of Science 中查看相关记录和源记录；

（3）使用"手稿匹配器"获取最合适的期刊列表，以提交论文；

（4）使用新的组共享选项共享文献库或仅共享一部分；

（5）通过提供对库的"写"或"只读"访问权限来管理团队输入文献，跟踪同事的更改并查看他们在共享库中的活动。

6.1.2 EndNote 工作界面介绍

6.1.2.1 窗口介绍

双击 EndNote 图标，开启程序后，出现如图 6-1 所示的画面。

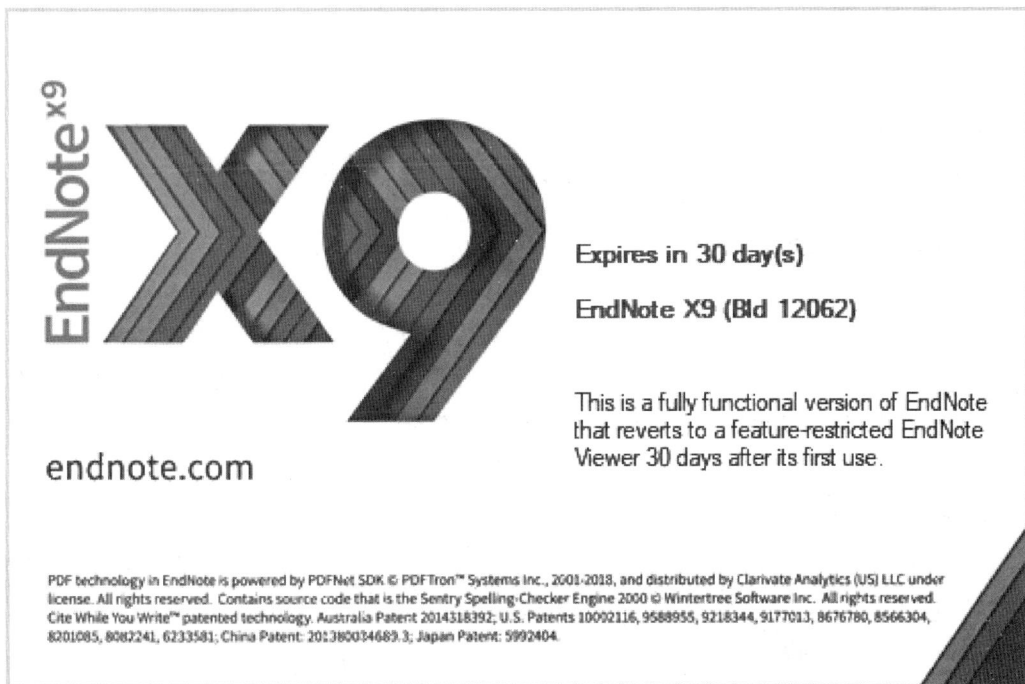

图 6-1 首次开启程序界面

进入 EndNote 后，单击左上角的 File，随后单击 New，如图 6-2 所示，选择一个位置建立数据库，如图 6-3 所示。

数据库打开后，在主窗口界面可以看到附有图片或档案的参考文献、第一作者（Author）、年代（Year），标题（Title）、期刊（Journal），参考文献类型（Ref Type）等字段条，如图 6-4 所示。这些字段条可以按照个人需要，利用 Edit→References 来修改其呈现的栏位。单击显示的文献，可以在预览窗口中显示详细信息，但一次只能显示一条文献信息。

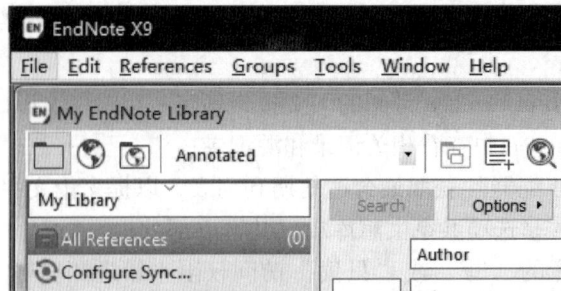

图 6-2　菜单操作建立新数据库

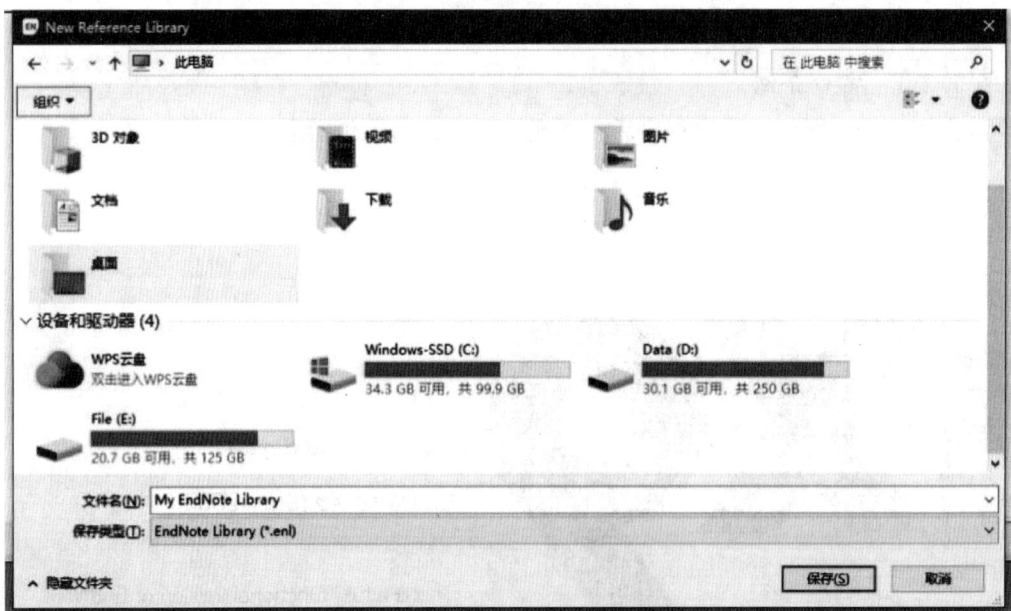

图 6-3　选择建立新数据库的位置

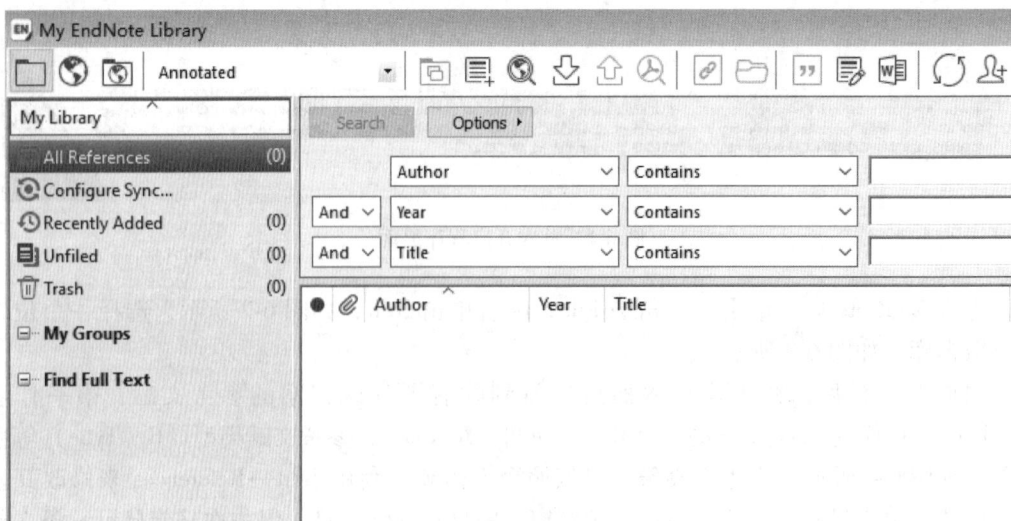

图 6-4　打开保存的数据库

6.1.2.2 EndNote 软件菜单的主要功能

在软件主窗口的最上方显示软件的菜单栏功能选项，图标显示如下：

File　Edit　References　Groups　Tools　Window　Help

A　File 菜单

用于新建数据库、打开已有数据库、另存为数据库、导出数据、导入数据、关闭个人图书馆等，如图 6-5 所示。

（1）New：新建一个数据库。

（2）Open：鼠标指向 Open 会显示出二级菜单，其中包括近期打开的数据库，方便用户二次打开。

（3）Close Library：方便用户关闭已打开的数据库。

（4）Save a Copy：可以帮助我们保存一个备份。

（5）Export：将数据库的文献信息以某种格式输出。在使用时可以按照使用需要，选择按照某种期刊的参考文献格式输出，也可以输出全部信息。既可以输出为纯文本文件，也可以输出为网页格式，其功能应用比较广泛，可以方便地用于报表、成果列表等。

（6）Import：用于导入来自其他软件的数据库文件，以及文本格式的文献信息。有些网站不能直接与 EndNote 连接进行检索，且没有直接输出到文献管理软件的功能，此时要将需要的文献信息下载到本地，再通过一定的格式转换成 EndNote 的数据库记录。

B　Edit 菜单

用于复制、粘贴数据、编辑输出式样、编辑导入过滤器、定制 EndNote 等，如图 6-6 所示。

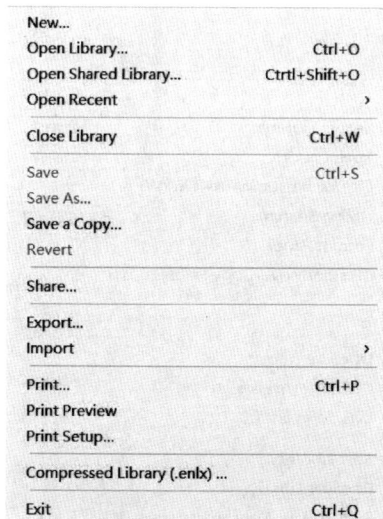

图 6-5　File 菜单

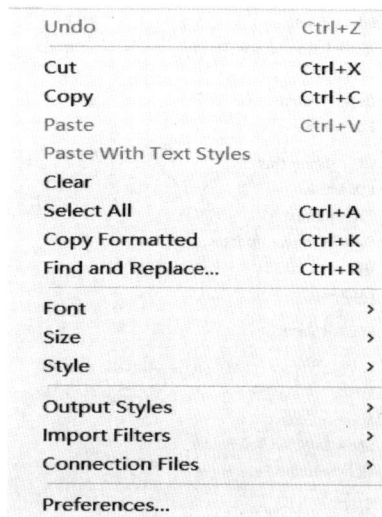

图 6-6　Edit 菜单

（1）Undo：用于撤销上一次的操作。

（2）Cut：剪切选定的文献，这种方式剪切下来的文献的全部信息，可以转移到另外一个数据库中。

（3）Copy：复制的也是文献的全部信息，可以粘贴到另一个数据库中，也可以插入 Word 中的某个位置，此时相当于插入引用文献。

（4）Paste：粘贴。

（5）Paste With Text Styles：以文本形式进行粘贴。

（6）Clear：在主程序界面删除已经选择的文献，相当于右键菜单中的 Delete References；如果在次级窗口中，可以用于清除某些选择的栏位。

（7）Select All：全选。

（8）Copy Formatted：以选择的杂志格式复制选定的参考文献，可以直接粘贴到写字柄或者 Word 等文字处理软件中。

C　References

参考文献如图 6-7 所示。

（1）New Reference：新插入一条文献记录。

（2）Edit References：编辑选定的文献。

（3）Show Selected References：有的时候显示全部记录会显得杂乱无章，并且不利于查找信息，利用该命令可以只显示相关文献，使界面显得简洁。

（4）Hide Selected References：隐藏选择的文献，只显示未选择的文献。

（5）Find Duplicates：根据偏好设定中定义的重复资料标准，查找当前数据库中有没有重复的文献记录。

D　Tools

Tools 工具栏如图 6-8 所示。

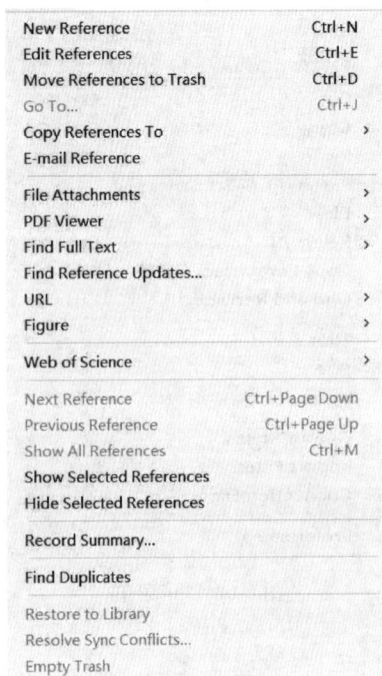

New Reference	Ctrl+N
Edit References	Ctrl+E
Move References to Trash	Ctrl+D
Go To...	Ctrl+J
Copy References To	▶
E-mail Reference	
File Attachments	▶
PDF Viewer	▶
Find Full Text	▶
Find Reference Updates...	
URL	▶
Figure	▶
Web of Science	▶
Next Reference	Ctrl+Page Down
Previous Reference	Ctrl+Page Up
Show All References	Ctrl+M
Show Selected References	
Hide Selected References	
Record Summary...	
Find Duplicates	
Restore to Library	
Resolve Sync Conflicts...	
Empty Trash	

图 6-7　References 菜单

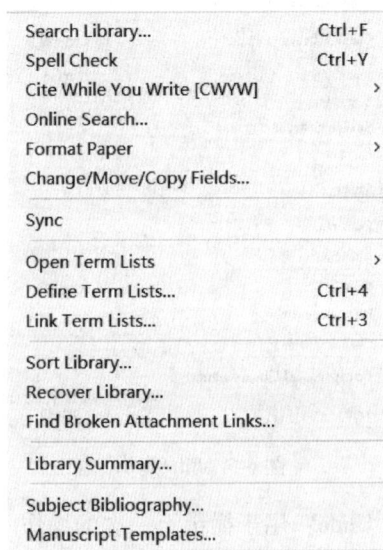

Search Library...	Ctrl+F
Spell Check	Ctrl+V
Cite While You Write [CWYW]	▶
Online Search...	
Format Paper	▶
Change/Move/Copy Fields...	
Sync	
Open Term Lists	▶
Define Term Lists...	Ctrl+4
Link Term Lists...	Ctrl+3
Sort Library...	
Recover Library...	
Find Broken Attachment Links...	
Library Summary...	
Subject Bibliography...	
Manuscript Templates...	

图 6-8　Tools 菜单

（1）Cite While You Write：撰写稿件时引用文献会用到的功能。

（2）Format Paper：将某篇文章中临时引用的文献转换为指定的参考文献格式。

（3）Subject Bibliography：可以进行简单的统计分析。

（4）Manuscript Templates：论文模板。

6.2　个人数据库的创建

在科学研究过程中，需要不断收集文献资料，利用 EndNote 软件创建个人数据库，将收集到的不同来源的相关材料放到数据库中的一个文件中，汇成一个数据库文件，同时剔除来源不同的相同的文献信息，便于分析、管理和应用，这将极大地方便文献的管理，编辑和应用。而这些功能的基础则是创建个人数据库，因此本章主要介绍创建数据库的几种方式。

在创建数据库前首先需要建立本地数据库。建立本地数据库有两种方法，可以在首次进入 EndNote 软件时选择 Create a new library，也可在菜单栏选择 File→New 方法，如图 6-9 所示。输入文件名如 "Perovskite solar cells"，建立一个新的数据库，单击保存按钮，完成创建，数据库打开后显示界面。

图 6-9　建立一个新的数据库

6.2.1　检索网上数据库

6.2.1.1　直接导入 EndNote

目前网上存在很多在线数据库都提供直接输出文献到文献管理软件的功能，以中国知网搜索为例。

第一步：打开中国知网，在检索栏输入检索词进行文献检索，如检索词输入为"钙钛矿太阳能电池"，如图 6-10 所示。

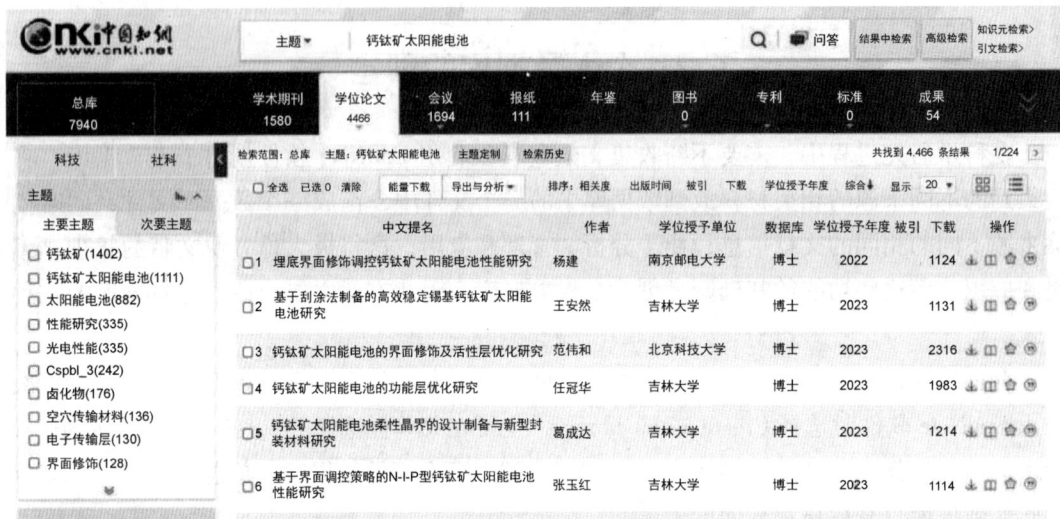

图 6-10　中国知网搜索界面

第二步：勾选检索出的相关文献，单击 EndNote 相对应的文献下载页面，如图 6-11 所示。

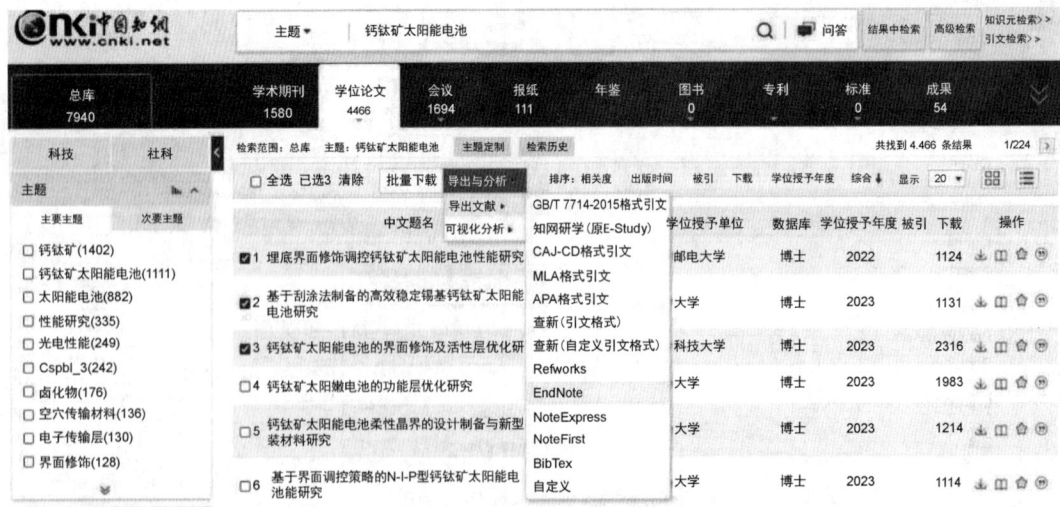

图 6-11　选择需要导出的文献

第三步：单击导出，开始下载存有文献的文件，如图 6-12 所示。

第四步：打开 EndNote，在菜单栏选中"File"，进入文献文件导入界面，如图 6-13 所示。

图 6-12 知网导出文献

图 6-13 EndNote 导入文献

第五步：单击"选择"，选择从中国知网下载的文件，并将导入选项改为"EndNote 导入"，最后单击"导入"，完成导入文献，如图 6-14 所示。

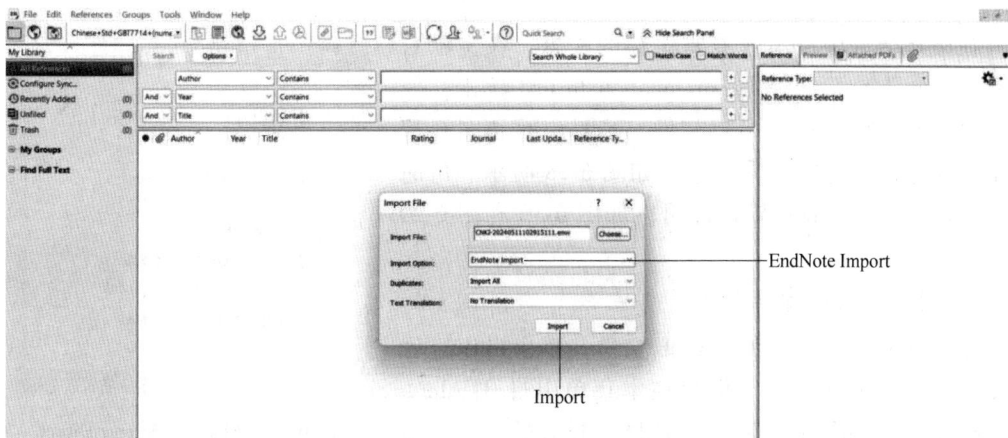

图 6-14 选择需要导入文件

6.2.1.2　纯文本数据的格式转换导入

在将文献和资料导入数据库的过程，文献和资料格式有时会不匹配，需要通过格式转换将其转换成符合的格式后才能导入，这相对来说比较麻烦，但实际工作中经常会遇到，在格式转换时，比较简单的方法是首先将资料保存为文本文件，然后导入 EndNote 中。

对于中文的文献资料信息，可以先将其保存为文本格式，然后按照 EndNote 的程序要求进行转换，再导入即可。有的数据库并不存在"直接将数据导入 EndNote"的按钮，但只要其允许数据导出，就可以将数据导入 EndNote 个人数据库中。以 Elsevier ScienceDirect 数据库为例，打开 Elsevier ScienceDirect 检索界面，输入检索内容，单击 Search 按钮，如图 6-15 所示。

图 6-15　Elsevier ScienceDirect 检索界面

在检索结果中，勾选需要保存的文献，在文献右侧有 Export 下拉，选择 Export citation to text 单击，保存文献为纯文本格式（.txt）文件，如图 6-16 和图 6-17 所示。在保存位置处查看文本，如图 6-18 所示。再通过 EndNote 中的 Import 导入即可，如图 6-19 和图 6-20 所示。

6.2.1.3　PDF 文件导入

导入电脑中已经存在的 PDF 文件，整个操作过程如图 6-21~图 6-23 所示。依次在主菜单中打开 File→Import→File，如图 6-21 所示。选择要导入的文件，注意 Import Option 中选择"PDF"格式，如图 6-22 和

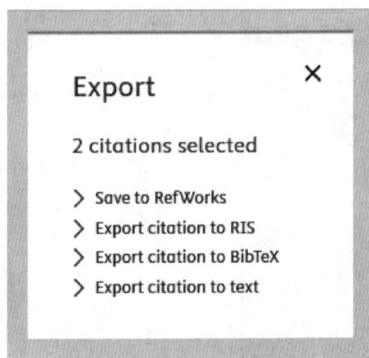

图 6-16　Elsevier ScienceDirect
文献导出保存为文本

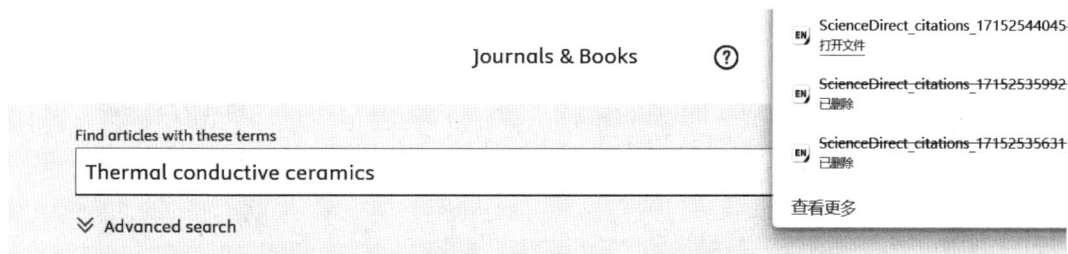

图 6-17 保存文献

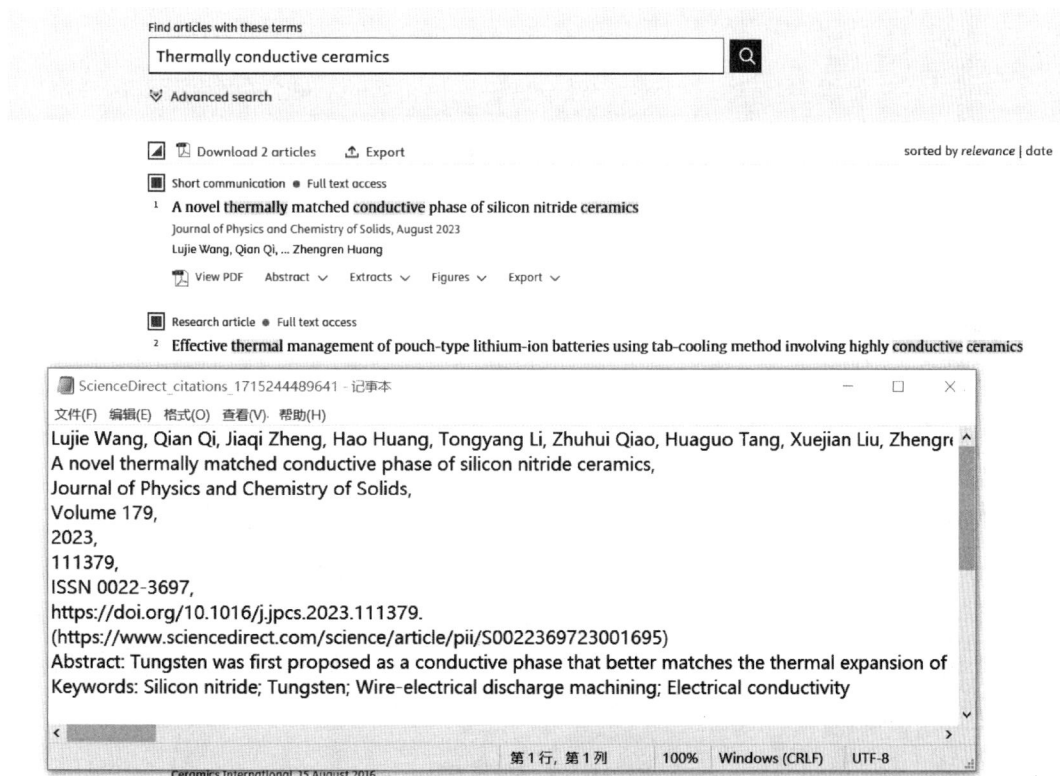

图 6-18 文献文本格式显示内容

图 6-23 所示。单击 Import 按钮完成最终导入，如图 6-24 所示。

也可以直接导入整个文件夹，依次单击 File→ Import→Folder 选择文件夹导入，如图 6-25 所示。选择要导入的文件夹后单击 Import 导入即可，如图 6-26 和图 6-27 所示。导入过程如图 6-28 所示，最终完成导入如图 6-29 所示。

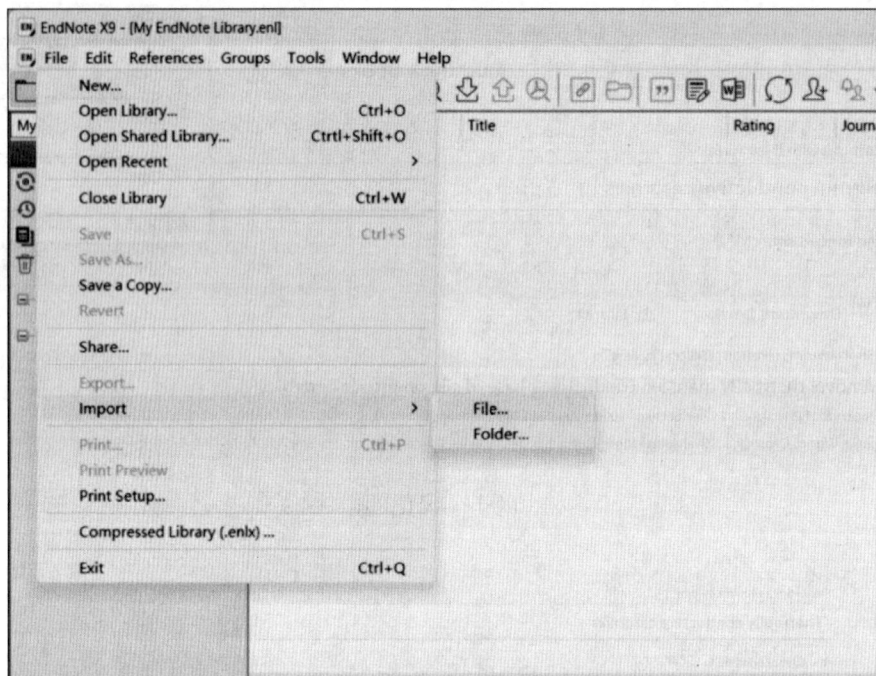

图 6-19　EndNote 主菜单操作界面

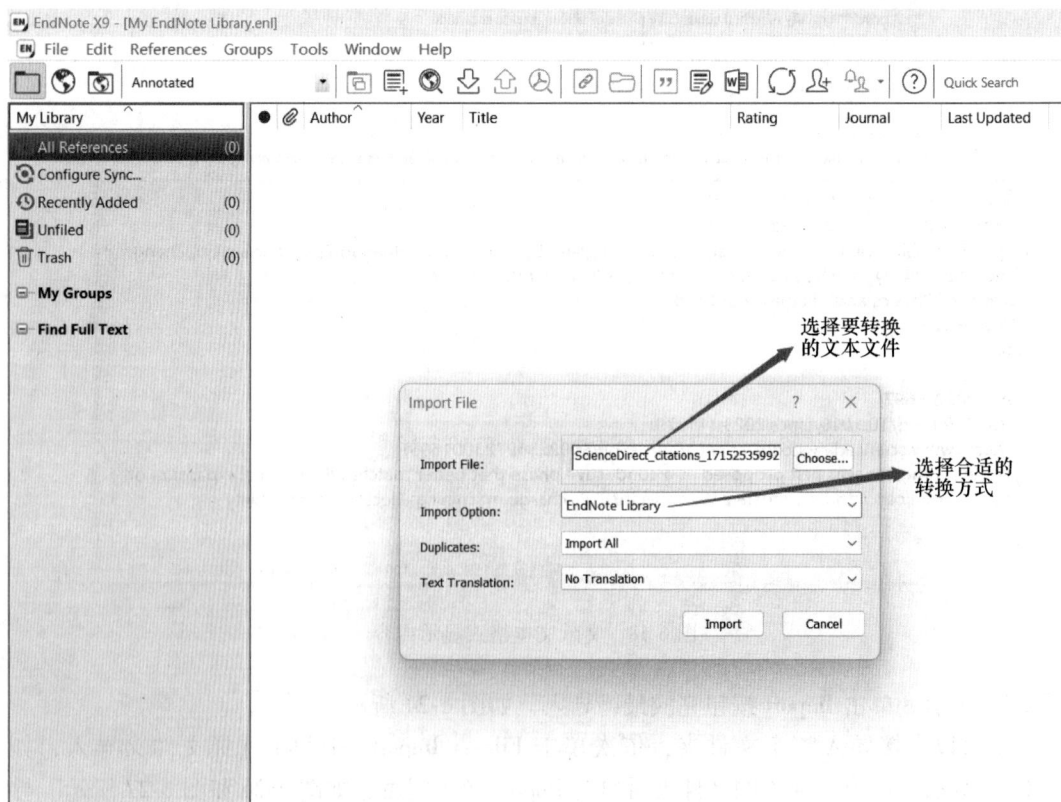

图 6-20　文本和导入格式选择界面

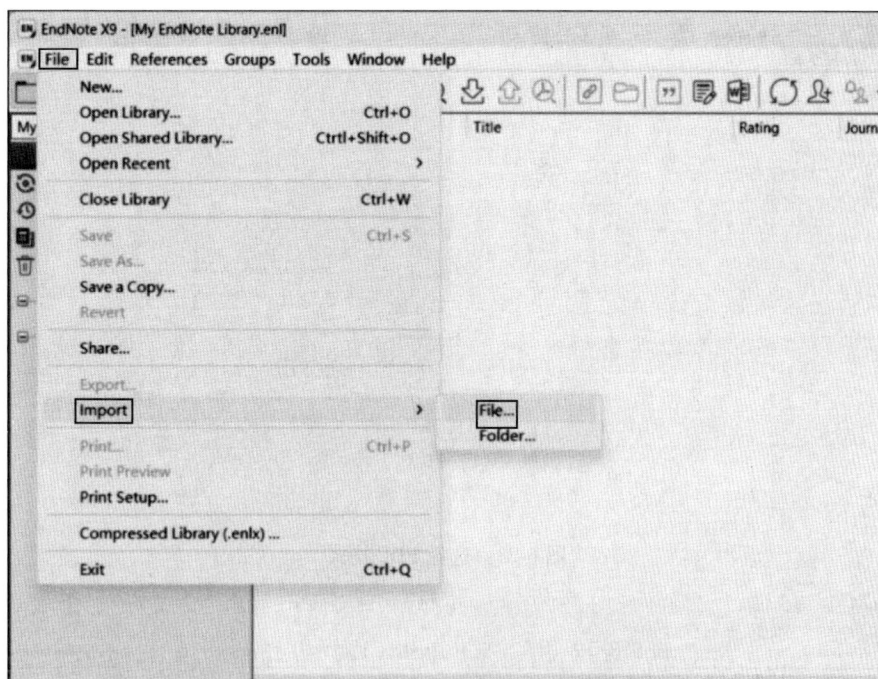

图 6-21　主菜单操作界面

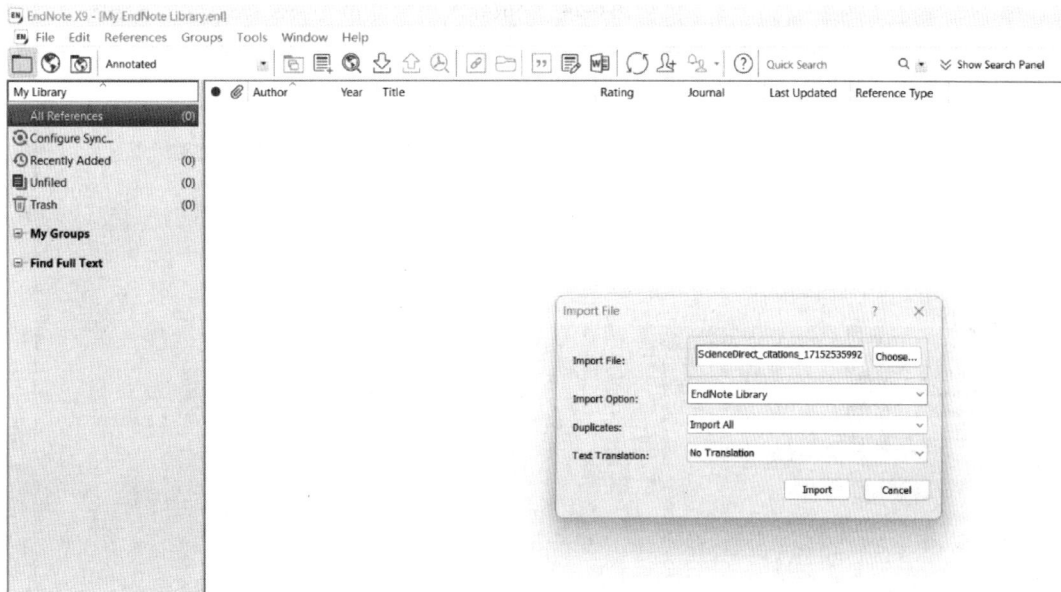

图 6-22　PDF 文件和导入格式选择画面

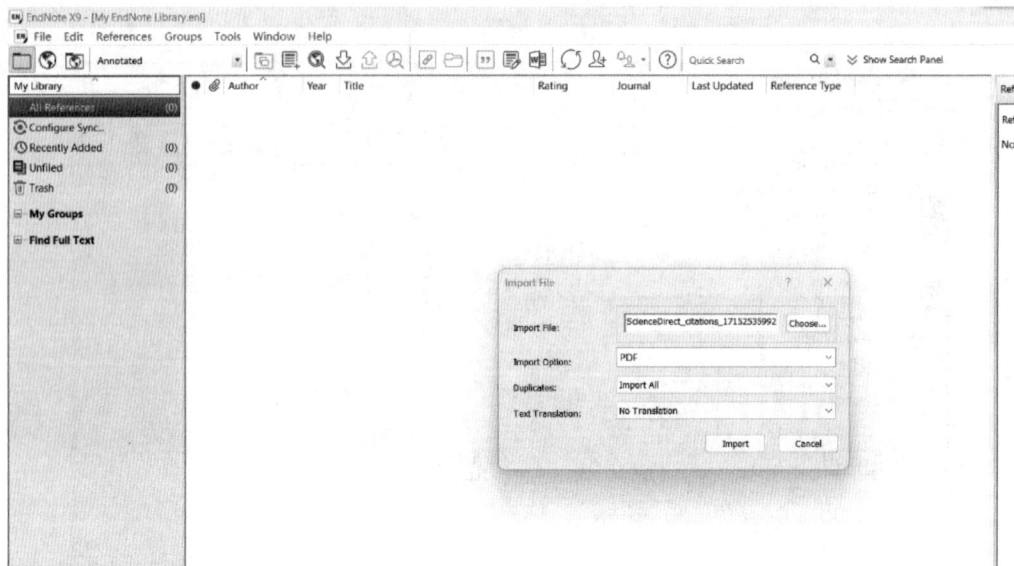

图 6-23 选择 PDF 格式

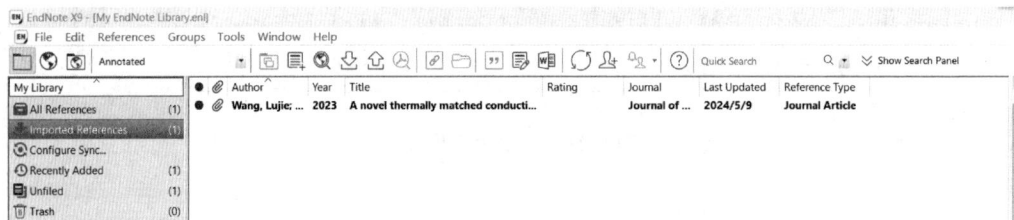

图 6-24 完成导入

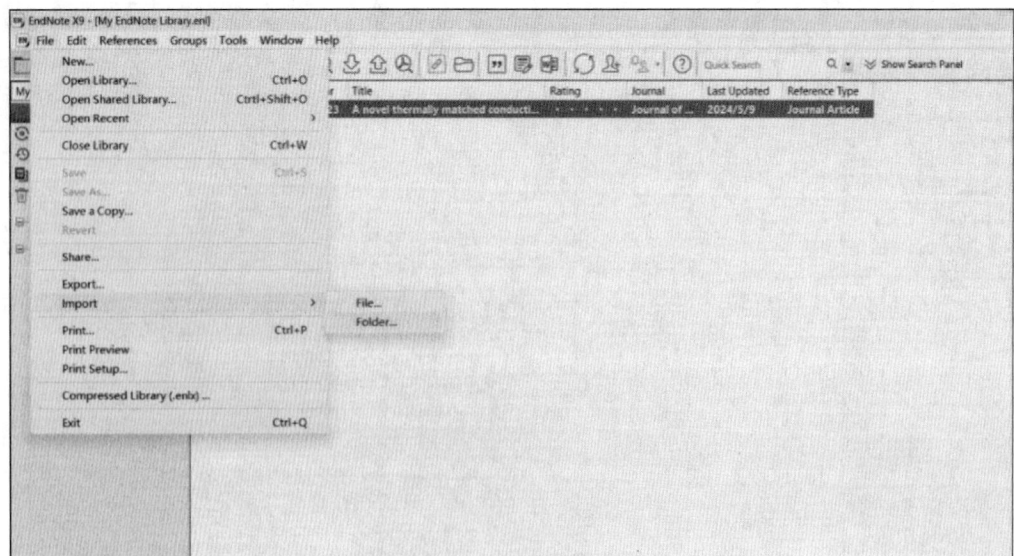

图 6-25 主菜单操作界面

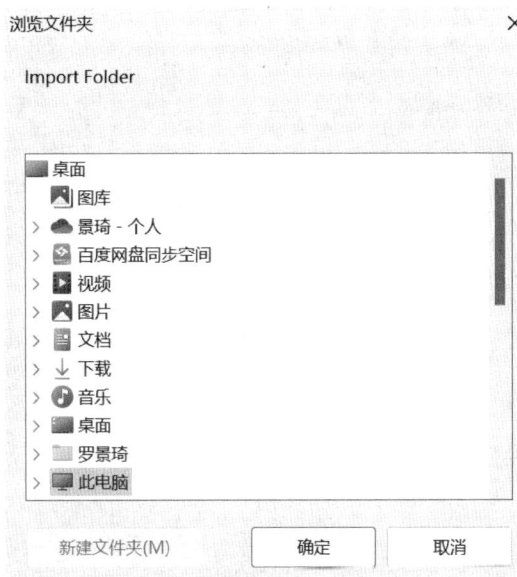

图 6-26　选择要导入的文件夹

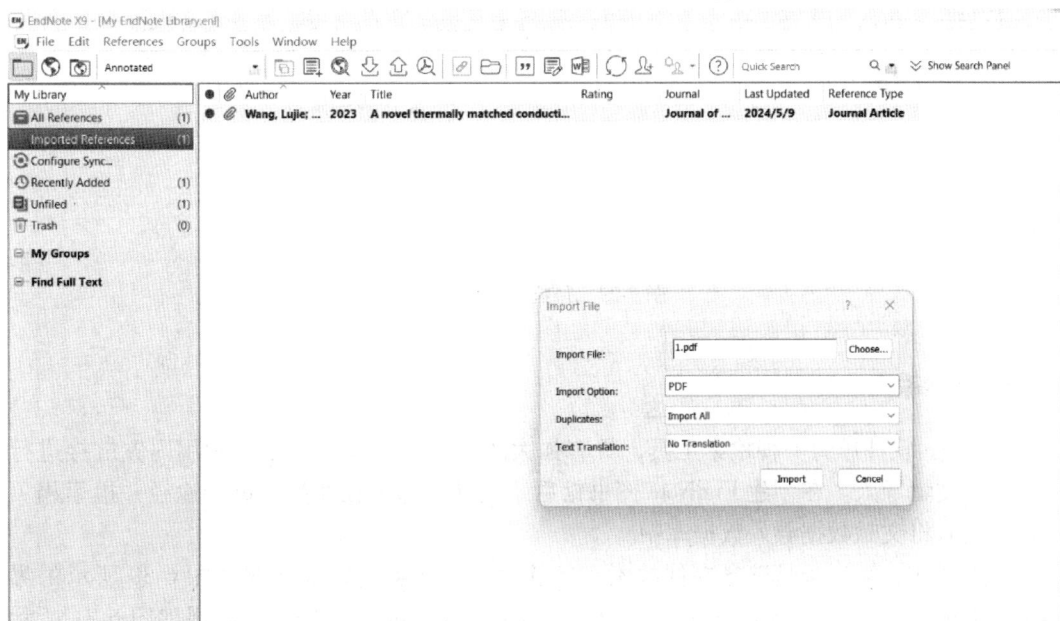

图 6-27　导入界面

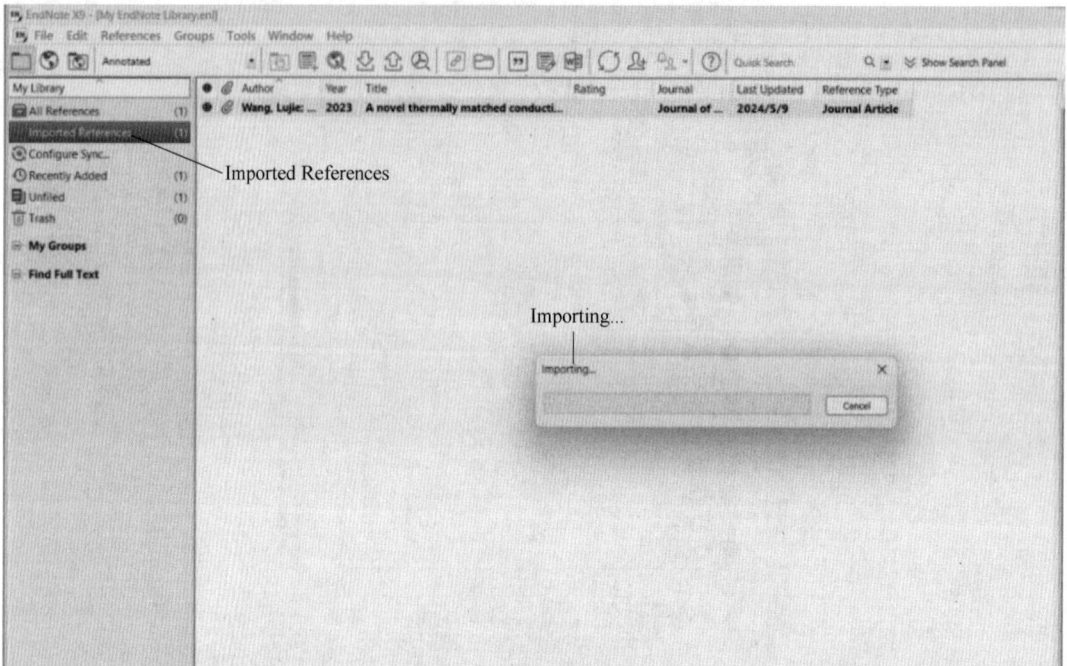

图 6-28   文件夹导入中

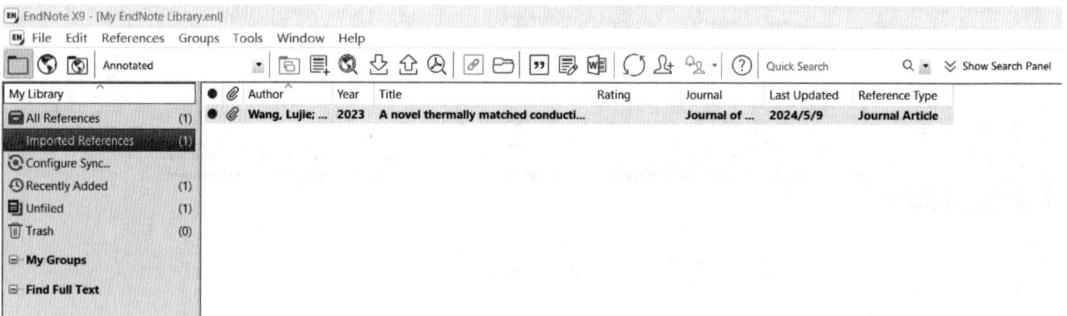

图 6-29   最终完成的导入

6.2.2   软件联网检索

EndNote 软件作为一种检索工具，具有强大的在线检索功能，可以利用内置链接进行检索后将文献导入。在创建 EndNote 图书馆后，选择合适的在线检索链接途径并检索相关文献，然后将文献数据导入数据库中。

在检索前，第一步是选择在线检索链接途径，从主菜单窗口按照如图 6-30 所示的界面，依次单击 Edit→Connection Files→Open Connection Manager 按钮，出现如图 6-31 所示界面。

在显示的对话框中有 200 多个文献库或网上图书馆可供直接联机检索，包括著名的 PubMed(NLM)、Ebsco、Oclc 和 Proquest 等。选取需要的某一链接，单击选中，便可在原

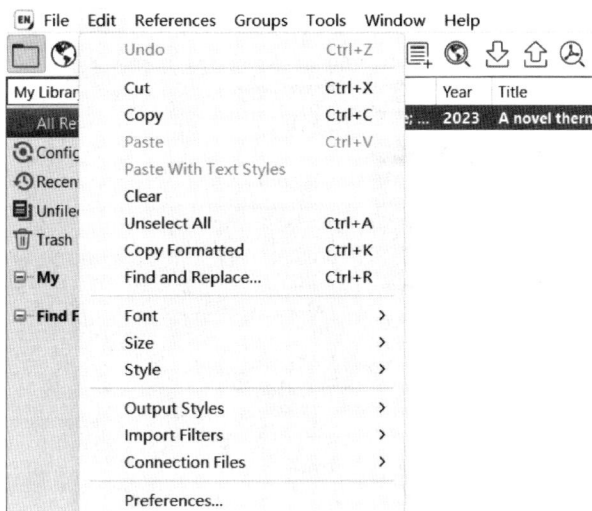

图 6-30　菜单命定选项

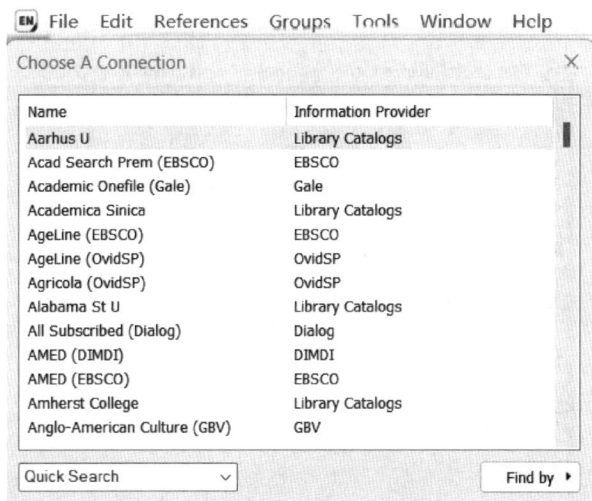

图 6-31　可供选择的多个文献库

有的文献库中添加该选项。

6.2.3　手工创建数据库

　　手动输入的方法主要针对少数文献，并且这些文献无法直接从网上下载，或者是在阅读文献、书籍时产生的想法和灵感等，将收集到的信息、参考文献进行手工输入。这是一种最简单、最原始也是最常用的方法。缺点是工作量较大，不能应用于大量的文献检索工作。

　　在 EndNote 主菜单界面，依次单击 References →New Reference 按钮，如图 6-32 所示。相应的数据库将打开显示一个 New Reference 窗口，如图 6-33 所示。在窗口中可通过下拉菜单选择参考文献类型（Reference Type），可供选择的有期刊论著（Journal Article）、书（book）、专利（Patent）等，如图 6-34 所示。

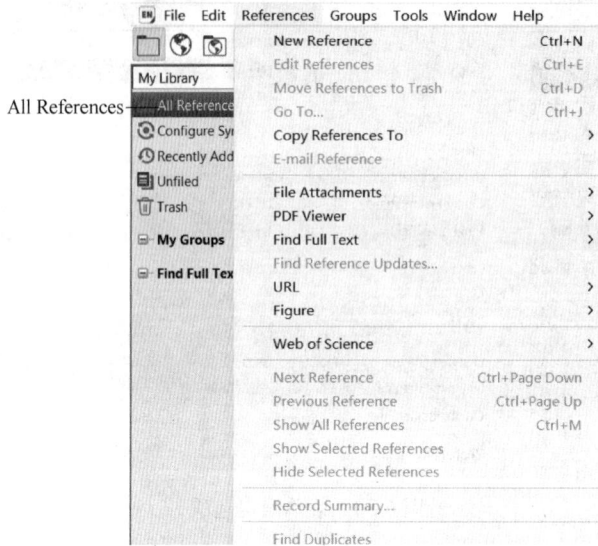

图 6-32 菜单选项

图 6-33 打开新的窗口

　　新建文献信息在输入时不仅包括文献的基本信息，如作者名（Author）、年份（Year）、标题（Title）、期刊（Journal）、卷（Volume）、期（Issue）、页码（Pages）、关键词（Key Words）、摘要（Abstract）等字段，还包括建立文献的开放链接（URL）、做读书笔记（Research Notes）以及直接链接 PDF 全文（Link to PDF）等功能选项，也可以建立参考文献对应的全文链接，或者对读过的文献进行标注。这些信息可以通过手工输入，比较简单。在输入时首先选择合适的文献类型，然后按照已经设置好的字段填入相应的信

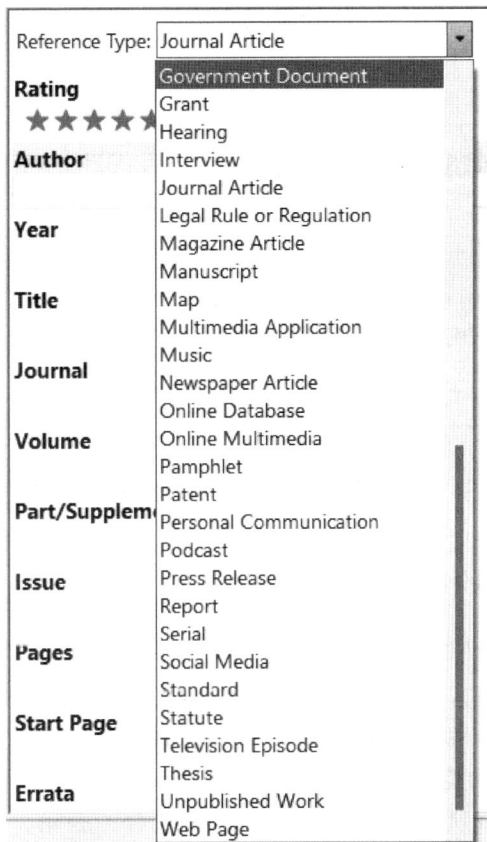

图 6-34 Reference Type 界面

息。并不是所有的字段都需要填写，可以只填写必要的信息，也可以填写得详细些，如图 6-35 所示。显示输入作者名、年份、标题。

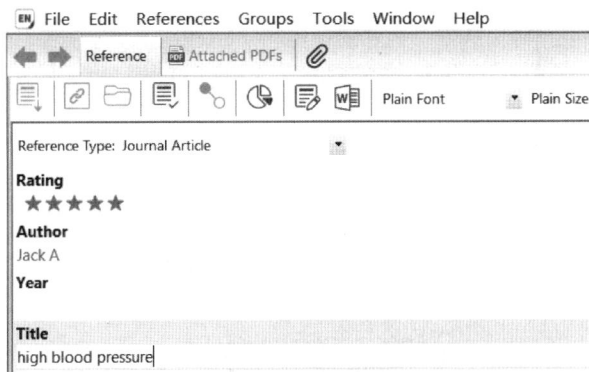

图 6-35 手工输入文献的相关信息

导入后的数据库界面如图 6-36 所示。需注意的是在作者姓名一栏，人名在输入时必须一个名字填写一行，否则软件无法区分是一个人名还是多个人名。关键词在输入时也一样，一个关键词一行。在导入记录显示界面上，作者名和期刊名如果首次出现在此数据库中，显示为红色；如果已经存在于数据库显示为黑色。

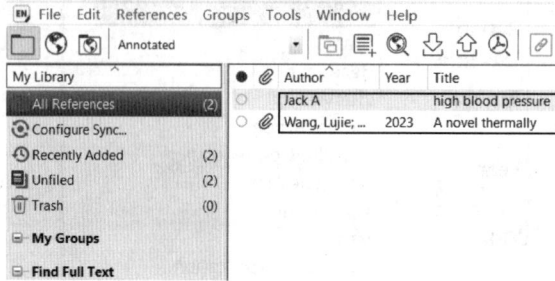

图 6-36　导入后数据库显示

6.3　EndNote 个人数据库的管理

6.3.1　参考文献的编辑与分析

6.3.1.1　编辑管理

EndNote 软件具有强大的编辑管理功能。运行 EndNote 软件，利用 EndNote 的 References 菜单可以对数据库中的各条 Reference 进行修改、删除、复制、剪切、粘贴等操作。利用 Find Duplicates 功能可以处理重复的 Reference；利用 EndNote 的 Search 功能，可快速从个人数据库中查找所需的文献资料，从而整合、删除、备份 Library，如图 6-37 所示。

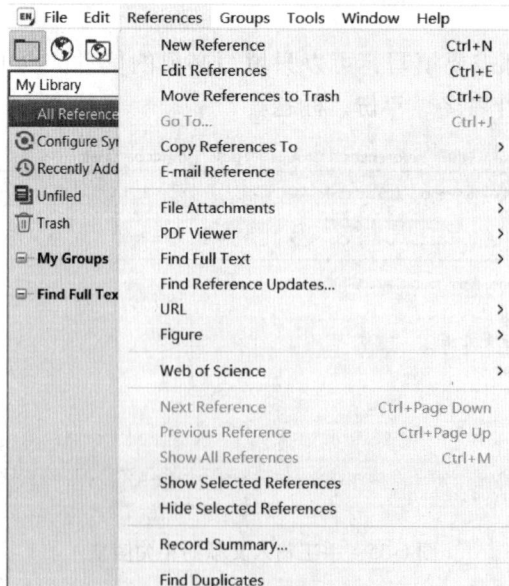

图 6-37　EndNote 菜单选项管理文献

此外，还可在文献条目中插入特有的标识字段信息，从而方便地管理文献数据，有助于快速查找所需信息。

6.3.1.2 排序管理

在建立好的文献数据库（Lilbrary）中，每个文献条目（Reference）包含许多字段信息（如作者、年代、标题或期刊名称等），文献是随机排列的。在实际工作中，使用者可以按照个人需求，双击窗口栏，或使文献按照标题首字母进行排列，或按照作者名的首字母进行排列，按照出版年代进行排列，方便文献查找。图 6-38 显示的是文献按照标题进行排列。

图 6-38　文献按照标题排序

6.3.1.3 文献分析管理

对文献的分析管理可分为附件的关联、文献分组、标注和分析。

（1）附件关联到文献，将在（2）中详细讲解。

（2）对文献进行分组，即将相似内容的文献归为同一组中。在操作时首先选中要创建到新的文件夹的文献条目，如图 6-39 所示。用鼠标右键单击选择 Add References To→

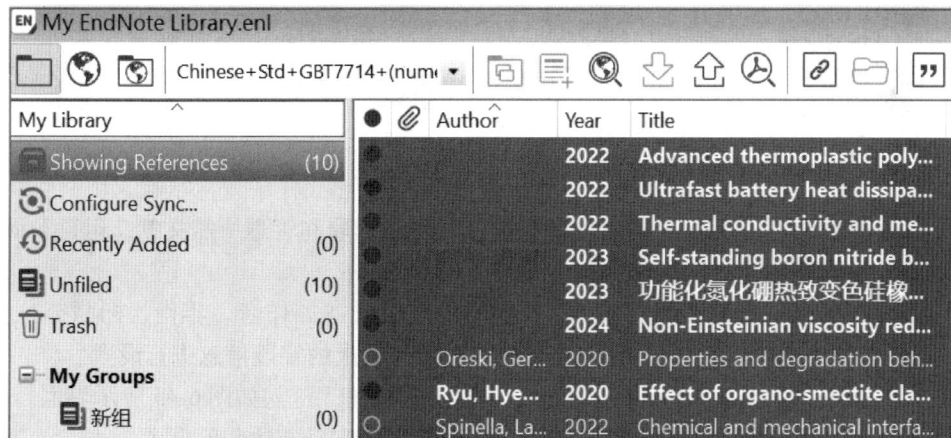

图 6-39　选择要建立文件夹的文献

Create CustomGroup。如果已建有组就可以选择已建有的组添加，如图 6-40 所示。添加后，新组在 Mygroup 中显示，可通过双击原组名来修改组名，如图 6-41 和图 6-42 所示。

（3）对文献进行标注。

（4）对文献进行分析。

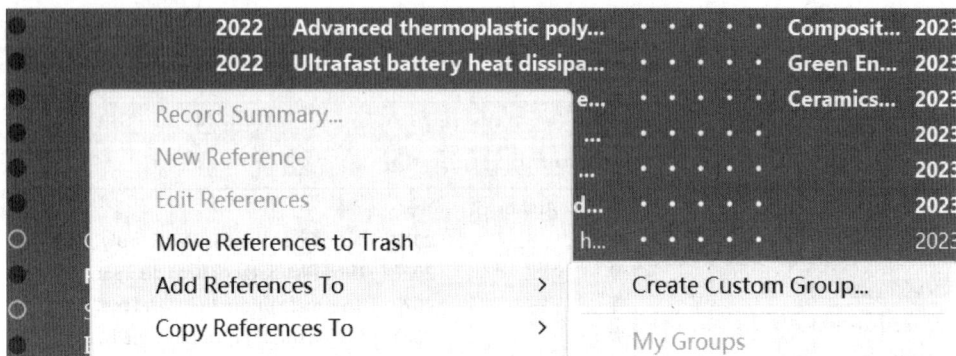

图 6-40　添加新的组

图 6-41　添加新建组

图 6-42　新建组命名

EneNote 软件可以进行一些简单的分析操作，帮助选取和管理所需文献。运行 EndNote 软件，选取 Tools→Subject Bibliography，如图 6-43 所示。

可以将 Reference 根据实际需求，按特定的字段信息（如作者、年代、标题等）分类输出，出现如图 6-44 所示界面，在该界面可以对想要输出的字段信息进行设置。

如果只选择标题，选中"Title"一行，单击 OK 找钮，进入如图 6-45 所示界面。单击 Select All 控钮，会按照所选择的标题，列出相关文献信息，如图 6-46 所示。

单击 Layout，可以设置显示格式，如图 6-47 所示，可以按照个人需要设置输出形式。

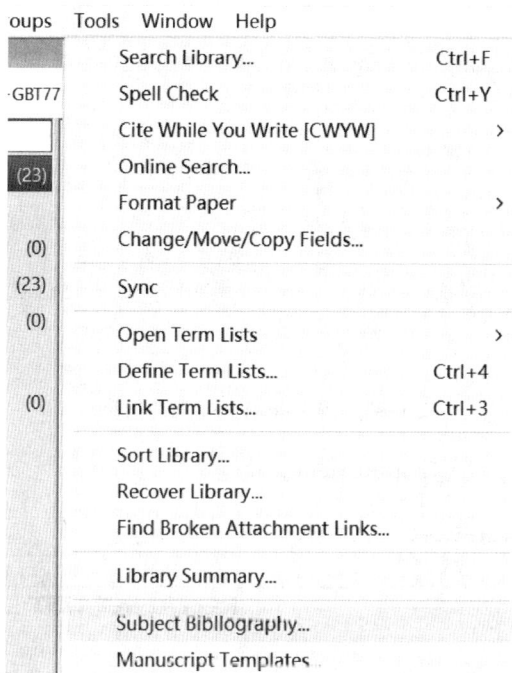

图 6-43　菜单操作选项

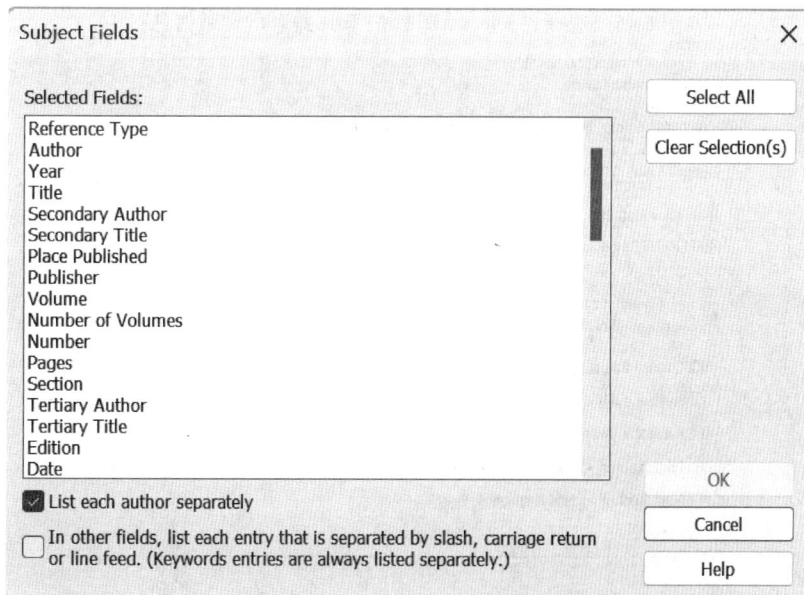

图 6-44　选择文献统计输出的信息

例如为了统计该文献库中所有文献或书目的刊登或出版时间，可以选中 Terms→Subject Terms Only 单选项，如图 6-48 所示。

统计结果根据数据库内容及统计方法而定，可以复制、粘贴到其他文件中。

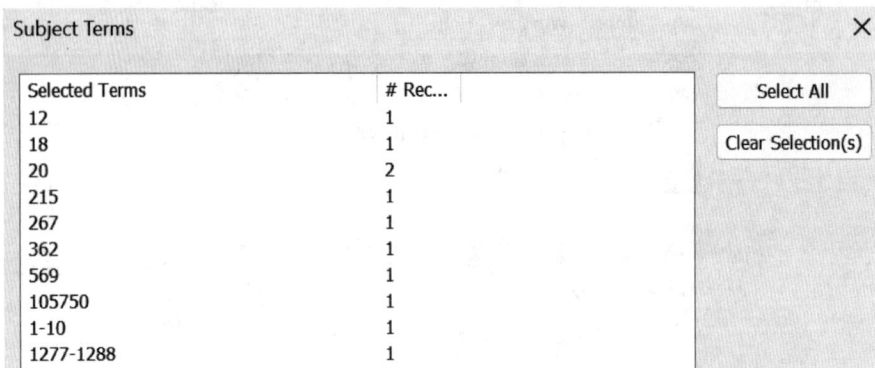

图 6-45　按 Title 选择排列的信息

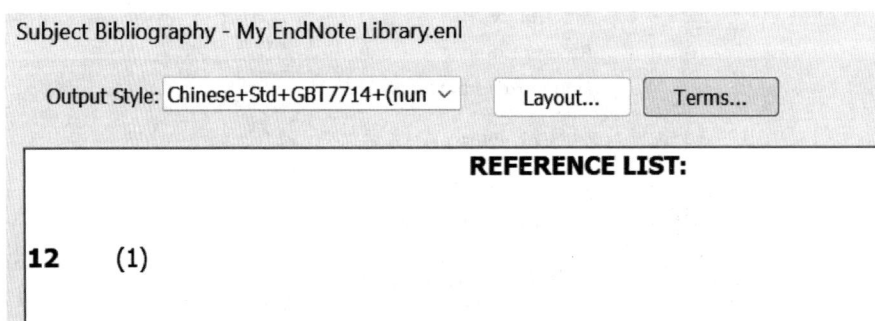

图 6-46　选择 "Select All"，按 Title 排列的文献信息

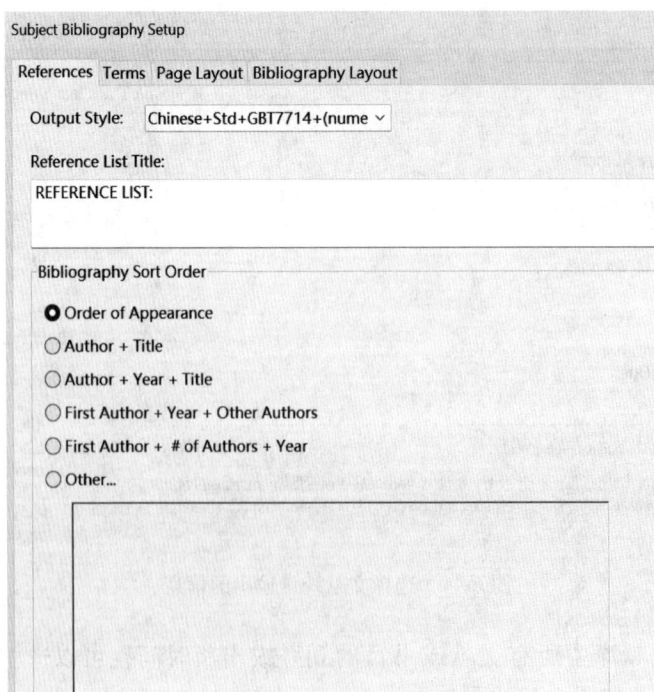

图 6-47　设置显示格式界面

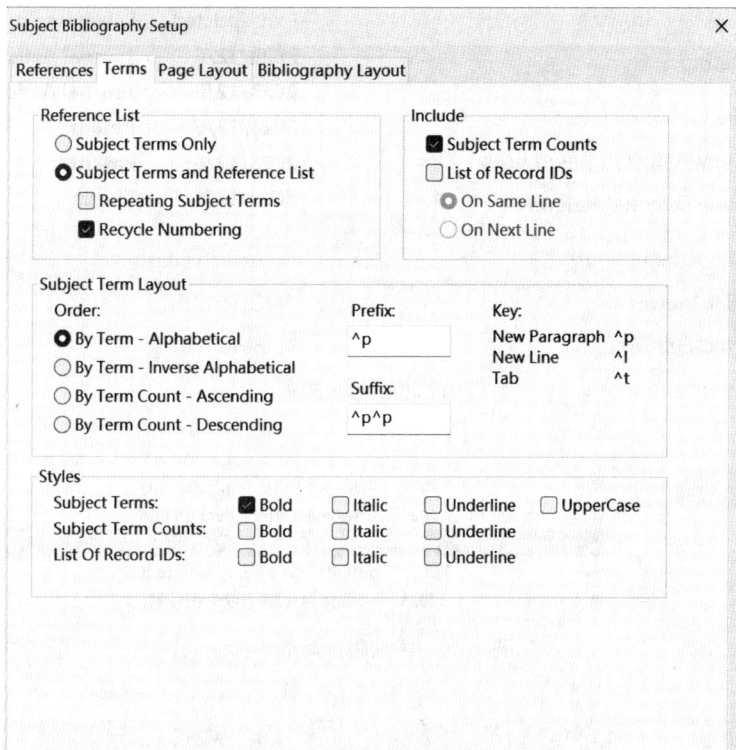

图 6-48　根据标题统计文献资料

6.3.2　附件的添加及管理

EndNote 软件支持对文献添加附件及做笔记，其支持的附件类型有 PDF、图片、Word 文档、表格等。在阅读文献时，添加与文献相关的资源，便于在写论文时查找相关的图片、表格等。同时 EndNote 的笔记功能有利于使用者在阅读文献时添加有用信息，记录阅读该文献时的心得和灵感，有助于知识的积累和科研的创造。

EndNote 添加附件的方式有两种：一种是将附件的地址记录在 EndNote 中，使用时打开链接即可；另一种是将文件复制到 EndNote 数据库相应的文件夹下面。第一种方式不需文件备份，占用空间小，但数据文件地址变动会引起链接的丢失；第二种方式需要将文件拷贝一份到数据库文件夹中，占用一定空间，但数据库转移时能将附件一同带走，较为安全。读者可根据个人情况选择合适的方式添加附件。

6.3.2.1　附件的添加

有以下三种操作方法来添加附件。

（1）在需要添加附件的文献记录上单击右键，然后单击 File Attachments→Attach File 如图 6-49 所示。添加附件后界面如图 6-50 所示。单击打开，可见添加的附件，如图 6-51 所示。在添加过程中，可以利用单击 Attach File 来选择附件，如图 6-52 所示。

（2）在 Quick Edit 栏的 File Attachments 栏处直接复制粘贴。首先在计算机中选择要

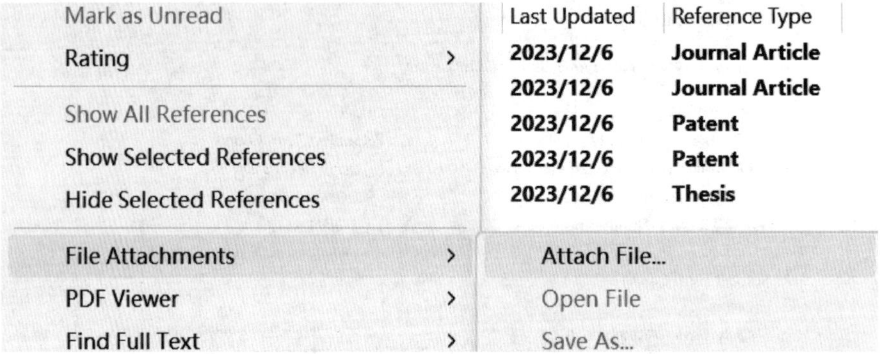

图 6-49　添加附件

图 6-50　添加附件后的界面

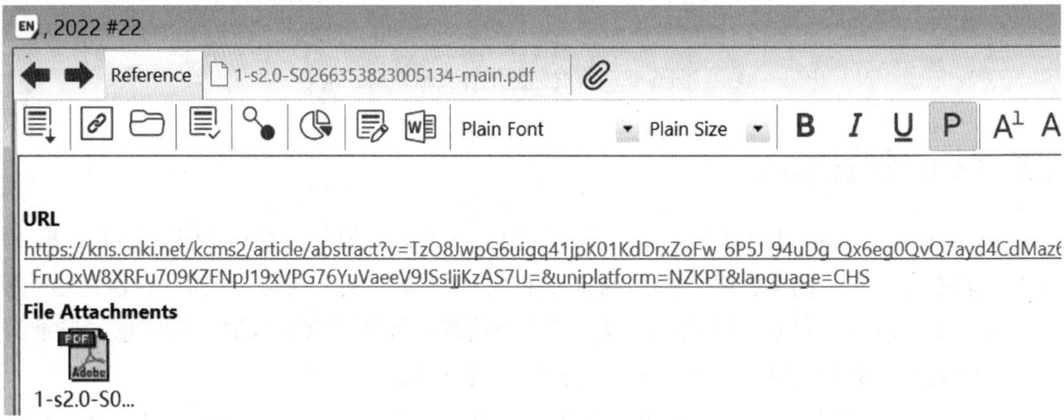

图 6-51　添加好的附件

添加的附件，单击右键选择"复制"选项，如图 6-53 所示。然后在 Quick Edit 栏的 Fille Attachments 栏处单击右键，单击 Paste 完成添加，如图 6-54 所示，图中左侧显示的是 "Paste"操作图示，右侧显示添加结果。

（3）以拖曳的方式添加，将文献直接拖曳至附件栏，除此之外，还可以在多个栏目里添加信息，如图 6-55 所示。

6.3.2.2　附件的管理

添加附件后在数据库主窗口界面可见文献有曲别针标志，如图 6-50 所示。如要快速知道哪些文献包含附件，可以单击曲别针标志，即按照附件的数量对文献进行递增排列，再单击一下会改为递减排列。据此可以快速定位包含附件的文献。

图 6-52　选择附件窗口

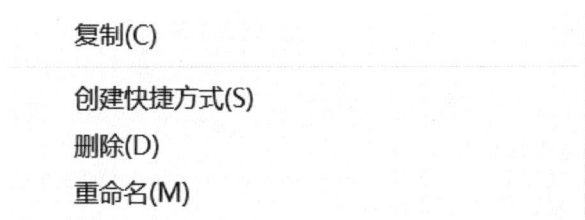

图 6-53　复制附件文件

若要对文献的附件进行删除操作，找到附件所在栏目，有三种操作方法：（1）选择附件，单击右键后选择 Clear 按钮；（2）选中附件，按 Delete 键；（3）选择附件，按键盘 Backspace 键。

需注意的是，添加为附件的文件不能复制。如需复制，可在数据库中寻找原文件进行操作。

6.3.3　数据库内检索

随着资料的积累，数据库中会有成千上万的文献，当我们需要某篇文献时，EndNote 软件的快速查找功能将极大地方便查找文献。运行 EndNote 软件，在 Tab 视窗单击 Search 按个人要求选择输入搜索项。如按 Title 检索 Boron nitride，如图 6-56 和图 6-57 所示查找结果如图 6-58 所示。

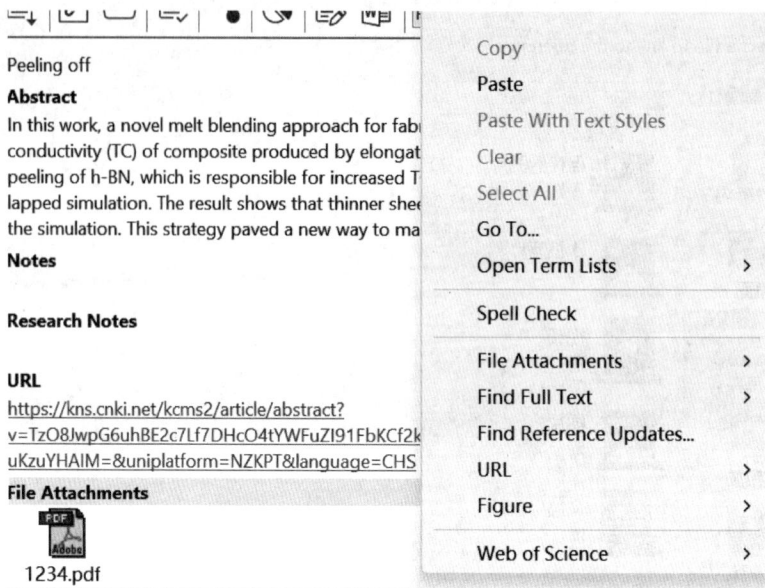

图 6-54　粘贴附件及结果

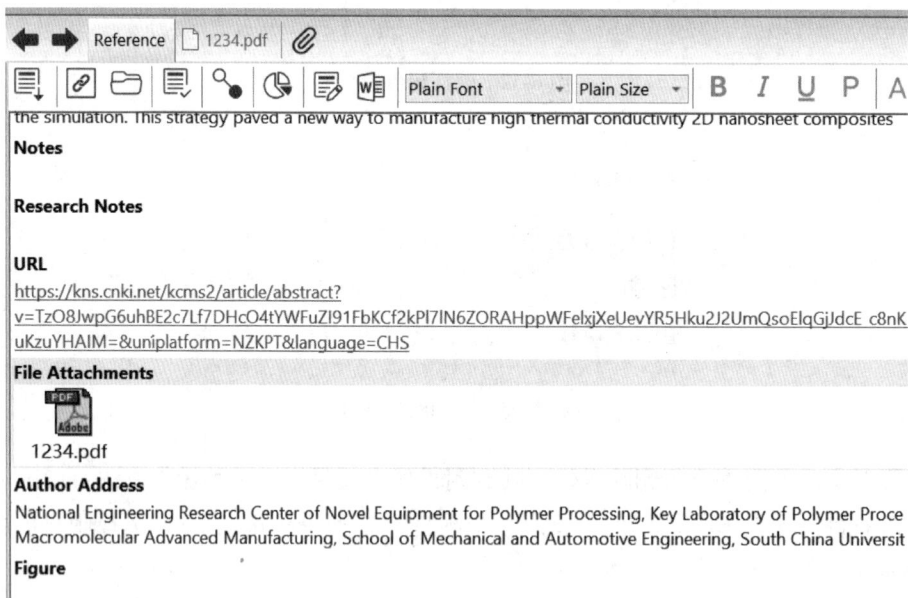

图 6-55　文献添加多种信息

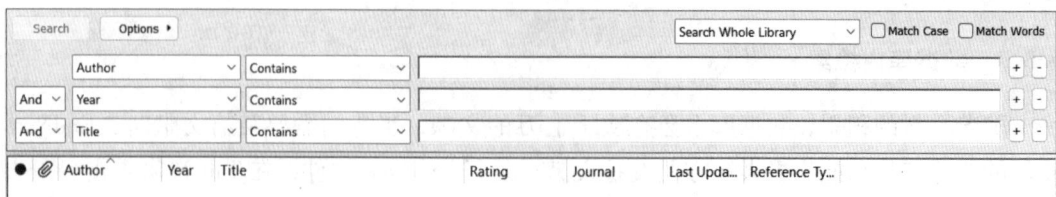

图 6-56　数据库的搜索

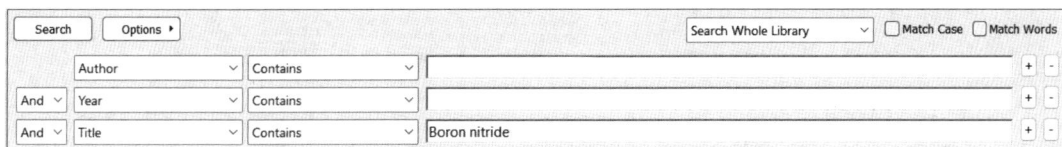

图 6-57　Search 选项

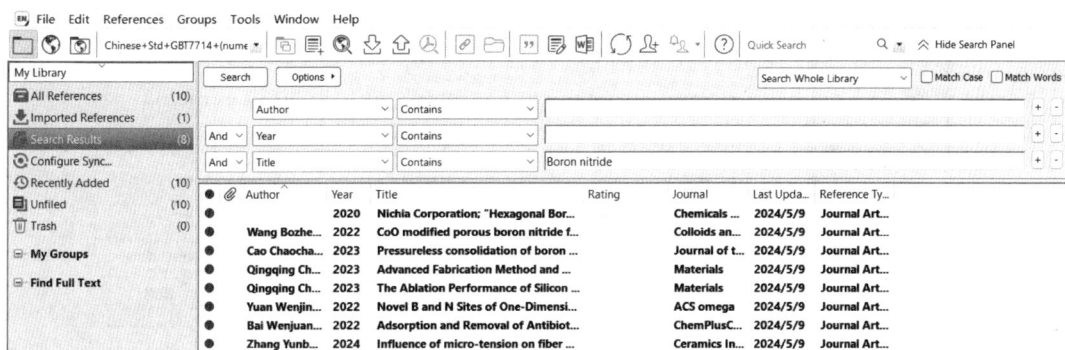

图 6-58　查找结果

6.4　利用 EndNote 撰写论文

6.4.1　利用模板撰写论文

EndNote 软件内置上百种期刊模板，可根据个人需求，利用模板写论文，运行 EndNote，依次单击 Tools→Manuscript Templates，如图 6-59 所示。出现文件夹，内置上有种期刊预制模板，如图 6-60 所示。

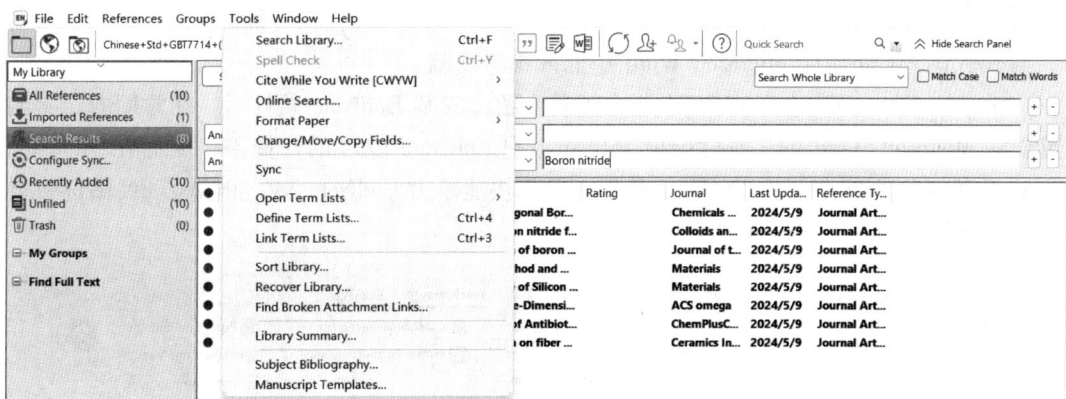

图 6-59　菜单操作选项

选择期刊模板后，单击打开按钮，软件将自动切换到 Word 界面。以 Nature 期刊为例单击打开，如图 6-61 所示。模板完成后效果图，如图 6-61 所示。

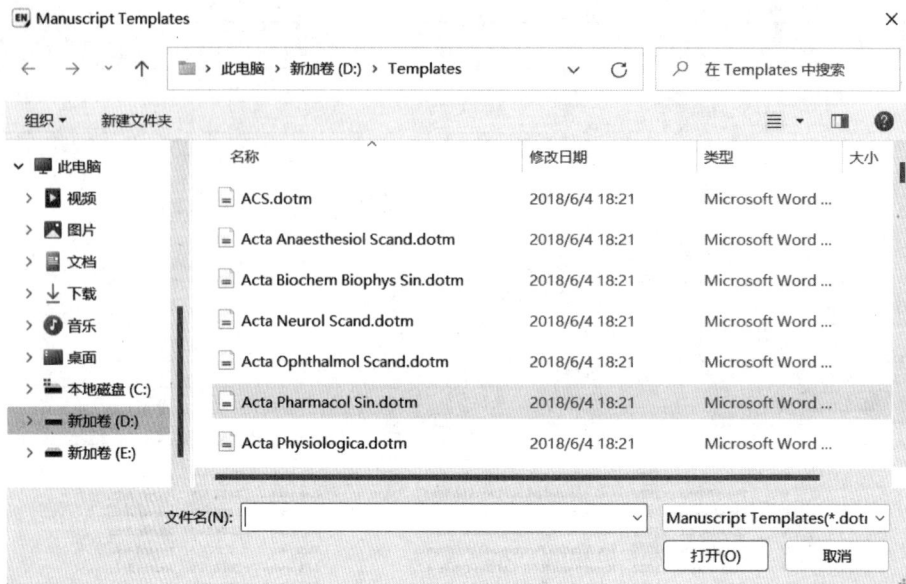

图 6-60   多种期刊模板

[Insert Number of words of text]

[Insert Rough estimate of number of pages it will fill in Nature.]

[Insert Names of Author(s)]

[Insert Affiliation information here]

[Insert Concise paragraph: why this paper is appropriate for Nature]

图 6-61   模板完成后效果图

6.4.2   插入参考文献

本小节介绍如何在 Microsoft Word 中插入参考文献。

（1）EndNote X9 在 Word 2021 版中工具介绍：安装 EndNote 软件后，在常用的文字编辑软件 Microsoft Word 的工具栏中就会自动出现 EndNote 软件的快捷条，因而在 Microsoft Word 中就可以方便地调用 EndNote 软件。单击快捷条上 EndNote X9，再单击 EN 图标将自动切换到 EndNote 界面，如图 6-62 所示。

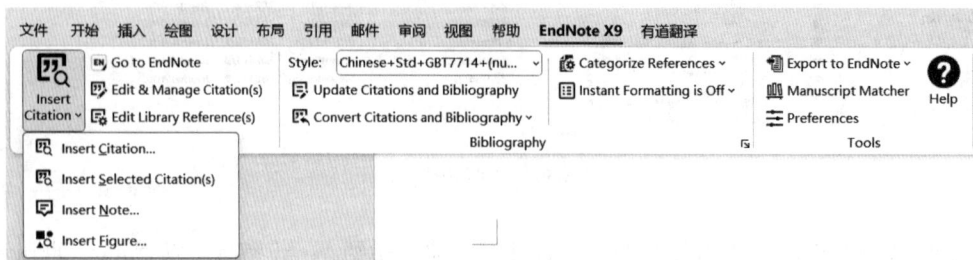

图 6-62   Word 中的 EndNote 快捷条

Edit Citations：对文中引用的参考文献进行编辑、排序，还可以去除文中引文的作者名、年份，或者是加入前缀、后缀或删除引文等。

Insert Note：在文中光标处加入笔记，如网址、公司名称和个人交流等。

Edit library Reference：选中文中已经插入的参考文献，单击该图标可以切换到 FndNote 中对应的 Reference 记录，修改库中的原始数据。

Unformat Citations：单击此图标，可使文后的参考文献在书写论文的时候被屏蔽文中的参考文献格式变成了"文本"；相反的命令可以用。

（2）打开 Word 文档，鼠标位置显示需要插入的参考文献，单击 Word 中快捷条上的 EndNote X9→Insert Citation 按钮，如图 6-63 所示。选择后，出现如图 6-64 所示界面。输入检索词，选择所需文献，如图 6-65 所示，单击 Insert 按钮。添加后显示如图 6-66 所示界面用同样的方法可以插入多篇文献。

图 6-63　选择插入参考文献

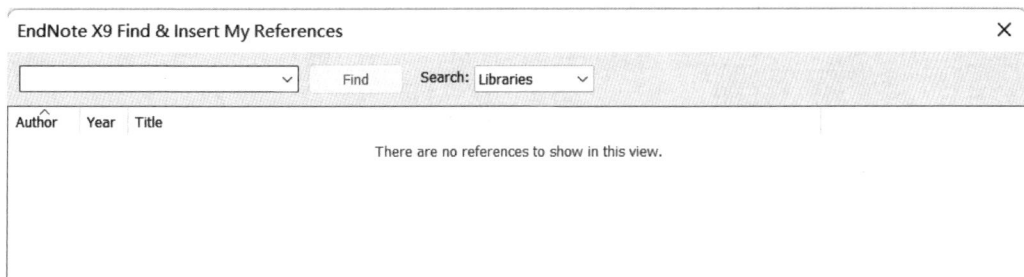

图 6-64　检索参考文献界面

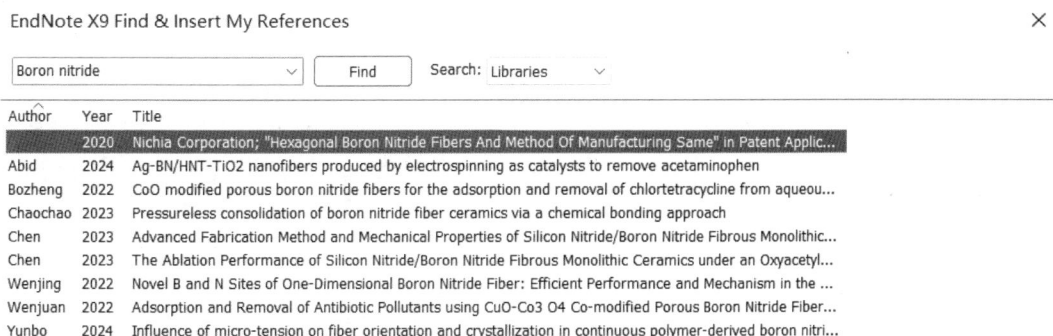

图 6-65　选择要插入的参考文献图

We extensively examined the morphology, structure, and optical properties of these materials by employing scanning electron microscopy, X-ray diffraction, Raman spectroscopy, and X-ray photoelectron spectroscopy in our analysis. In the case of the HNT-TiO2 composite, the introduction of Ag nanoparticles at concentrations of 0.5%, 1.5%, and 3% led to a significant improvement in photocatalytic activity. Under visible light exposure for 4 h, the photocatalytic activity increased from 63% (HNT-TiO2) to 78.92%, 91.21%, and 92.90%, respectively. This enhancement can be attributed to the role of Ag nanoparticles as co-catalysts, facilitating the separation of electrons and holes generated during the photocatalytic process. [1]Furthermore, BN nanosheets served as co-catalysts, capitalizing on their distinct attributes, including exceptional thermal conductivity, chemical stability, and electrical insulation.

[1] ABID M, IATSUNSKYI I, COY E, et al. Ag-BN/HNT-TiO2 nanofibers produced by electrospinning as catalysts to remove acetaminophen [J]. Heliyon, 2024, 10(2): e24740-.

图 6-66　参考文献插入论文中

参 考 文 献

[1] 杨明波，胡红军，唐立文. 计算机在材料科学与工程中的应用［M］. 北京：化学工业出版社，2008.

[2] 张骁勇，刘文婷，肖美霞，等. 材料科学软件应用［M］. 北京：中国石化出版社，2022.

[3] 张发爱. 计算机在材料和化学中的应用［M］. 北京：化学工业出版社，2018.

[4] 张立文. 计算机在材料科学与工程中的应用［M］. 大连：大连理工大学出版社，2016.

[5] 张朝晖. 计算机在材料科学与工程中的应用［M］. 长沙：中南大学出版社，2008.

[6] 陈志谦，李春梅，李冠男，等. 材料的设计、模拟与计算——CASTEP 的原理及其应用［M］. 北京：科学出版社，2019.

[7] 李莉，王香. 计算材料学［M］. 哈尔滨：哈尔滨工业大学出版社，2017.

[8] 张鹏. 材料模拟与计算［M］. 济南：山东大学出版社，2021.

[9] 武晓君，杨金龙. 材料的理性设计与计算模拟［J］. 中国科学基金，2018，32（1）：85-86.

[10] 朱泽平. 计算机绘图原理及绘图软件的应用［M］. 北京：机械工业出版社，1995.

[11] 肖信. Origin 8.0 科技绘图实用教程［M］. 北京：中国电力出版社，2009.

[12] 李润明，吴晓明. 图解 Origin 8.0 科技绘图及数据分析［M］. 北京：人民邮电出版社，2009.

[13] 方安平，叶卫平. Origin 8.0 实用指南［M］. 北京：机械工业出版社，2009.

[14] 叶卫平，闵捷，任坤，等. Origin9.1 科技绘图及数据分析［M］. 北京：机械工业出版社，2009.

[15] 丁金滨. Origin 科技绘图与数据分析［M］. 北京：清华大学出版社，2023.

[16] 杨照. Origin 科技绘图与数据分析实战［M］. 北京：人民邮电出版社，2022.

[17] 谭春林. Origin 科研绘图与学术图表绘制从入门到精通［M］. 北京：北京大学出版社，2023.

[18] 王秀峰，江红涛. 数据分析与科学绘图软件 ORIGIN 详解［M］. 北京：化学工业出版社，2008.

[19] 韩瑞麟，阎晓琦. 多函数模型拟合表面张力与浓度曲线的比较［J］. 大学化学，2024，39：1-4.

[20] 胡丹，尚宏伟，李亚琴，等. 最小二乘法和 Origin 软件在牛顿第二运动定律验证实验的数据处理中的应用［J］. 佳木斯大学学报（自然科学版），2024，42（1）：173-176.

[21] 邱顺兵. Origin 在水电帷幕灌浆孔成形规律分析中的运用［J］. 土工基础，2023，37（3）：339-342，348.

[22] 夏春兰. Origin 软件在物理化学实验数据处理中的应用［J］. 大学化学，2003，18（2）：3.

[23] 马卫兴，葛洪玉，贾海红，等. Origin 软件在化学实验教学及科学研究中的应用［J］. 化工时刊，2006（8）：75-77.

[24] 邱俊明. Origin 软件在科技期刊绘图中的使用方法探讨［J］. 中国科技期刊研究，2009，20（4）：651-654.

[25] 黄钦. Origin 软件在物理化学实验数据处理中的应用［J］. 广州化工，2012，40（11）：207-208，225.

[26] 孟丽娟，吴锋，崔磊. 浅析在 PowerPoint 中绘图的方法［J］. 中国教育信息化基础教育，2011（2）：44-45.

[27] 吴浩，于友林. PowerPoint 软件在机械制图教学中的巧用［J］. 计算机时代，2018（5）：58-61.

[28] 高鸥. 三维图形的三视图实现方法［J］. 软件导刊，2016，15（4）：184-187.

[29] 海天. PPT 设计实战从入门到精通［M］. 北京：人民邮电出版社，2012.

[30] 罗磊. 科研论文配图设计与制作一本通［M］. 北京：化学工业出版社，2022.

[31] 付朝军，葛运培. 用 PowerPoint 2007 制作多媒体课件实用技巧［M］. 北京：清华大学出版社，2009.

[32] 张艳波，齐一楠. PowerPoint 基础教程［M］. 北京：清华大学出版社，2004.

［33］曾潇霖．玩转 PowerPoint：PPT 图形创意设计［M］.北京：电子工业出版社，2011.

［34］黄朝阳，宋翔．PowerPoint 2010 应用大全［M］.北京：电子工业出版社，2015.

［35］方春金．如何在 Powerpoint 中绘图［J］.教育信息技术，2006（3）：47-49.

［36］杨军．PowerPoint 课件绘图的实用技巧［J］.中国职业技术教育，2007（1）：3.

［37］徐烨．在 PPT 中绘制简单图形［J］.视窗世界，2004（2）：1.

［38］陈铭．PowerPoint 使用技巧（三）［J］.上海统计，2003（10）：1.

［39］周健，梁奇锋．第一性原理材料计算基础［M］.北京：科学出版社，2023.

［40］代建红，王丽娟．新材料的第一性原理计算与设计［M］.哈尔滨：哈尔滨工业大学出版社，2020.

［41］LIU X, FU J, CHEN G. First-principles calculations of electronic structure and optical and elastic properties of the novel ABX_3-type $LaWN_3$ perovskite structure［J］.RSC Advances, 2020, 10（29）：17317-17326.

［42］PARK J, WU Y N, SAIDI W A, et al. First-principles exploration of oxygen vacancy impact on electronic and optical properties of ABO_3-δ（A = La, Sr; B = Cr, Mn）perovskites［J］.Physical Chemistry Chemical Physics, 2020, 22: 27163-27172.

［43］WANG H, LIN N, Xu R, Y, et al. First principles studies of electronic, mechanical and optical properties of Cr-doped cubicZrO_2［J］.Chemical Physics, 2020, 539: 110972.

［44］YOUSFI A E, BOUDA H, HACHIMI A G E, et al. Enhanced optical absorption of rutile TiO_2 through（Sm, C）codoping: a first-principles study［J］.Optical and Quantum Electronics, 2021, 53（2）：95.

［45］JIANG Z Q, YAO G, AN X Y, et al. Electronic and optical properties of Au-doped Cu_2O: A first principles investigation［J］.Chinese Physics B, 2014, 23（5）：057104.

［46］LUO B, WANG X, TIAN E, et al. Electronic structure, optical and dielectric properties of $BaTiO_3$/$CaTiO_3$/$SrTiO_3$ ferroelectric superlattices from first-principles calculations［J］.Journal of Materials Chemistry C, 2015, 3（33）：8625-8633.

［47］DAI S, LIU W. First-principles study on the structural, mechanical and electronic properties of δ and γ'' phases in Inconel 718［J］.Computational materials science, 2010, 49（2）：414-418.

［48］HILL R. The elastic behaviour of a crystalline aggregate［J］.Proceedings of the Physical Society. Section A, 1952, 65（5）：349-354.

［49］WANG H J, SU X P, SUN S P, et al. First-principles calculations to investigate the anisotropic elasticity and thermodynamic properties of FeAl 3 under pressure effect［J］.Results in Physics, 2021, 26: 104361.

［50］ZHANG R, GAO P, WANG X, et al. Pressure and temperature dependence of structural and elastic properties of FeSe superconductor by first-principles calculation［J］.Cryogenics, 2019, 102: 28-34.

［51］PENG J H, TIKHONOV E. Vacancy on structures, mechanical properties and electronic properties of ternary Hf-Ta-C system: a first-principles study［J］.Journal of Inorganic Materials, 2022, 37（1）：51-57.

［52］汪文洋，徐勇，田彬，等．基于第一性原理和热力学计算的 TiAl-Nb 金属间化合物稳定性和相关系研究［J］.原子与分子物理学报，2025（5）：157-168.

［53］许真铭，郑明波，刘振辉，等．基于项目式教学的计算材料学实验设计——锂离子电池正极材料 $LiFePO_4$ 第一性原理计算［J］.大学化学，2024，38：1-9.

［54］林营志，苏明星，刘波．应用 EndNote 和维普期刊库实现中文文献管理［J］.科技导报，2005，23（4）：3.

［55］钟燕．EndNote 在文献管理和论文写作中的应用［J］.电脑知识与技术，2009，5（31）：8639-8641.

［56］左丽丽，富校轶，王舒然，等．EndNote X7 文献管理软件在科技论文写作中的应用［J］.中国教育

技术装备，2015（6）：43-44.

［57］童国伦，潘奕萍，程丽华 . EndNote and Word 文献管理与论文写作［M］. 北京：化学工业出版社，2013.

［58］李达 . 参考文献管理工具的应用［M］. 北京：高等教育出版社，2011.

［59］王子熙 . 参考文献管理软件在科技信息工作中的应用研究［J］. 情报探索，2014（6）：4.

［60］韦丽，杨辉，李琴，等 . EndNote 在科学研究与论文写作中的应用［J］. 兰台世界：中旬，2013（7）：2.

［61］马清河，胡常英，刘丽娜，等 . 介绍一个功能强大的科技文献管理软件——EndNote［J］. 医学信息（上旬刊），2005，18（7）：687-689.

［62］刘爱科，谢春妮 . 文献管理工具 EndNote 为科研减负［J］. 中国化工贸易，2014（24）：27.

［63］Megan Fitzgibbons，Deborah Meert. Are Bibliographic Management Software Search Interfaces Reliable：A Comparison between Search Results Obtained Using Database Interfaces and the EndNote Online Search Function［J］. The Journal of Academic Librarianship，2010，36（2）：144-150.

［64］毛武涛，张少杰，李茂龙，等 . 学生论文中用 EndNote 编辑英文文献格式的方法［J］. 科技视界，2020（6）：162-164.

［65］张宏，李航，程利冬，等 . 运用 EndNote 批量编辑加工英文参考文献［J］. 编辑学报，2018，30（4）：369-372.

［66］蒋小霞，张天星，张帅，等 . 参考文献管理软件 EndNote 在本科毕业论文中的应用［J］. 科技创新导报，2017，14（20）：148-149.

［67］史小飞 . 如何利用 EndNote 搜集网上数据库的文献［J］. 科技情报开发与经济，2015，25（8）：118-121.